高等学校电子信息类系列教材

计 算 物 理 学

郭立新　李江挺　韩旭彪　编著

西安电子科技大学出版社

内 容 简 介

本书内容分为数值方法及其在物理学中的应用(上篇)和计算物理学(下篇)两篇。上篇主要讲述基本数值方法在大学物理中的应用,从 FORTRAN 语言和图形、图像的模拟出发,介绍了物理学中数值积分、常微分方程数值解、非线性方程求根及实验物理学中的插值和数据拟合。下篇则在上篇的基础上主要讲述有限差分方法、泛函和变分法、有限元方法、边界元方法和蒙特卡罗方法。本书内容丰富、推导详细,侧重讲述基本方法及其应用。书中的例题大部分来自物理学中的具体问题。作者在介绍具体算法的同时,附上了 FORTRAN 源程序,以供读者参考。

本书可作为本科应用物理学和电子信息科学与技术等专业的教材,也可作为物理类专业和其他非物理类理工专业本科生、研究生的教学参考书,同时,对于从事科学计算和工程设计的专业人员也具有一定的参考价值。

图书在版编目(CIP)数据

计算物理学/郭立新,李江挺,韩旭彪编著. —西安:西安电子科技大学出版社,2009.9(2023.4 重印)
ISBN 978 - 7 - 5606 - 2333 - 7

Ⅰ. 计… Ⅱ. ① 郭…　② 李…　③ 韩…　Ⅲ. 计算物理学—高等学校—教材
Ⅳ. O411.1

中国版本图书馆 CIP 数据核字(2009)第 131407 号

策　　划　马乐惠
责任编辑　任倍萱　马乐惠
出版发行　西安电子科技大学出版社(西安市太白南路 2 号)
电　　话　(029)88202421　88201467　　　邮　　编　710071
网　　址　www.xduph.com　　　　　　　电子邮箱　xdupfxb001@163.com
经　　销　新华书店
印刷单位　咸阳华盛印务有限责任公司
版　　次　2009 年 9 月第 1 版　2023 年 4 月第 6 次印刷
开　　本　787 毫米×1092 毫米　1/16　印张 18.25
字　　数　424 千字
印　　数　9501～10 500 册
定　　价　40.00 元
ISBN 978 - 7 - 5606 - 2333 - 7/O

XDUP 2625001 - 6

＊＊＊如有印装问题可调换＊＊＊

前　言

　　计算机的应用已遍及国民经济、科学技术和日常生活的各个领域。近代物理学与物理实验技术所获得的成果和进展，几乎都是与计算机科学相结合的产物。计算物理学是一门新兴学科，是随着计算机的出现和发展而逐步形成的物理学的一个分支。当今的物理学有三个分支，即理论物理、实验物理和计算物理，而计算物理是用计算机武装起来的理论物理，也是以计算机为仪器的实验物理。计算物理学可为理论物理提供模型和数据，也可为实验物理提供模型试验和数据。

　　本书分为上、下两篇，上篇为"数值方法及其在物理学中的应用"，下篇为"计算物理学"。最近几十年来计算物理发展很快，其内容和应用越来越广泛，而各个专业的要求又不尽相同，所以本书的主要内容是介绍处理物理问题时常用的数值算法以及它们在计算机上的实现过程。该过程可以具体为：物理问题—计算公式—数值方法—流图、程序—上机操作—结果分析。

　　上篇主要面向用计算机进行工程和科学计算的大学理科及工科专业学生，内容包括物理图形图像的模拟、定积分的数值计算、常微分方程初值问题的数值解法、线性方程组的数值解法、非线性方程的求根问题以及数据插值拟合问题。其主要目的是要求学生掌握基本数值算法及其在大学物理学中的应用，力图把计算机作为学好大学物理、加强能力培养的一种手段，使学生能以数值算法为基础，以计算机为工具，加深对大学物理的基本概念、基本规律的理解，巩固已学过的算法语言课程内容，锻炼计算机编程和操作应用水平，学会应用计算机编程解决物理学或其它学科实际问题的方法。

　　下篇主要介绍物理学中一些偏微分方程的常用数值解法，包括有限差分、泛函与变分、有限元、边界元、蒙特卡罗方法等。对每一种方法的讲述都从实际物理问题出发，根据具体的偏微分方程，在计算机上编程求解，每一种算法都有各自的特点。例如，有限差分法把微分方程近似地用差分方程（代数方程）代替并进行求解；变分法通过求解一个相应的泛函的极小函数而得到偏微分方程边值问题的解；有限元方法则是基于变分原理的一种离散化方法，它将所要求解的边值问题转化为相应的变分问题，把问题的整体区域剖分为有限个基本单元进行离散，最终归结为一组多元的代数方程组进行求解；边界元法则以定义在边界上的边界积分方程为控制方程，通过对边界分元插值离散，化为代数方程组求解。由于计算机具有存储量大、运算速度快的优点，使用它能够方便地求解大型离散化的方程组，因此这些算法才得以实现。

　　计算物理学所包含的内容是相当广泛的。伴随着计算物理近些年来的飞速发展，计算物理涉及面也越来越广，它渗透到物理学的各个领域，对特定的物理问题相应的新思路、新算法也层出不穷，感兴趣的读者可以查阅相关资料。本书主要以讲述基本原理及其应用为目的，介绍一些基本的数值算法，使读者对计算物理的概念和方法有一个基本的了解。

本书各章均附有习题，可供选用。学习本课程前应先修"高等数学"、"算法语言"和"大学物理"等课程。课程教学由课堂教学和学生课外上机两部分组成。

讲授本课程上篇约需 46 学时，上机实习 20～24 小时；讲授本课程下篇约需 40 学时，上机实习 16～20 小时。

鉴于编者水平有限，书中疏漏在所难免，恳请广大读者批评指正。

编　者

2009 年 5 月

目　录

上篇　数值方法及其在物理学中的应用

下篇　计算物理学

上　篇

数值方法及其在物理学中的应用

第一章　FORTRAN 语言简介与误差分析初步

1.1　FORTRAN 语言简介

　　FORTRAN 是世界上最早出现的高级编程语言，从 1957 年第一套 FORTRAN 编译器诞生至今已有 50 多年的历史了。随着时间的推移，FORTRAN 自身也在不断发展，从 1966 年 ANSI（American National Standards Institute，美国国家标准局）制定的第一套 FORTRAN 66 标准到 FORTRAN 77 标准，FORTRAN 就一直是世界上广泛流行的一种最适用于数值计算的面向过程的高级语言。从 1992 年正式由国际标准组织 ISO 公布的 FORTRAN 90 标准到后来的 FORTRAN 95、FORTRAN 2000、FORTRAN 2003 等，FORTRAN 的功能在不断增强，提供了指针并加入了面向对象的概念，加强了数组的功能和并行运算方面的支持。

　　FORTRAN 是 Formula Translator（公式翻译器）的缩写，是为解决数字问题和科学计算而提出来的。多年来的应用表明，由于 FORTRAN 本身具有标准化程度高、便于程序互换、较易优化、计算速度快等特点，使得这种高级语言目前在科学计算领域仍被广泛使用。

1.1.1　FORTRAN 语言的常量与变量

1. 常量

　　常量是指在计算程序中其值始终不变的量。FORTRAN 语言中的常量分为以下七类：整数型（integer）、实型（real）、双精度实型（double precision 或 real * 8）、复型（complex）、双精度复型（D-P-C 或 complex * 16）、逻辑型（logical）及字符型（character）。

　　整数型常量又称整型常数或整数，FORTRAN 中的整数不应包括小数点，一般用 2 个字节（16 位）来存储一个整数。如 3、−17、+19 等。

　　实型常量可表示为小数和指数两种形式。小数形式如 10.18，−3.17，+2.2 等。小数点前或后可以不出现数字，但不能小数点前和后都不出现数字，如 36.，.19 都合法。科学计算中用到的大数和小数通常用指数形式表示，如 9.5e+8，3.6e−30，1.8e6 等。其中数字部分可以是不带小数点的整数形式，也可以是带小数点的形式，但指数部分不能有小数出现。计算机内存中一般用 4 个字节（32 位）来存储一个实数。

2. 变量

　　计算程序中有一些量的值是可以变化的，系统程序为这样的量专门开辟了一个存储单元用来存放其值，这就是变量。变量是用来存储常量的，因此变量也分为整数型、实型、双精度实型、复型、双精度复型、逻辑型、字符型。每种类型的常数应放入同种类型的变量中。在 FORTRAN Ⅳ中变量只有前六种类型，而无字符型变量，字符型常数可放入各种类型的变量中；在 FORTRAN 77 中有字符型变量，字符型常数只能存储在字符型变量中。

计算程序要调用变量里存储的值就必须先对变量进行识别，也就是需要事先给变量起一个名字（变量名）。在 FORTRAN 中，变量的命名规则如下：

(1) 变量名必须以字母开头；

(2) 变量名中字母不区分大、小写；

(3) 变量名有效长度为 6 个字符；

(4) 变量名字符之间可以插入空格，但空格不起作用；

(5) FORTRAN 77 没有规定保留字，但不建议使用有特定含义的字作变量名。

1.1.2　FORTRAN 基本语句

1. 书写格式

FORTRAN 程序有两种书写格式，即固定格式（Fixed Format）和自由格式（Free Format）。扩展名为 *.f 或 *.for 的文件，默认为固定格式；扩展名为 *.f90 的文件，默认为自由格式。

固定格式的 FORTRAN 程序必须严格按照一定格式书写。编译程序时，第 1 列如果有字符 C 或 * 时，此行为注释行，不参加编译和运行；第 1～5 列为标号区，可以写 1～5 位无符号整数，标号大小没有顺序要求；程序语句写在 7～72 列中，可以从第 7 列以后的任意位置书写，一行只能写一条语句，如果一行写不完可以续行，当第 6 列上有非零或非空格的字符时，表明此行为上行的继续行；第 73～80 列为注释区，注释区不参与程序的编译，只是在打印时照常打印，方便程序设计者调试程序与检查错误。

自由格式的 FORTRAN 程序编写非常自由，对每行每列的字符没有特殊规定。编译程序时，每行可写 132 个字符；在 FORTRAN 90 格式中，也可使用! 来标注注释，! 后的语句也不参加编译和运行；续行标志是 &，写在行末或要续行的行首；自由格式的行号放在每行程序的最前面即可。

2. 可执行语句

1）赋值语句

赋值语句的作用是将一个确定的值赋给一个变量。

例如：V（变量）＝e（表达式）

需要注意的是，这里的"＝"不是等号，而是赋值的符号，它将"＝"右边的表达式赋予左边的变量。"＝"左边只能是变量名而不能是表达式。如果"＝"两边类型相同，则直接赋值；如果"＝"两边类型不同，则先进行右边表达式的求值，将所得结果转化为被赋值变量的类型后再进行赋值。

2）流程控制语句

在数值计算中经常遇到的问题是需要对给定条件作逻辑判断，根据判断结果决定是否要执行某段代码，这就需要用到流程控制语句。

(1) 无条件 goto 语句。

goto k（k 为语句标号）

例如：goto 100

该语句表示流程无条件地转去运行标号为 100 的语句。标号为 100 的语句在程序中的排列位置，可以在引导到它的 goto 语句之后，也可以在该 goto 语句之前。无条件跳转语句常和其他控制语句结合起来使用。

（2）算术条件语句。

　　　if(e) k1, k2, k3

其中，k1，k2，k3 为语句标号；e 必须是算术表达式。当表达式运算结果 e<0 时，程序转向标号为 k1 的语句；当 e＝0 时，程序转向标号为 k2 的语句；当 e>0 时，程序转向标号为 k3 的语句。

【例 1.1】　编程求 $Y = \begin{cases} -\pi/2 & (x < 0) \\ 0 & (x = 0) \\ \pi/2 & (x > 0) \end{cases}$ 的值。要求 x 为键盘输入。

程序如下：

```
        read( * ,40) x
40      format(F8.2)
        if(x)10,20,30
10      y=-1.57079
        goto 100
20      y=0
        goto 100
30      y=1.57079
        goto 100
100     write( * ,50)x, y
50      format(1x, 2Hx=, F10.6, 4H, y=F10.6)
        end
```

（3）逻辑条件语句。

　　　if(e) s

其中，e 为逻辑表达式；s 为内嵌语句，内嵌语句是单独的一个可执行语句。逻辑 if 语句执行时，首先计算逻辑表达式的值。如果逻辑表达式的值为“真”，则执行内嵌语句。若内嵌语句是非转移语句，则执行该语句后继续按顺序往下执行；若内嵌语句是转移语句，则转向指定的语句。如果逻辑表达式的值为“假”，则不执行内嵌语句，而直接执行该语句后面的语句。

【例 1.2】　编程求 $y = \begin{cases} 0.5x + 0.95 & (x \leqslant 2.1) \\ 0.7x + 0.53 & (x > 2.1) \end{cases}$ 的值。

错误表示：

```
if(x. le. 2. 1)y=0.5 * x+0.95
y=0.7 * x+0.53
write( * , * )x, y
```

正确表示：

```
if(x. le. 2. 1) y=0.5 * x+0.95
if(x. gt. 2. 1) y=0.7 * x+0.53
```

```
write( * , * )x, y
```

或写为

```
if(x. le. 2. 1) then
y=0. 5 * x+0. 95
else
y=0. 7 * x+0. 53
end if
write( * , * )x, y
```

在这里，if 语句与 else 搭配，用来判断当逻辑判断式不成立时，会去执行另一段代码。即

```
if(逻辑判断式)then
```

逻辑成立时，执行这一段程序。

```
else
```

逻辑不成立时，执行这一段程序。

```
end if
```

当程序通过 if 语句判断是否顺序执行下面的语句时，要判断逻辑表达式是否为真。关系表达式是最简单的一种逻辑表达式。常用的关系运算符号有 6 个，即在 FORTRAN 77 标准中为. gt. （大于）、. ge. （大于或等于）、. lt. （小于）、. le. （小于或等于）、. eq. （等于）、. ne. （不等于），而在 FORTRAN 90 标准中为＞（大于）、＞＝（大于或等于）、＜（小于）、＜＝（小于或等于）、＝＝（等于）、/＝（不等于）。

逻辑表达式除了可以单纯地对两个数字比较大小之外，还可以对两个逻辑表达式的关系进行运算。例如：

```
A. ge. 0. 0. and. A. lt. 7. 0
```

其中，. and. 是逻辑与的意思，即 A 大于等于 0.0 和 A 小于 7 两个简单条件的组合。

常用的逻辑运算符有 5 个，即. and. （逻辑与）、. or. （逻辑或）、. not. （逻辑非）、. eqv. （逻辑等）、. neqv. （逻辑不等）。

【例 1.3】　有三个数 x、y、z，要求打印出其中最大的数。

程序如下：

```
        read( * ,20)x,y,z
20      format(3F10. 4)
        big=x
        if(y. gt. big)big=y
        if(z. gt. big)big=z
        write( * , * ) 'big=', big
        end
```

（4）循环 do 语句。

计算程序有时候需要重复计算一段程序代码，这个时候需要用到循环。当需要循环的次数为已知时，可以用 do 语句实现循环。

```
do n i=m₁, m₂, m₃ 或 do n i=m₁, m₂
```

即 do 标号 循环变量=表达式 1，表达式 2[，表达式 3]。括号内为可选项。

表达式 1 为循环变量的初值，表达式 2 为循环的终止值，表达式 3 为循环增量值，若省略则默认为 1。执行 do 语句时，每循环一次，循环变量 m_1 加上前面所设置的循环增量 m_3，继续进行下一次循环，直至循环累加后的 m_1 的值大于循环终止值 m_2 为止。

例如：do　10 i＝1,100,2

　　　　do　100 j＝1, 8

　　　　do　60 x＝1.2, 3.6, 0.2

使用 do 语句实现循环时，还可以通过使用以下方式来省略标号：

　　do i＝m_1, m_2, m_3

　　循环程序

　　end do

例如：do i＝1, 100

　　　　　i＝i＋1

　　　　end do

【例 1.4】　编程求解 0.0、0.1、0.2、0.3 的平方根。

若直接将 0.0 和 0.3 设为循环变量初值和终止值，语句如下：

　　　　do 10 i＝0,0.3,0.1（错误）

说明：如果循环变量的类型和表达式的类型不一致，应先将表达式的类型转化成循环变量的类型，再进行循环。

正确程序如下：

```
            x＝0.0
            do 10 i＝1,4
            y＝sqrt(x)
            write( * ,20)i,x,y
    10      x＝x＋0.1
    20      format(1X, I5, 2F10.4)
            end
```

format 语句中，第一个 "1X" 称为纵向控制符，它表示前进一空格后再输出后面的数据，后面两项说明了一个整型数据和两个实型数据输出的格式，称为格式编辑符。FORTRAN 77 允许在 write 语句中直接指定输出格式，从而可以省略格式语句 format。例如，上面的输出语句与格式语句可以合并成一个，即

```
            write( * , '(1X,I5,2F10.4)') i,x,y
            x＝0.0
            do 10 i＝1,4
            y＝sqrt(x)
            write( * , '(1X,I5,2F10.4)') i,x,y
    10      x＝x＋0.1
            end
```

或者用以下程序

```
            do 10 x＝0.0,0.3,0.1
            y＝sqrt(x)
```

```
10      write( * ,20)i,x,y
20      format(1X, I5, 2F10.4)
        end
```

（5）继续语句 continue。

在循环语句中循环体末尾的最后语句为一般的执行语句，非执行语句不能作为循环的结束语句。执行语句作为结束语句的时候，除了本身的执行功能外，还附加了使循环变量增值和计算循环次数的功能。为了循环体结构清晰，往往用 continue 语句作为结束语句。continue 语句本身不进行任何操作，只是使得程序进行下一个逻辑语句，所以 continue 语句又称为"空语句"。

例如：

```
        do 100 i=1, 100, 2
        write( * , * ) i
100     continue
```

3）输入、输出语句

```
        read(u1, n)；write(u2, n)
```

其中，u1 表示输入设备通道号；u2 表示输出设备通道号；若 u1, u2 为" * "，则分别表示按键盘格式输入、屏幕表列输出；n 表示格式说明，若 n＝n1，则表示输入、输出按 n1 语句标号规定格式执行，若 n 为" * "，则表示按自由格式输入或输出。

例如：

```
        write( * , * )"hello"
```

write(* , *)中第一个" * "表示输出位置为屏幕，第二个" * "表示不特别说明输出格式。

有些程序运行过程中需要一个实时接受用户从键盘输入数据的命令，这就是 read 命令。

例如：

```
        integer i
        read( * , * )a
        write( * , * )a
        end
```

程序执行时光标闪动，等待用户利用键盘输入数据。read(* , *)中第一个" * "表示输入来源使用默认设备键盘，第二个" * "表示不特别说明输入格式。

3. 非执行语句

1）说明语句

（1）类型说明语句和隐含说明语句 implicit。

在 FORTRAN 程序中需要预先向编译器申请预留一些存放数据的内存空间，也就是说需要预先对变量类型进行说明，根据变量类型划分相应的存储空间。例如：

```
        integer n
```

其中，integer 说明要使用整型数据；n 是变量名，用来表示这一块存储整数的空间。这条语句声明了一个变量名为 n 的整型变量。

如果不对变量事先进行声明，可以应用 I—N 法则，即凡以字母 I、J、K、L、M、N 开头的变量，若未加定义说明，均认为该变量为整型变量，而其他字母开头的变量均为实型变量。

需要说明的是，可以用 implicit 语句指定变量类型。例如：

    implicit real * 8 (a, c), (t—v)

    implicit integer (d, e)

即指定以 a 和 c 字母开头的全部变量和由 t 到 v(即 t, u, v)开头的全部变量为双精度实型；指定以 d 和 e 字母开头的全部变量为整型。

（2）维数语句 dimension。

在科学计算中常常需要处理大量的实验数据，FORTRAN 提供了一种存储大量数据划分内存的办法，这就是数组。程序中可以通过说明语句来说明数组。例如：

    real a(100)

这条语句说明 a 是一个数组，它由 100 个实型数组元素组成。除了类型说明语句以外，还可以用 dimension 语句对数组进行说明。例如：

    dimension iq(100),jt(20:30),z(8,8),dk(0:7,0:7,0:7)

    integer dk

    real iq

dimension 语句并没有说明数组的数据类型，而是用隐含类型说明规则即 I—N 法则来决定的，否则应该在程序中对数组名进行说明。由以上数组说明可知，iq 为一维实型数组，jt、dk 分别为一维、三维整型数组，而 z 为二维实型数组。

（3）参数语句 parameter $v_1 = c$, $v_2 = c$。

程序中有时候要用到一些永远固定、不会改变的常数。例如圆周率 $\pi = 3.141\ 592\ 6$，这些数据可以把它们声明成"常数"。这样每次用到 π 的时候就不必要重复书写 $3.141\ 592\ 6$，而统一用一个名字来代替。例如：

    parameter (pi=3.1415926)

这条语句指定 pi 来代表 $3.141\ 592\ 6$，在程序中用到圆周率的时候可以用 pi 来表示，这个 pi 称为"符号常量"。

parameter 语句为非执行语句，应该写在所有执行语句之前，而且程序定义一个符号常量后不允许在程序中再改变它的值。

（4）公用语句 common w_1, w_2。

一个 FORTRAN 程序往往是由一个主程序和若干个子程序组成的，而各个程序中的变量名是各自独立的，有时候为了让主程序和子程序中某些变量具有同样的数值，常用 common 语句在程序编译的时候开辟一个公用数据区，使得程序中的变量按照顺序一一对应，共用一个存储单元。例如：

    common a,b,c(20)   主程序中

    common x,y,z(20)   子程序中

主程序中的变量 a、b 和子程序中的变量 x、y 按顺序分别被分配在同一个存储单元中，数组 c 和数组 z 也被分配在一个存储单元中。这样可以使不同程序单位的变量之间进行数据传送。

2) format 语句

format 语句可以用来设置输入/输出格式。例如：

        integer a

```
              a=6
              write( * ,100)a        !使用标号为 100 的格式输出变量 a
100           format(1x,I6)          ! I6：整数输出占 6 列位置
              end
```

format 语句中要用不同的"格式编辑符"来指定输入/输出格式，如上例中的 1X 与 I6。

3）**data 语句（数据初值语句）**

FORTRAN 程序中可以通过 data 语句给变量或数组赋初值，即

$$\text{data } v_1/d_1/,v_2/d_2/,\cdots v_N/d_N/ \quad \text{或} \quad \text{data } v_1,v_2,\cdots,v_N/d_1,d_2,\cdots,d_N/$$

例如：

$$\text{data } x/1.6/,y/7.8/,z/-0.3/ \quad \text{或} \quad \text{data } x,y,z/1.6,7.8,-0.3/$$

给 x 变量赋初值 1.6，y 变量赋初值 7.8，z 变量赋初值 −0.3。

例如：

```
integer a(3)
data a /3,6,9/
```

给数组赋初值 $a(1)=3$，$a(2)=6$，$a(3)=9$。

例如：

```
integer a(3)
data a /3 * 8/
```

给数组 a 赋初值各元素均为 8，$a(1)=8$，$a(2)=8$，$a(3)=8$。

例如：

```
integer a(3)
data(a(i),i=1,3)/3,6,9/
```

data 语句的隐含循环，i 从 1 增加到 3，依照顺序从后面取数字赋值，$a(1)=3$，$a(2)=6$，$a(3)=9$。

4）**子程序语句**

FORTRAN 程序往往是由一个主程序和若干个子程序组成的。子程序用来独立出某一段具有特定功能的程序代码，在其他程序需要该功能时可以直接调用。FORTRAN 的子程序有函数子程序、子例程子程序和数据块子程序三种。在主程序和子程序之间，声明的变量是彼此不相干的，主程序和子程序即使有相同变量名的变量，也是彼此没有关系的不同变量。

（1）子例程子程序：$\text{subroutine } s(a_1, a_2, \cdots, a_n)$。

子例程子程序代码以 subroutine 开头，后面紧跟的是子例程子程序的名字，括号内为参数，编写完程序代码后要以 end 或 end subroutine 来结束。在 end 前最后一条语句通常为 return，表示程序要返回原来调用它的地方再继续执行。return 语句可以省略，默认最后返回，也可以出现在子程序中的任意想要返回的位置。

要调用子例程子程序就要用到 call 语句，含义为调用。$\text{call } s(d_1, d_2, \cdots, d_n)$ 语句中 s 为子程序名，括号内为参数。例如：

```
program hello
call message()
```

```
      end
      subroutine message()
      write( * , * ) 'hello world!'
      return
      end
```

执行结果：hello world!

（2）函数子程序：function f(a_1，a_2，…，a_n）。

函数子程序是一种自定义函数，在调用自定义函数前要先声明，函数子程序运行后会返回一个数值。例如：

```
      program fadd
      real add
      external add        ! 这里说明 add 是实数类型的函数,而不是一个变量
      real a,b
      a=1
      b=2
      write( * , * )add(a,b)
      end


      function add(a,b)
      real a, b
      real add
      add=a+b
      return
      end
```

程序执行输出 a+b 的结果，屏幕输出 3。

【例 1.5】　编程求 $P = \dfrac{n!}{(n-r)!}$ 的值。n、r 为键盘输入。

采用函数子程序，计算程序如下：

```
         integer fac,p,r
         write( * , * )'n=, r=?'
         read( * , * )n,r
         p=fac(n)/fac(n-r)
         write( * , * )n,r,p
         end


         integer function fac(n)
         fac=1
         if(n. le. 1) goto 77
         do 10 k=2,n
10       fac=fac * k
77       return
         end
```

也可以采用子例程子程序，计算程序如下：

```
        integer p,r
        write( * , * )'n=,r=?'
        read( * , * )n,r
        call fac(n,m)
        m1=m
        call fac(n-r,m)
        m2=m
        p=m1/m2
        write( * , * )n,r,p
        end

        subroutine fac(i,m)
        m=1
        if(i. le. 1) goto 77
        do 10 k=2,i
10      m=m * k
77      return
        end
```

需要说明的是，N! 若不采用循环，还可以采用以下计算程序：

```
        open(1,file='n!. dat')
        write( * , * )'input n=?'
        read( * , * )n
        m=1
        i=2
5       m=m * i
        i=i+1
        if(i. gt. n) goto 10
        goto 5
10      write(1, * ) m
        end
```

1.1.3　源程序语句的排列顺序

在 FORTRAN 程序中各类语句的排列顺序是有一定规定的，具体如下：

(1) 说明语句(类型语句、维数语句等)。implicit 语句应在除 parameter 语句以外的其他所有说明语句之前，parameter 语句可以与 implicit 语句和其他说明语句交替出现。

(2) 数据语句(数据初值语句、定义函数语句)。data 语句可以和可执行语句交替出现，即可以出现在说明语句之后、end 语句之前的任何位置。

(3) 可执行语句。

(4) 结束语句(format 格式语句可放在整个程序任意位置)。

（5）子程序语句（函数子程序，子例程子程序）。第一个语句是 function、subroutine 语句；end 为结束语句，放在子程序最后。

1.1.4　FORTRAN 常用内部函数和算术表达式

在科学计算中经常要用到一些函数，如三角函数 $\sin(x)$、$\cos(x)$、开平方 $\sqrt{x}$、取绝对值 $|x|$、对数 $\ln x$、指数 e^x 等。FORTRAN 提供了如表 1.1 所示的一些系统函数来完成这些运算。程序设计者只需要直接调用这些函数即可，而不用再花大量时间和精力重新设计这些函数。

表 1.1　FORTRAN 常用内部函数

功　能	通　用　名	含义	功　能	通　用　名	含义
转换到整型	int(x)		正弦	sin(x)、dsin(x)、csin(x)	$\sin(x)$
转换到实型	float(x)		余弦	cos(x)、dcos(x)、ccos(x)	$\cos(x)$
转换到复型	cmplx(a,b)	$a+ib$	正切	tan(x)、dtan(x)、ctan(x)	$\tan(x)$
平方根	sqrt(x)、dsqrt(x)、cqrt(x)	$\sqrt{x}$	反正弦	asin(x)、dasin(x)	$\arcsin(x)$
取绝对值	abs(x)、dabs(x)、cabs(x)	$\|x\|$	反余弦	acos(x)、dcos(x)	$\arccos(x)$
指数	exp(x)、dexp(x)、cexp(x)	e^x	反正切	atan(x)、dtan(x)	$\arctan(x)$
自然对数	alog(x)、dlog(x)、clog(x)	$\ln x$	求共轭	conjg(x)	
常用对数	alog10(x)、dlog10(x)	$\lg x$	求余	mod(a1,a2)	a1/a2 余数
选最大值	max(a1,a2,a3)		最小值	min(a1,a2,a3)	

FORTRAN 规定可以使用五种算术运算符：＋（加或正号）、－（减或负号）、*（乘）、/（除）、**（乘方）。同时在编程中还应注意以下几点：

（1）程序中"/"及"*"不能省略。

（2）FORTRAN 程序无大、中、小括号之分，括号一律用小括号。

（3）同类型算术量间才能运算。

（4）FORTRAN 算术表达式求值运算的先后次序为括号、函数、**、*、/、＋、－。同一优先级的两个运算按照从左向右的顺序执行。

表 1.2 例举了常见表达式写法的正误对比。

表 1.2　常见错误与正确表达式写法对比

数学表达式	FORTRAN 表达式	
	错误写法	正确写法
$a\times(-b)$	a * －b	a * (－b)
$(ab)^3$	a * b ** 3	(a * b) ** 3
$\sin 6t$	sin6t	sin(6 * t)
ae^x	a * e ** x	a * exp(x)
$\dfrac{1+3a}{b+\dfrac{c}{d+e}}$	1+3 * a/b+c/(d+e)	(1+3 * a)/(b+c/(d+e))
$6.8\log 26.5$	6.8 * log26.5	6.8 * log10(26.5)
$\dfrac{a/b}{c/d}$	a/b/c/d	(a/b)/(c/d)

1.1.5　有关循环语句

在科学计算中有些重复性的工作可以通过编写一个循环结构，使程序重复执行某一段程序代码来实现。这种循环结构有两种执行格式：一种是固定重复程序循环的次数；另一种是无限循环直到程序满足一定条件后执行跳出循环命令为止。下面给出几个采用循环语句进行编程的例子。

【例 1.6】　编程给出 $x = \sin\omega t$ 的数据文件。

程序如下：

```
        implicit real * 8(a−h,o−z)
        open(1,file='sin. dat')
        write( * , * )'input w,n'
        read( * , * )w,n
        pi=3. 1415926
        do 10 i=1,n
        t=2. * pi/w
        t=t * float(i)/n
        x=sin(w * t)
10      write(1, * )t,x
        end
```

【例 1.7】　编程计算 $1 + 2 + 2^2 + \cdots + 2^{63}$ 的值。

程序如下：

```
        a=1
        do 10 i=1,63
10      a=a+2 * * i
        write( * , * ) a
        end
```

使用循环语句时，应注意以下几点：

(1) 循环变量可以在循环体中被引用，但最好不要第二次赋值。

(2) 可以从循环体内转向循环体外，但不允许从循环体外转向循环体内。

(3) 当内循环完整的嵌套在外循环之内形成多重循环时，内外循环不能交叉。

【例 1.8】　编程计算 $y = \dfrac{x^2}{1!} + \dfrac{x^3}{2!} + \dfrac{x^4}{3!} + \cdots + \dfrac{x^{N+1}}{N!}$ 的值。

程序如下：

```
        write( * , * )'input x,n'
        read( * , * )x, n
        y=0
        do 20 m=1,n
        t=1
        s=x
        do 100 j=1,m
        t=t * float(j)
```

```
100    s＝s＊x
       y＝y＋s/t
 20    write(＊,＊)m,y
       end
```

1.1.6　FORTRAN 语言的特点

FORTRAN 语言的主要特点如下所述：

(1) 从 FORTRAN 语言诞生近 50 年的历史过程中，在科学技术研究的各个领域积累了大量的 FORTRAN 语言程序，其中很多是经过长期实践检验证明是正确可靠的，如果用其他语言重新编写其正确性和可靠性都还要再由实践或时间来验证。同时，FORTRAN 语言标准的历次修订都尽量保持向下兼容，这使得之前编写的 FORTRAN 程序可以不改动或只作很小的改动就可以供现在使用。

(2) FORTRAN 语言书写语法要求严格，更适合严谨的科学计算领域。例如，C 语言中的数组并不提供越界检查，这使数组的应用更加灵活，但是在科学计算方面数组的这种"散漫"的用法是相当危险的，如果允许访问到错误的内存地址，其计算的结果是不可预测的，这将会在科学和工程应用上造成不可估量的损失。

(3) FORTRAN 语言可以直接对数组和复数进行运算。矩阵(包括向量)是科学计算最重要的单元，科学计算中需要对矩阵进行大量的运算。在计算机中矩阵是以数组的形式存储的。完成两个矩阵相加，FORTRAN 语言支持对数组的直接操作，可以直接使用

$$result＝A＋B$$

的形式而不需作初始化工作。与之相比，C 语言和 C++则复杂得多。

(4) 在并行计算方面，FORTRAN 语言仍是不可替代的。巨型计算机的实现，包括 IBM 的深蓝，我国的银河、曙光系列，无一不是依靠并行处理的。近年来，对 FORTRAN 的扩展中有很多功能是对数组的高水平操作，这些对并行优化是特别有利的。另外还有对共用存储器并行系统的扩展(PCF)和对串/并行系统的数据并行扩展(HPF)。它们都使得 FORTRAN 在并行计算领域独领风骚。

(5) FORTRAN 语言是一种编译语言，运行速度快。目前经常使用的 MATLAB 语言之所以能够流行，很大程度上得益于它对矩阵运算的简化。但它是类似于 BASIC 语言的一种解释语言，这使得 MATLAB 语言的循环效率非常低。所以在 MATLAB 中如果要大量使用循环就不得不调用 C/C++和 FORTRAN 程序。科学技术中普遍存在大量的循环，这使得 MATLAB 语言的应用受到很大制约，而 FORTRAN 语言则显得得心应手。

(6) FORTRAN 语言自身仍在不断完善和发展，功能不断增强。作为存在历史最长的高级语言，FORTRAN 语言自身有很多早期历史的痕迹，如书写格式近乎刻板、不是结构化语言、输入/输出简陋、命名的隐式规则等。尽管其中很多是受到当时硬件条件制约的结果，但是如果不加以改进仍会被历史淘汰。FORTRAN 语言经过几次标准修订淘汰了部分过时的语言和特性(尽管还保持兼容)并增加了符合需要的现代特性，顺应了时代的潮流。

FORTRAN 语言是编译语言，具有执行速度快等优点。也正是这些优点带来了一些缺点，如格式严格必然导致灵活性下降，操作指针困难等等。

需要说明的是，本课程后续章节中的例题程序均采用 FORTRAN 语言编程，读者如

若采用其他算法语言编程，FORTRAN 源码仅供参考。

1.2　质点运动学问题的计算

我们学习 FORTRAN 这门计算机语言的目的是要用它编写计算机程序，处理实际的物理问题，而语言本身只是一种工具，关键的问题是如何将一个物理问题转化为数学模型来设计解题的算法。这一节我们针对一些简单的质点运动学问题，举例说明如何设计算法，并利用计算机来编程求解。本书中各章节的例题和习题若无说明，均采用国际单位制。

1.2.1　瞬时性与极限

【例 1.9】　某一质点沿某一直线运动，位移与时间满足方程 $y=4.5t^2-2t^3$。求 $t=2$ 时，$\Delta t=1$，0.1，0.01，0.001，0.0001 的平均速度 $\bar{v}$、平均加速度 $\bar{a}$ 及 v，$a|_{t=2}$ 时的瞬时值。

解　已知公式

$$\bar{v}=\frac{y(t+\Delta t)-y(t)}{\Delta t}=\frac{\Delta y}{\Delta t},\quad \bar{a}=\frac{v(t+\Delta t)-v(t)}{\Delta t}=\frac{\Delta v}{\Delta t}$$

由于有

$$\Delta y=9t\Delta t+4.5(\Delta t)^2-6t^2\Delta t-6t(\Delta t)^2-2(\Delta t)^3$$

因此有

$$\bar{v}=9t+4.5\Delta t-6t^2-6t\Delta t-2(\Delta t)^2$$

而 $v=9t-6t^2$，因此有

$$\bar{a}=\frac{v(t+\Delta t)-v(t)}{\Delta t}=\frac{\Delta v}{\Delta t}=9-12t-6\Delta t$$

因此瞬时值为 $v=9t-6t^2$，$a=9-12t$。

计算程序：

```
        read( * , * )t
        do 10 K=1,5
        dt=10. * * (1-K)
        v1=9. * t+4.5 * dt-6. * t * t-6. * t * dt-2. * dt * dt  !平均速度
        a1=9.-12. * t-6. * dt                                  !平均加速度
10      write( * , * )dt,v1,a1
        v=9. * t-6. * t * t                                    !瞬时速度
        a=9.-12. * t                                           !瞬时加速度
        write( * , * )v,a
        end
```

1.2.2　运动方程问题

【例 1.10】　已知沿某一直线运动的质点，其运动速度与时间满足方程 $v=5-3t^2$（见图 1.1）。当 $t_0=0$ 时有 $x_0=0$，求 $t=1$ 时的 x_1。

解　由 $v=\dfrac{\mathrm{d}x}{\mathrm{d}t}$ 可得 $\mathrm{d}x=v\mathrm{d}t$，因此有

$$x_1 - x_0 = \int_0^t v \mathrm{d}t \approx \sum_{i=1}^{N} v_i \Delta t$$

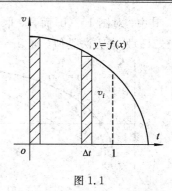

这里，$\Delta t = t_s/N$。显然，如图 1.1 所示，积分结果近似于曲线下阴影窄条面积之和。关于定积分的数值计算，将在第三章作详细说明。

图 1.1

计算程序：

```
read( * , * ) ts,n
dt＝ts/float(n)
t＝0.0
x1＝0.0
do 10 i＝1,n
v＝5.－3. * t * t
x1＝x1＋v * dt
10    t＝t＋dt
write( * , * ) ′n＝′, n, ′x1＝′, x1
end
```

输入：1.0，500

运行结果：n＝500，x1＝4.003 006

【例 1.11】 已知某质点运动速度与时间满足方程 $v = t + \ln(1+t)$，求 $v = 1$ 时，t 为多少？

解　显然，本问题等价于求 $t + \ln(1+t) = 1$ 这一超越方程的解。关于超越方程的求解我们将在第六章作详细讨论。通常可利用弦截法求解超越方程 $f(t) = 0$ 的根，对应于本题即为求解方程

$$f(t) = t + \ln(1+t) - 1 = 0$$

根的问题。以下给出弦截法求方程 $f(x) = 0$ 根的过程。如图 1.2(a)所示，函数 $y = f(x)$ 在区间 $[a,b]$ 上有一个根，$y = f(x)$ 与 x 轴的交点 x^* 为根的精确值。连接函数曲线的两个端点，与 x 轴的交点坐标为

$$c = b - \frac{a-b}{f(a) - f(b)} f(b) \tag{1.1}$$

用 c 代替 a、b 两点中与其同号的点，得到一个缩小的区间 (a_1, b_1)。对图 1.2(a)而言，取 $a_1 = a$、$b_1 = c$(计算程序中的赋值语句 $b = c$)。则有

$$c_1 = b_1 - \frac{a_1 - b_1}{f(a_1) - f(b_1)} f(b_1) \tag{1.2}$$

$$\vdots$$

$$c_n = b_n - \frac{a_n - b_n}{f(a_n) - f(b_n)} f(b_n) \tag{1.3}$$

直至 $|f(c_n)| \leqslant \varepsilon$($\varepsilon$ 为误差，如 $\varepsilon = 10^{-6}$)，显然，c_n 会逐步逼近于 x^*，此时的 c_n 即近似为方程 $f(x) = 0$ 的根。

需要说明的是，曲线 $y = f(x)$ 穿过 x 轴还有以下三种方式(如图 1.2(b)、(c)、(d)所示)。我们同样可以得到类似式(1.3)的结果。

其中，对图 1.2(b)而言，取 $a_1=c$，$b_1=b$(计算程序中的赋值语句 $a=c$)。图 1.2(d)与图 1.2(a)处理方法类似，取 $a_1=a$，$b_1=c$(计算程序中的赋值语句 $b=c$)。

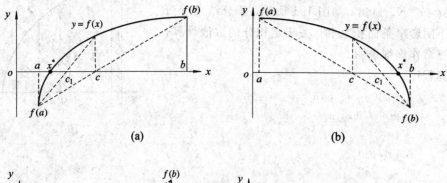

(a)　　　　　　　　　　　　　(b)

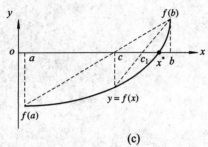　　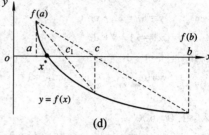

(c)　　　　　　　　　　　　　(d)

图 1.2　弦截法

以下给出例 1.11 的计算程序：

```
        read( * , * ) a,b,v,eps          ! eps 表示误差 ε
        fa＝a＋alog(1.＋a)－v
        fb＝b＋alog(1.＋b)－v
        if(fa * fb. gt. 0) goto 1000
        if(abs(fa). gt. eps) goto 5
        c＝a
        goto 100
5       if(abs(fb). gt. eps) goto 10
        c＝b
        goto 100
10      c＝b－(a－b)/(fa－fb) * fb
        fc＝c＋alog(1.＋c)－v
        if(abs(fc). le. eps) goto 100
        if(fa * fc. gt. 0) goto 15
        fb＝fc
        b＝c
        goto 10
15      fa＝fc
        a＝c
        goto 10
100     write( * , * ) 't＝', c , 'eps＝', eps
        goto 111
```

```
1000    write( * , * )'No solution'
111     stop
        end
```

输入：$0.0, 1.0, 1.0, 1.0e-6$

运行结果：$t=0.5571457, eps=1.0e-6$

1.3　误差及减小误差的原则

1.3.1　误差及其分类

数值计算方法中的计算公式及参与运算的数都与数学中的一般情况有所不同，即计算公式中的运算必须是在计算机上可执行的运算，参与运算的数必须是有限小数或整数，因此数值方法中的取数和运算往往会出现误差，计算的结果一般也为近似值。准确地讲，误差是表示某个量值的精确数与近似数之间差异的度量。在实际研究当中误差主要来源于以下四个方面：

（1）模型误差：由实际问题抽象、简化为数学问题（建立数学模型时）所引起的误差。

（2）观测误差：测量工具的限制或在数据的获取时随机因素所引起的物理量的误差。

（3）截断误差：是用数值法求解数学模型时得到的正确解和模型准确解间的误差，通常是有限过程代替无限过程所引起的，该误差又称为方法误差。

例如：若用级数 $\sin x = x - \dfrac{1}{3!}x^3 + \dfrac{1}{5!}x^5 - \dfrac{1}{7!}x^7 + \cdots$ 的前三项计算 $\sin x$ 的近似值，即取 $S = x - \dfrac{1}{3!}x^3 + \dfrac{1}{5!}x^5$，其截断误差为 $R = \sin x - S$。

一般来说，数值计算的各种方法都有不同程度的近似，如本书第三章计算定积分和第四章计算常微分方程初值问题数值解时，事实上都是在泰勒级数中取有限项近似的，这些计算方法均会产生截断误差，选择近似程度高的计算方法，可以减小截断误差。有关截断误差分析，在此不作详细讨论。

（4）舍入误差：由于计算机所表示的位数有限，通常用四舍五入的办法取值而引起的误差。

用 $3.141\,592\,6$ 来代替圆周率 π，其舍入误差为 $R = \pi - 3.141\,592\,6$。

通常又将误差分为两类：一类是固有误差，包括模型误差和观测误差；另一类是在计算过程中引起的计算误差，包括截断误差和舍入误差。数值计算方法所考虑的主要是计算误差。

1.3.2　绝对误差和相对误差

若 x^* 为准确值 x 的一个近似值，则称 $x - x^*$ 为近似值 x^* 的绝对误差，并用 $e(x)$ 来表示，即

$$e(x) = x - x^* \tag{1.4}$$

实际上，我们只能知道近似值 x^*，而不知道准确值 x，但可对绝对误差的大小范围作出估计，即可以指定一个正数 ε，使

$$|e(x)| = |x - x^*| \leqslant \varepsilon \tag{1.5}$$

称 ε 为近似值 x^* 的一个绝对误差限。在工程技术中常表示为 $x = x^* \pm \varepsilon$。

绝对误差还不足以刻画近似数的精确程度,例如甲测量一物体长度为 $x = 100$ cm, $x^* = 99$ cm,则 $e(x) = 1$ cm;而乙测量一物体长度为 $x = 10\,000$ cm,$x^* = 9950$ cm,$e(x) = 50$ cm。从表面上看,后者的绝对误差是前者的 50 倍。但是,前者每厘米长度产生了 0.01 cm 的误差,而后者每厘米长度只产生 0.005 cm 的误差。因此,要决定一个量的近似值的精确程度,除看绝对误差的大小外,往往还需考虑该量本身的大小,定义

$$e_r(x) = \frac{e(x)}{x} = \frac{x - x^*}{x} \tag{1.6}$$

为近似值 x^* 的相对误差。同样若能求出一个正数 ε_r,使得 $|e_r(x)| < \varepsilon_r$,则称 ε_r 为近似值 x^* 的一个相对误差限。相对误差是一个无量纲的数,通常又用百分数来表示,称为百分误差。例如上例中甲测量的相对误差为 $1/100 = 1\%$,而乙测量的相对误差为 $50/10\,000 = 0.05\%$。

1.3.3　有效数字

当准确值 x 有很多位数时,常按"四舍五入"原则得到 x 的近似值 x^*。例如 $\pi = 3.141\,592\,65\cdots$,按四舍五入取三位小数得 π 的近似值为 3.14,取六位小数的近似值为 3.141 59。无论取几位小数所得近似值,其绝对误差都不会超过其末位数的半个单位。对于四舍五入取得的近似值,通常用有效数字来描述。

定义 1.1　若近似值 x^* 的绝对误差限是某一位上的半个单位,该位到 x 的非零数字共有 n 位,则称近似值 x^* 具有 n 位有效数字。

上例中,3.14 具有 3 位有效数字,3.141 59 有 6 位有效数字。对于同一个数的近似值而言,有效数字位数越多,其绝对误差与相对误差都越小;反之,绝对误差或相对误差越小,有效数字的位数有可能越多。

1.3.4　数值计算中应注意的几个减小误差的原则

数值计算中,每一步都可能产生误差,不可能要求步步进行分析,以下仅从误差的某些传播规律出发,给出在数值计算中需注意的几个原则,以提高计算的可靠性。

1. 选用数值稳定性好的算法

在研究算法稳定性时,要考虑每一步舍入误差的影响及其相互作用是非常繁琐的。简便的方法是假定初始值有误差 ε,中间过程不再产生新的误差,考察 ε 引起的误差是否累计增长。如不增长就认为是稳定的,如严重增长就认为不稳定。以下举例予以说明。

【例 1.12】　考虑循环公式

$$A_n = 1 - nA_{n-1}$$

设 A_0 的误差为 ε,求 A_n 时的误差值。

解　　$A_1 = 1 - (A_0 \pm \varepsilon)$

$A_2 = 1 - 2A_1 = 1 - 2[1 - (A_0 \pm \varepsilon)] = -1 + 2A_0 \pm 2\varepsilon$

$A_3 = 1 - 3A_2 = 1 - 3(-1 + 2A_0 \pm 2\varepsilon) = 4 - 6A_0 \pm 3 \cdot 2\varepsilon$

$A_4 = 1 - 4A_3 = 1 - 4(4 - 6A_0 \pm 3 \cdot 2\varepsilon) = -15 + 24A_0 \pm 4 \cdot 3 \cdot 2\varepsilon$

$$\vdots$$

$$A_n = \cdots \pm n! \, \varepsilon$$

显然，随着 n 的增加，误差 $n! \, \varepsilon$ 迅速增加。

【例 1.13】 计算积分 $A_n = \int_0^1 x^n \mathrm{e}^{x-1} \mathrm{d}x$。

解　采用分部积分，取 $u = x^n$，$\mathrm{d}v = \mathrm{e}^{x-1} \mathrm{d}x$，则有

$$A_n = 1 - n \int_0^1 x^{n-1} \mathrm{e}^{x-1} \mathrm{d}x = 1 - n A_{n-1}$$

其中 $A_{n-1} = \int_0^1 x^{n-1} \mathrm{e}^{x-1} \mathrm{d}x$。由 $A_n = \int_0^1 x^n \mathrm{e}^{x-1} \mathrm{d}x$ 知，$A_1 = \dfrac{1}{\mathrm{e}} = 0.367\,879 \pm 10^{-7}$，利用例 1.12 结果可得 $A_9 = -0.068\,480 + 0.1601$，而 A_9 的实际值为 $A_9 = 0.0916$。由于

$$A_n = \int_0^1 x^n \mathrm{e}^{x-1} \mathrm{d}x \leqslant \int_0^1 x^n \mathrm{d}x = \frac{1}{n-1}$$

可知当 $n \to \infty$ 时，$A_n \to 0$。

若将循环公式改写为

$$A_n = \frac{1 - A_{n+1}}{n+1}$$

从 A_{20} 出发，设 $A_{20} = 0 \pm 2$，则

$$A_{19} = \frac{1 - A_{20}}{20} = \frac{1}{20} \pm \frac{2}{20}$$

$$\vdots$$

$$A_9 = 0.091\,600 \pm \frac{2}{20 \times 19 \times \cdots \times 10}$$

显然，A_9 已接近于真解，且误差很小。因此在循环计算过程中，应注意累积误差增大或减小的方向。若计算过程使累积误差加大，需将计算过程反过来，这样才能得到较为准确的数值解。

2. 避免两个相近数相减

在计算中若两个相近数相减，则这两个数的前几位相同的有效数字会在相减中消失，从而减少有效数字。在这种情况下，应多保留这两个数的有效数字，或者对公式进行处理，避免减法，特别不要再用两数的差作为除数。例如计算 $y = \sqrt{x+1} - \sqrt{x}$。当 $x = 1000$ 时取 4 位有效数字进行计算，有 $\sqrt{1001} - \sqrt{1000} = 31.64 - 31.62 = 0.02$，该结果只有 1 位有效数字，而若将公式改为

$$y = \sqrt{x+1} - \sqrt{x} = \frac{1}{\sqrt{x+1} + \sqrt{x}} = 0.015\,81$$

则它有 4 位有效数字。可见改变计算公式可以避免两个相近数相减而引起的有效数字损失，从而得到比较精确的结果。又例如当 $|x|$ 很小时，有

$$1 - \cos x = 2 \sin^2 \left(\frac{x}{2} \right)$$

$$\mathrm{e}^x - 1 \approx x + \frac{1}{2!} x^2 + \frac{1}{3!} x^3 + \cdots + \frac{1}{n!} x^n$$

3. 避免大数和很小的数直接相加

一个绝对值很大的数和一个绝对值很小的数直接相加时，很可能发生所谓"大数吃小数"的现象，从而影响计算结果的可靠性。例如考察物体在阻尼介质中的运动时，阻尼系数 k 是一个重要的物理参数，若在动力学方程离散化过程中将 k 置于一个很大的数 a 的加法中，则 k 就容易被 a 所"吃掉"，计算结果就会严重失真。又如，若对 a, b, c 三个数进行加法运算，$a=10^{12}$，$b=10$，$c \approx -a$，如果按照 $(a+b)+c$ 编程计算，在八位计算机上进行计算时，a"吃掉"b，且 a 与 c 相互抵消，其结果接近于零。但若按 $(a+c)+b$ 顺序编程，其结果为 10。因此在考虑绝对值悬殊的一系列数相加时，应按绝对值由大到小的顺序排列，再确定累加先后次序。

另外，在算法编制时还应注意绝对值相对较小的数不宜作除数。

4. 减少运算次数

减少运算次数，既可减少运算时间，又可能使得计算中的误差减小。例如，若要计算

$$p_n(x) = a_n x^n + a_{n-1} x^{n-1} + \cdots + a_1 x + a_0$$

的值，如直接进行计算，需要作 $\dfrac{n(n+1)}{2}$ 次乘法和 n 次加法。若将公式变为如下递推公式

$$\begin{cases} s_n = a_n \\ s_k = x s_{k+1} + a_k \quad (k = n-1, n-2, \cdots, 2, 1, 0) \end{cases}$$

则 $p_n(x) = s_0$。以上计算只需作 n 次乘法和 n 次加法。理论和实践证明，进行算法设计时，充分利用递推公式，有利于提高算法的效率。

习　题　一

1.1　编程计算 $T = 1^3 + 2^3 + 3^3 + \cdots + N^3$，直至 $T > 10^4$ 为止。

1.2　编程求 Y 值，x 由键盘输入

$$Y = \begin{cases} x & (0 \leqslant x < 10) \\ x^2 + 1 & (10 \leqslant x < 20) \\ x^3 + x^2 + 1 & (20 \leqslant x < 30) \end{cases}$$

1.3　编程计算 $1 + \dfrac{1}{1 \cdot 2} + \dfrac{1}{2 \cdot 3} + \dfrac{1}{3 \cdot 4} + \cdots + \dfrac{1}{N(N+1)}$ 的和，直至最后一项小于 10^{-3}。

1.4　质量为 m 的快艇，以 V_0 的速率行驶，发动机关闭后，受到的阻力为 $f = -kV^2$，已知 $V_0 = 20 \ \text{m/s}$，$k/m = 1/300 \ \text{m}^{-1}$，试编程计算 15 s 后快艇的速率和所走的路程。

1.5　质点沿半径为 0.1 m 的圆周运动，其角位置 θ 可用 $\theta = 2 + 4t^3 (\text{rad})$ 表示，试编程计算何时切向加速度和法向加速度恰好有相等的值（误差小于 10^{-3}）。

1.6　设 $I_n = \displaystyle\int_0^1 \dfrac{x^n}{5+x} \, \mathrm{d}x$，

(1) 从 I_0 尽可能精确的近似值出发，利用递推公式

$$I_n = -5 I_{n-1} + \dfrac{1}{n} \quad (n = 1, 2, \cdots, 20)$$

计算从 I_1 到 I_{20} 的近似值；

（2）从 I_{20} 较粗糙的估计值出发，用递推公式

$$I_{n-1} = -\frac{1}{5}I_n + \frac{1}{5n} \quad (n = 30, 29, \cdots, 3, 2)$$

计算从 I_1 到 I_{20} 的近似值；

（3）分析所得结果可靠性及出现这种现象的原因。

1.7　如何计算下列函数值才比较精确？

（1）　$\dfrac{1}{1+2x} - \dfrac{1}{1+x}$ 　$(|x| \ll 1)$

（2）　$\dfrac{1-\cos x}{\sin x}$ 　$(|x| \ll 1)$

（3）　$\displaystyle\sum_{n=1}^{100} \frac{1}{n(n+1)}$

第二章　物理图形和图像的计算机模拟

计算物理学研究的对象是物理问题，这种研究是在计算机上用数学方法对物理过程作数值模拟，最终给出物理方程的数值解。要使得这些数值结果中的物理意义完全直观地呈现在我们面前，就需要将这些结果用图形、图像甚至是动画的形式表现出来。本章重点介绍一些简单物理问题的数值计算模拟及其可视化。

2.1　简谐振动及其合成的模拟

简谐振动是一种最简单、最基本的振动，一切复杂的振动都可以看做是若干简谐振动的合成结果。作简谐振动的物体振幅不变，物体的运动参量随时间按正弦或余弦规律变化。两种或多种振动同时发生于一点，或一个质点同时进行两种或多种振动的现象，是实际中常遇到的问题。比如，两种或多种声音同时传到耳膜引起的耳膜的振动，水面上两列水波在某点相遇引起该点叠加振动，这些都是振动叠加或合成的问题。一般情况下，当参与合成的振动是复杂振动或不同频率不同直线方向上的振动时，振动合成的情况也是复杂的。

2.1.1　简谐振动的位移—时间$(x-t)$曲线和速度—时间$(v-t)$曲线

【例 2.1】　编程画出简谐振动 $x = A\cos(\omega t + \varphi)(0 < t < T(周期))$的振动曲线及对应的$v-t$曲线，其中振幅 $A = 2.0$，圆频率 $\omega = \pi$，初相位 $\varphi = 0$。

解　显然，根据 $x-t$ 关系，有

$$v = \frac{\mathrm{d}x}{\mathrm{d}t} = -A\omega\sin(\omega t + \varphi) = A\omega\cos\left(\omega t + \varphi + \frac{\pi}{2}\right) = v_m\cos\left(\omega t + \varphi + \frac{\pi}{2}\right)$$

取 $T = 2\pi/\omega = 2$ s，$\Delta t = T/N$（即 N 等分周期 T），程序中的 w、phi 分别对应于 ω 和 φ。

计算程序：

```
implicit real * 8(a-h,o-z)
open(1,file='x-t. dat')
open(2,file='v-t. dat')
write( * , * )'input A, w, phi, N'
read( * , * )A, w, phi, N
pi=3. 1415926
do 10 I=1,N
t=2. * pi/w
```

```
        t=t*float(I)/N
        x=A*cos(w*t+phi)
        v=A*w*cos(w*t+phi+pi/2.)
        write(1,*)t, x
10      write(2,*)t, v
        end
```

2.1.2 简谐振动的合成

1. 同方向简谐振动的合成

1) 相同频率情况

设有两个同方向、同频率的简谐振动,它们的运动方程分别为

$$\begin{cases} x_1 = A_1 \cos(\omega t + \varphi_1) \\ x_2 = A_2 \cos(\omega t + \varphi_2) \end{cases} \tag{2.1}$$

显然,合成振动的位移 x 仍在这一方向上,且为以上两个位移的代数和

$$x = x_1 + x_2 = A \cos(\omega t + \varphi) \tag{2.2}$$

其中,

$$A = [A_1^2 + A_2^2 + 2A_1 A_2 \cos(\varphi_2 - \varphi_1)]^{1/2} \tag{2.3(a)}$$

$$\tan\varphi = \frac{A_1 \sin\varphi_1 + A_2 \sin\varphi_2}{A_1 \cos\varphi_1 + A_2 \cos\varphi_2} \tag{2.3(b)}$$

可见两个同方向、同频率简谐振动的合成运动仍是简谐振动,合成振动的频率和两个分振动的频率相同,振幅为 A,初相位为 φ。从式(2.3(a))可以看出,合成振动的振幅不仅与两个分振动的振幅 A_1、A_2 有关,而且和两个分振动的初相差有关。对于初相差满足以下条件,有

$$A = \begin{cases} A_1 + A_2 & \varphi_2 - \varphi_1 = 2K\pi & \text{加强(同相)} \\ |A_1 - A_2| & \varphi_2 - \varphi_1 = (2K+1)\pi & \text{减弱(反相)} \end{cases} \tag{2.4}$$

【例 2.2】 试给出两个同方向、同频率简谐振动的合成程序。

解 图 2.1 所示为两个同方向、同频率简谐振动的合成(同相、反相)中分振动及合振动示意图。图 2.2 给出了相位差为 0.4π 的两个同方向、同频率简谐振动的合成图。

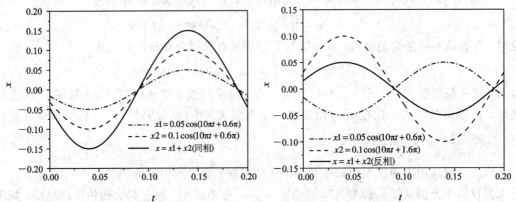

图 2.1 两个同方向、同频率简谐振动的合成示意图

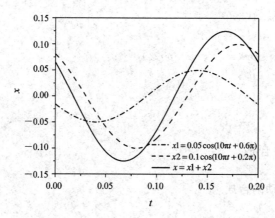

图 2.2 相位差为 0.4π 的两个同方向、同频率简谐振动的合成图

计算程序：

```
open(1,file='x1.dat')
open(2,file='x2.dat')
open(3,file='x.dat')
write( * , * )'input A1, A2, w, phi1, phi2=?'
read( * , * )A1, A2, w, phi1, phi2
pi=3.1415926
do 10 I=1,1000
t=2. * pi/w
t=t * float(I)/1000
x1=A1 * cos(w * t+phi1)
x2=A2 * cos(w * t+phi2)
x=x1+x2
write(1, * )t, x1
write(2, * )t, x2
10    write(3, * )t, x
end
```

2）不同频率情况

考虑以下两个同方向、不同频率的简谐振动，它们的运动方程分别为

$$x_1 = A_1 \cos(\omega_1 t + \varphi_1), \quad x_2 = A_2 \cos(\omega_2 t + \varphi_2)$$

此时，合振动不再是简谐振动，利用旋转矢量法可以求得合振动的振幅为

$$A = \{A_1^2 + A_2^2 + 2A_1 A_2 \cos[(\omega_2 - \omega_1)t + (\varphi_2 - \varphi_1)]\}^{1/2} \tag{2.5}$$

显然，这一振幅在 $A = A_1 + A_2$ 和 $A = |A_1 - A_2|$ 间周期性地变化（如图 2.3 所示），属振动调制。合振动振幅从一次极大到相邻的另一次极大，中间经历的时间 τ 称为周期，显然 $\tau = \dfrac{2\pi}{|\omega_2 - \omega_1|}$，频率 $v = \dfrac{|\omega_2 - \omega_1|}{2\pi} = |v_2 - v_1|$。

以上合成应用于两次振动频率相差很小情况时，会呈现出拍的现象。

假设两个分振动振幅都为 A_1，圆频率 ω_1、ω_2 相差较小，取它们的初相位都是零，则可以分别表示为

$$x_1 = A_1 \cos\omega_1 t, \quad x_2 = A_1 \cos\omega_2 t$$

此时合成运动的位移可写成

$$x = x_1 + x_2 = 2A_1 \cos\left[\frac{1}{2}(\omega_2 - \omega_1)t\right] \times \cos\left[\frac{1}{2}(\omega_2 + \omega_1)t\right]$$

$$= A \cos\left[\frac{1}{2}(\omega_2 + \omega_1)t\right] \tag{2.6}$$

其中 $A = 2A_1 \cos\left[\frac{1}{2}(\omega_2 - \omega_1)t\right]$。由于圆频率 $\frac{1}{2}(\omega_2 + \omega_1)$ 远大于圆频率 $\frac{1}{2}(\omega_2 - \omega_1)$，$x$ 变化主要取决于 $\cos\left[\frac{1}{2}(\omega_2 + \omega_1)t\right]$，振幅按 $2A_1 \cos\left[\frac{1}{2}(\omega_2 - \omega_1)t\right]$ 变化。图 2.3 给出了两个同方向频率近似的简谐振动合成图。

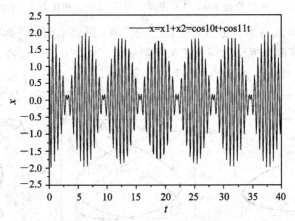

图 2.3 两个同方向、频率相近的简谐振动的合成图

2. 两个相互垂直方向简谐振动的合成

考虑两个相互垂直方向简谐振动，其运动方程为

$$\begin{cases} x = A_1 \cos(\omega_1 t + \varphi_1) \\ y = A_2 \cos(\omega_2 t + \varphi_2) \end{cases} \tag{2.7}$$

现分为以下两种情况进行讨论。

（1）若 $\omega_1 = \omega_2$，则有合振动方程为

$$\frac{x^2}{A_1^2} + \frac{y^2}{A_2^2} - \frac{2xy}{A_1 A_2} \cos(\varphi_2 - \varphi_1) = \sin^2(\varphi_2 - \varphi_1) \tag{2.8}$$

当初相差 $\varphi_2 - \varphi_1$ 满足以下条件时，有

① $\varphi_2 - \varphi_1 = 0$：$\dfrac{x}{A_1} - \dfrac{y}{A_2} = 0 \Rightarrow y = \dfrac{A_2}{A_1}x$（一、三象限直线方程）

$\varphi_2 - \varphi_1 = \pi$：$\dfrac{x}{A_1} + \dfrac{y}{A_2} = 0 \Rightarrow y = -\dfrac{A_2}{A_1}x$（二、四象限直线方程）

② $\varphi_2 - \varphi_1 = \dfrac{\pi}{2}$：$\dfrac{x^2}{A_1^2} + \dfrac{y^2}{A_2^2} = 1$（椭圆方程）

图 2.4 所示为两个频率相同、振幅相等、相互垂直而相位差为 $\pi/4$、$\pi/2$、$3\pi/4$ 的质点轨迹曲线。

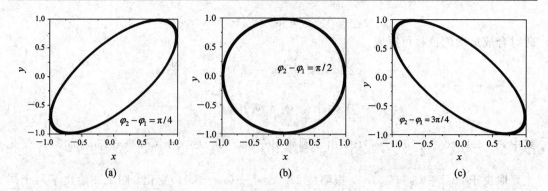

图 2.4 两个频率相同、振幅相等、相互垂直简谐振动的合成

(a) 相位差为 $\pi/4$；(b) 相位差为 $\pi/2$；(c) 相位差为 $3\pi/4$

（2）若 $\omega_1 \neq \omega_2$，且满足一定整数倍数比关系时，则会出现利萨如图形。

当两个相互垂直简谐振动的频率比为整数比时，合振动的轨迹将为稳定的闭合曲线而且是具有周期性的。图 2.5 所示为两个频率不同（满足 $\omega_1/\omega_2 = 3/2$）、振幅相等、相互垂直而相位差分别为 0、$\pi/8$、$\pi/4$ 下的质点轨迹曲线，这样的轨迹图形称为利萨如图。

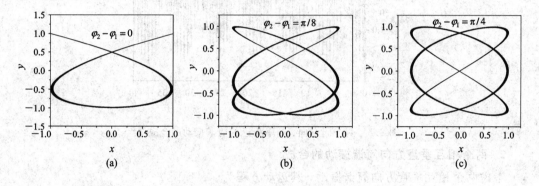

图 2.5 利萨如图形

（a）相位差为 0；（b）相位差为 $\pi/8$；（c）相位差为 $\pi/4$

2.2 阻尼运动与阻尼振动的模拟

简谐振动是一种无阻尼振动，而实际上，任何振动物体都要受到阻力的作用。将一部分机械能转化为其他形式的能量，导致振动的总能量不断减小，即振幅不断减小，这种振动称为阻尼振动。

2.2.1 阻尼情况下物体运动的速度—时间（$v-t$）曲线

【例 2.3】 质量为 m 的摩托快艇以初速度 v_0 行驶，它受到的摩擦阻力与速度成正比，设比例系数为 K，则 $F = -Kv$，试求关闭发动机后，速度 v 对时间 t 的变化规律。（取 $v_0 = 10 \text{ m/s}$，$K/m = 1/250 = 0.004 \text{ kg/s}$。）

解 物理分析与数学模型

方法 1：根据牛顿运动定律知 $F = ma = m\dfrac{\mathrm{d}v}{\mathrm{d}t} = -Kv$

即

$$\frac{dv}{dt} = -\frac{K}{m}v$$

因此有

$$v = v_0 e^{-\frac{K}{m}t} \quad \text{或} \quad v = v_0 e^{-At}$$

其中 $A = \frac{K}{m}$，$v-t$ 曲线可以用函数作图法得到。

方法 2：用 $\frac{\Delta v}{\Delta t}$ 替代 $\frac{dv}{dt}$（差商法），即

$$\frac{dv}{dt} \rightarrow \frac{\Delta v}{\Delta t} = -\frac{K}{m}v = -Av$$

即

$$\Delta v = -Av\Delta t$$

因此有

$$v_{i+1} = v_i + (-Av\Delta t)$$

采用以上公式选取初值后进行迭代，即可得到 $v-t$ 曲线（如图 2.6 所示），这种方法又称为函数近似值作图法。例 2.3 程序中的 v 和 v1 分别为方法 1 和方法 2 中所得计算结果，程序中的 a 为题中的 A。

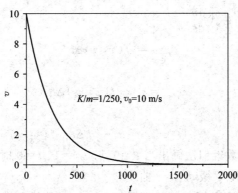

图 2.6　阻尼情况下物体运动的 $v-t$ 曲线

计算程序：

```
open(1,file='vt.dat')
write( * , * )'input a,v0,t=?'
read( * , * ) a,v0,t
v1=v0
t0=0.
v10=v0
write(1, * )t0, v0, v10
dt=t/1000.
do 10 j=1,1000
tt=t * float(j)/1000.
v=v0 * exp((-1.) * a * tt)
```

```
        v1＝v1－a＊v1＊dt
10      write(1,＊)tt, v, v1
        end
```

2.2.2　阻尼振动

我们知道，弹簧振子的阻尼振动满足以下方程

$$\frac{\mathrm{d}^2x}{\mathrm{d}t^2} + 2\beta\frac{\mathrm{d}x}{\mathrm{d}t} + \omega_0^2 x = 0 \quad (\beta < \omega_0) \tag{2.9}$$

其中，β 为阻尼因子，ω_0 为弹簧振子的角频率。试用函数近似法作出位移与时间的函数变化曲线。

解　将二阶微分方程化为一阶微分方程

$$\begin{cases} v = \dfrac{\mathrm{d}x}{\mathrm{d}t} \\[2mm] \dfrac{\mathrm{d}v}{\mathrm{d}t} = \dfrac{\mathrm{d}^2x}{\mathrm{d}t^2} \end{cases}$$

由式(2.9)可得

$$\frac{\mathrm{d}v}{\mathrm{d}t} = -2\beta v - \omega_0^2 x = f(x, v)$$

同样采用差商近似，用 $\dfrac{\Delta v}{\Delta t}$ 替代 $\dfrac{\mathrm{d}v}{\mathrm{d}t}$，有

$$\Delta v = f(x, v)\Delta t$$

即

$$v_{i+1} = v_i + f(x, v_i)\Delta t$$

而 $\Delta x = v\Delta t$，因此有

$$x_{i+1} = x_i + v_i\Delta t$$

【例 2.4】　试利用函数近似法画出当 $\beta = 0.1$、$\omega_0 = 1$、$t = 0$ 时，$x = 1.0$、$v = 0.0$、$0 < t < 25$、$\Delta t = 25/1000$ 下的阻尼振动 $x - t$ 曲线。

解　图 2.7 根据以上函数近似法给出了 $x - t$、$v - t$ 曲线示意图。图 2.8 给出了不同阻尼情况下 $x - t$ 曲线示意图。例 2.4 程序中的 B 和 w0 分别对应于题中的 β 和 ω_0。

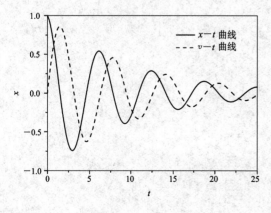

图 2.7　阻尼振动曲线

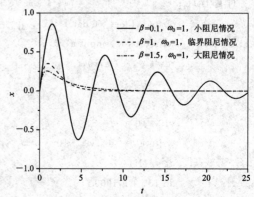

图 2.8　不同阻尼情况下的振动曲线

计算程序：

```
        open(1,file='v—t.dat')
        open(2,file='x—t.dat')
        write( * , * )'input B, w0, x0, v0, t=?'
        read( * , * )B, w0, v0, x0, t
        dt=t/1000.
        v=v0
        x=x0
        tt0=0.0
        write(1, * )tt0, v0
        write(2, * )tt0, x0
        do 10 j=1,1000
        tt=float(j) * dt
        f=—2. * B * v—w0 * * 2 * x
        v=v+f * dt
        x=x+v * dt
        write(1, * )tt, v
10      write(2, * )tt, x
        end
```

2.3　驻　波　的　模　拟

　　两列振幅、振动方向和频率都相同而传播方向相反的同类波相干叠加形成驻波。驻波是两列波的叠加，没有单向的能量传输。驻波在声学和光学中都有重要的应用。

　　设有两列振动方向相同、振幅相同、频率相同的平面余弦波，分别沿 X 轴的正、负方向传播（如图 2.10 所示）。如以 A 表示它们的振幅，以 γ 表示它们的频率，λ 表示波长，则它们的波函数可分别写为

$$y_1 = A\cos2\pi\left(\gamma t - \frac{x}{\lambda}\right), \quad y_2 = A\cos2\pi\left(\gamma t + \frac{x}{\lambda}\right) \qquad (2.10)$$

按叠加原理，合成的驻波波函数为

$$y = y_1 + y_2 = A\left[\cos2\pi\left(\gamma t - \frac{x}{\lambda}\right) + \cos2\pi\left(\gamma t + \frac{x}{\lambda}\right)\right] \qquad (2.11)$$

利用三角函数关系，上式可以简化为

$$y = 2A\cos2\pi\frac{x}{\lambda} \cdot \cos2\pi\gamma t \qquad (2.12)$$

式中因子 $\cos2\pi\gamma t$ 是时间 t 的余弦函数，说明形成驻波后，各质点都在作同频率的谐振动。

另一因子 $2A\cos2\pi\dfrac{x}{\lambda}$ 是坐标的余弦函数，说明各质点的振幅按余弦函数规律分布。

　　由驻波表达式(2.12)可知，在 x 值满足下式的各点振幅为 0

$$2\pi\frac{x}{\lambda} = (2k+1)\frac{\pi}{2} \qquad (k = 0, \pm 1, \pm 2, \cdots)$$

或

$$x = (2k+1)\frac{\lambda}{4} \qquad (k = 0, \pm 1, \pm 2, \cdots)$$

这些点就是驻波波节处。相邻两波节的距离为

$$x_{k+1} - x_k = \left[2(k+1)+1\right]\frac{\lambda}{4} - (2k+1)\frac{\lambda}{4} = \frac{\lambda}{2}$$

即相邻两波节间的距离是半波长。

在 x 值满足下式的各点振幅最大

$$2\pi\frac{x}{\lambda} = k\pi \qquad (k = 0, \pm 1, \pm 2, \cdots)$$

或

$$x = k\frac{\lambda}{2} \qquad (k = 0, \pm 1, \pm 2, \cdots)$$

这些点就是驻波的波腹处。相邻两波腹间的距离为

$$x_{k+1} - x_k = (k+1)\frac{\lambda}{2} - k\frac{\lambda}{2} = \frac{\lambda}{2}$$

即相邻两波腹间的距离也是半波长。

由以上的讨论可知，波节处的质点振动的振幅为零，始终处于静止；波腹处的质点振动的振幅最大，等于 $2A$。其他各处质点振动的振幅则在零与最大之间。两相邻波节或两相邻波腹之间相距半波长。波腹和相邻波节间的距离为 $\lambda/4$，即波腹和波节交替作等距离排列。图 2.9 给出了根据式(2.12)模拟驻波的流程图。

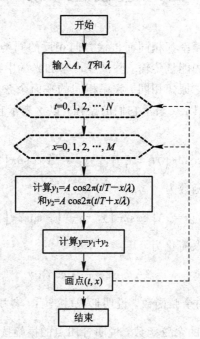

图 2.9 驻波模拟流程图

图 2.10 利用以上流程图给出了不同时刻下，入射波、反射波及合成驻波的图形，其中 $v = 1/(2\pi)$，$A = 1$，虚线表示入射波，点画线表示反射波，实线表示合成驻波。

图 2.10 从上向下各图依次表示 $t=0$、$T/8$、$2T/8$、$3T/8$、$4T/8$ 等时刻各质点的振动位移的变化，其中 C_1、C_2、C_3、C_4 等各点始终保持不动，这些点就是波节；而 D_1、D_2、D_3、D_4 等各点就是波腹。而且清楚地看出，每一时刻，驻波都有一定的波形，此波形既不向右移，也不向左移，各点以各自确定的振幅在各自的平衡位置附近振动，没有振动状态或相位的传播，因而称为驻波。

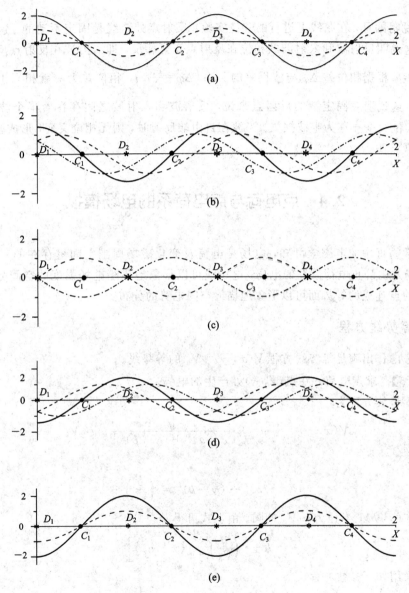

图 2.10 不同时刻下驻波的模拟

(a) $t=0$；(b) $t=T/8$；(c) $t=T/4$；(d) $t=3T/8$；(e) $t=T/2$

对于驻波的相位问题，由于振幅因子 $2A\cos2\pi\dfrac{x}{\lambda}$ 在 x 取不同值时有正有负（如将相邻两波节之间的各点称为一段，每一段各点 $\cos2\pi\dfrac{x}{\lambda}$ 具有相同的符号，而相邻的两端符号总是相反的，这说明在驻波中同一段上各质点的振动相位相同，而相邻两段中的各点振动相位相反），因此同一段内各点沿相同方向同时达到各自振动位移的最大值，又沿相同方向同时通过平衡位置；而波节两侧各点同时沿相反方向达到振动位移的正、负最大值，又沿相反方向同时通过平衡位置。通过以上分析可知，在驻波进行过程中，没有振动状态（相位）和波形的定向传播，可以证明也无能量的定向传播，这也是行波和驻波的重要区别所在。

需要说明的是，在弦线上进行的驻波实验，反射点处弦线是固定不动的，这一点只能是波节。这说明反射波和入射波的相位在反射点正好相反，即入射波在反射点反射时相位有 π 的突变。根据相位差 $\Delta\varphi$ 与波程差的关系 $\left(\Delta\varphi = \dfrac{2\pi}{\lambda}\delta\right)$，相位差为 π 就相当于半个波长的波程差，这说明对固定端的反射点来说，反射波和入射波之间存在着半个波长的波程差，这种相位突变 π 称为半波损失。当波在自由端反射时，则无相位突变，形成驻波时，在自由端出现波腹。

2.4 点电荷与点电荷系的电场模拟

由大学物理中的电磁学可知，电场是电荷及变化磁场周围空间里存在的一种特殊物质。静电场是由静止电荷激发的电场。电场线可以形象地描绘电场强度的空间分布，而电势值相等的点连成的等势面可以形象地描绘空间电势的分布。

2.4.1 等势线方程

以下考虑作出满足等势线方程 $V(x, y) = V_0$ 的等势线。

【例 2.5】 求点电荷 q 在点 (x, y) 处产生的电势。

解 等势线方程为

$$V(x, y) = \frac{q}{r} = \frac{q}{\left[(x-a)^2 + (y-b)^2\right]^{1/2}} = V_0 \tag{2.13}$$

即方程

$$(x-a)^2 + (y-b)^2 = \left(\frac{q}{V_0}\right)^2$$

表示圆心在 (a, b)，半径为 q/V_0 的圆。由上式可得

$$y = b \pm \left[\left(\frac{q}{V_0}\right)^2 - (x-a)^2\right]^{1/2}$$

画图时可采用如下参数方程

$$\begin{cases} x - a = \dfrac{q}{V_0}\cos t \\ y - b = \dfrac{q}{V_0}\sin t \end{cases} \quad t \in (0, 2\pi)$$

【例 2.6】 已知两个点电荷的电势分布如图 2.11 所示，求等势线方程。

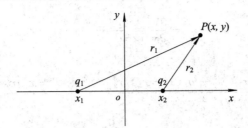

图 2.11 两个点电荷的电势分布

解 由图 2.11 可知，等势线方程为

$$V(x, y) = \frac{q_1}{r_1} + \frac{q_2}{r_2} = V_0 \tag{2.14}$$

其中，$r_1 = [(x-x_1)^2 + y^2]^{1/2}$，$r_2 = [(x-x_2)^2 + y^2]^{1/2}$。显然由 $V(x, y) = V_0$ 不易给出 $y(x) = 0$ 的显式形式。

2.4.2 等势线 $V(x, y) = V_0$ 的绘制

考虑一等势线方程 $V(x, y) = V_0$，有

$$dV(x, y) = \frac{\partial V}{\partial x}dx + \frac{\partial V}{\partial y}dy = dV_0 = 0$$

因此

$$\frac{dy}{dx} = -\frac{\partial V/\partial x}{\partial V/\partial y} \cdot \frac{dt}{dt}$$

引入参数 t，设想 $x(t)$、$y(t)$，则由上式可得

$$\begin{cases} dx = +\dfrac{\partial V}{\partial y}dt \\[2mm] dy = -\dfrac{\partial V}{\partial x}dt \end{cases} \tag{2.15}$$

指定 dt 为一较小的数（如 $dt = 10^{-3}$），计算出 $\partial V/\partial y$ 和 $\partial V/\partial x$，由上式可得 dx 和 dy。若点 (x, y) 处电势为 V_0，则 $(x+dx, y+dy)$ 处的电势也为 V_0。

编程步骤如下：

(1) 输入 V_0，给定 y_0（或 x_0），求 $V(x, y_0) = V_0$ 的根 x_0。令 $x = x_0$，$y = y_0$。

(2) 将 $x + dx = x + \dfrac{\partial V}{\partial y} \times dt$ 赋给下一个 x，$y + dy = y - \dfrac{\partial V}{\partial x} \times dt$ 赋给下一个 y。

把上述 (x, y) 点连起来，就是 V_0 的等势线。

针对例 2.6 中的等势线方程 (2.14)，可知等势线上点 (x, y) 的计算步骤如下：

(1) 由于 $V(x, y) = V(x, -y)$，因此该等势线关于 x 轴对称，根据 x 轴上方数据点，x 轴下方数据点可求出等势线。

(2) 对于给定的 V_0，其等势线的出发点选在 x 轴上，即由 $V(x, 0) = V_0$ 给出 x，由 $(x, 0)$ 点出发。

(3) 根据 $\dfrac{\partial V}{\partial x} = q_1 \dfrac{\partial}{\partial x}\left(\dfrac{1}{r_1}\right) + q_2 \dfrac{\partial}{\partial x}\left(\dfrac{1}{r_2}\right)$ 和 $\dfrac{\partial V}{\partial y} = q_1 \dfrac{\partial}{\partial y}\left(\dfrac{1}{r_1}\right) + q_2 \dfrac{\partial}{\partial y}\left(\dfrac{1}{r_2}\right)$，分别有

$$-\frac{\partial V}{\partial x} = \frac{q_1(x-x_1)}{r_1^3} + \frac{q_2(x-x_2)}{r_2^3}$$

$$-\frac{\partial V}{\partial y} = \frac{q_1 y}{r_1^3} + \frac{q_2 y}{r_2^3}$$

因此有

$$\frac{\mathrm{d}y}{\mathrm{d}x} = -\frac{q_1(x-x_1)/r_1^3 + q_2(x-x_2)/r_2^3}{q_1 y/r_1^3 + q_2 y/r_2^3} = -\frac{q_1(x-x_1)r_2^3 + q_2(x-x_2)r_1^3}{q_1 y r_2^3 + q_2 y r_1^3}$$

取

$$\begin{cases} \mathrm{d}x = y(q_1 r_2^3 + q_2 r_1^3)\mathrm{d}t \\ \mathrm{d}y = -[q_1(x-x_1)r_2^3 + q_2(x-x_2)r_1^3]\mathrm{d}t \end{cases} \tag{2.16}$$

【例 2.7】 $q_1 = -1$，$q_2 = 1$（异号），$x_1 = -2$，$x_2 = 2$，试编程画出 $V_0 = 3$，2，1，0.5 时的等势线（忽略 $\frac{1}{4\pi\varepsilon_0}$，$\mathrm{d}t = 0.005$，$N = 100$）。

解 令 $y_0 = 0$，根据式（2.14），则有

$$\frac{q_1}{|x-x_1|} + \frac{q_2}{|x-x_2|} = V_0$$

解得：
$$x_0 = x^*$$

所得等势线结果如图 2.12(a)所示。图 2.12(b)还给出了同号点电荷的等势线分布。需要说明的是，若求得初值 x_0 有多个，则需对每一个初值进行迭代计算才会保证曲线的完整性。

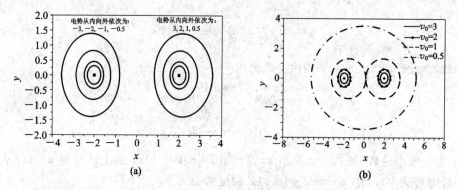

图 2.12 两个点电荷电势等势线示意图

(a) $q_1 = -1$，$q_2 = 1$（异号）；(b) $q_1 = 1$，$q_2 = 1$（同号）

计算程序：

```
open(1,file='V0.dat')
write( * , * )'input q1,q2,x1,x2=?'
read( * , * )q1,q2,x1,x2
x=x*              ! x* 为 y0=0 时由式(2.14)计算的根
y=0.0
write(1, * )x, y
dt=0.005
do 10 j=1,100
r1=(x−x1) * * 2+y * * 2
r1=sqrt(r1)
r2=(x−x2) * * 2+y * * 2
```

```
      r2＝sqrt(r2)
      dx＝y＊(q1＊r2＊＊3＋q2＊r1＊＊3)＊dt
      x＝x＋dx
      dy＝(－1.)＊(q1＊(x－x1)＊r2＊＊3＋q2＊(x－x2)＊r1＊＊3)＊dt
      y＝y＋dy
10    write(1,＊)x,y
      end
```

2.4.3　点电荷系电场线图像模拟

【例2.8】　如图2.13所示，A、B、C三个点电荷组成一个点电荷系，其中 $A(0,0)$ 点带电为 $-q$，$B(0,1)$ 点带电亦为 $-q$，$C(0,-1)$ 点带电 $+2q$，试模拟 xoy 平面内电场线分布。

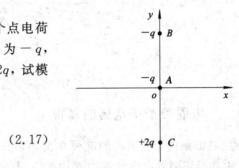

图2.13　A、B、C三个点电荷位置及电量

解　单个点电荷的电场为

$$E=\frac{F}{q_0}=\frac{1}{4\pi\varepsilon_0}\frac{q}{r^2}r^0 \tag{2.17}$$

点电荷系的电场为

$$E=\frac{\sum_k F_k}{q_0}=\sum_k E_k=\sum_k\frac{1}{4\pi\varepsilon_0}\frac{q_k}{r_k^2}r_k^0 \tag{2.18}$$

点电荷系在某点产生的电场强度等于各点电荷单独在该点产生的电场强度的矢量和，这称为电场强度叠加原理。所以，在 xoy 平面内电场强度为

$$E(x,y)=\left\{\frac{2qx}{4\pi\varepsilon_0[(y+1)^2+x^2]^{3/2}}-\frac{qx}{4\pi\varepsilon_0(y^2+x^2)^{3/2}}-\frac{qx}{4\pi\varepsilon_0[(y-1)^2+x^2]^{3/2}}\right\}i$$

$$+\left\{\frac{2q(y+1)}{4\pi\varepsilon_0[(y+1)^2+x^2]^{3/2}}-\frac{qy}{4\pi\varepsilon_0(y^2+x^2)^{3/2}}-\frac{q(y-1)}{4\pi\varepsilon_0[(y-1)^2+x^2]^{3/2}}\right\}j$$

$$\tag{2.19}$$

又因为电场线上每一点的切线方向反映该点的场强方向，所以有

$$\frac{dy}{dx}=\frac{E_y(x,y)}{E_x(x,y)}=\frac{\dfrac{2(y+1)}{[(y+1)^2+x^2]^{3/2}}-\dfrac{y}{[y^2+x^2]^{3/2}}-\dfrac{y-1}{[(y-1)^2+x^2]^{3/2}}}{\dfrac{2x}{[(y+1)^2+x^2]^{3/2}}-\dfrac{x}{[y^2+x^2]^{3/2}}-\dfrac{x}{[(y-1)^2+x^2]^{3/2}}} \tag{2.20}$$

作变量代换 $u=(y-1)/x$，$v=(y+1)/x$，可得

$$\frac{2\mathrm{d}v}{(1+v^2)^{3/2}}=\frac{4\mathrm{d}(v+u)}{[4+(v+u)^2]^{3/2}}+\frac{\mathrm{d}u}{(1+u^2)^{3/2}}$$

方程两边同时积分后可得

$$\frac{2v}{\sqrt{v^2+1}}-\frac{v+u}{\sqrt{(v+u)^2+4}}-\frac{v}{\sqrt{u^2+1}}=C$$

由上述方程可得

$$\frac{2(y+1)}{[(y+1)^2+x^2]^{1/2}}-\frac{y}{(y^2+x^2)^{1/2}}-\frac{y-1}{[(y-1)^2+x^2]^{1/2}}=C \tag{2.21}$$

此超越方程即为这个点电荷系的电场线方程，常数 C 选取不同的值对应不同的电场线。图 2.14 中，C 取 0.1~3，间隔 0.1。

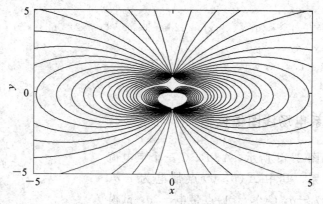

图 2.14　点电荷系电场线模拟

2.4.4　电偶极振子电场的模拟

电磁波是由交变运动的电荷系统辐射出来的，电偶极子辐射是电磁波辐射理论的基础。电偶极辐射的电磁波是空间中的 TM 波，而电偶极子辐射也是天线工程中最基本的问题。

图 2.15 为一个简单的电偶极子系统，它由两个相距为 Δl 的导体球组成，两导体间由细导线相连。当导线上有交变电流 I 时，两导体上的电荷 $\pm Q$ 就交替变化，形成一个振荡电偶极子。电偶极子在其附近空间将产生交变电磁场，并使电磁场往远处辐射。

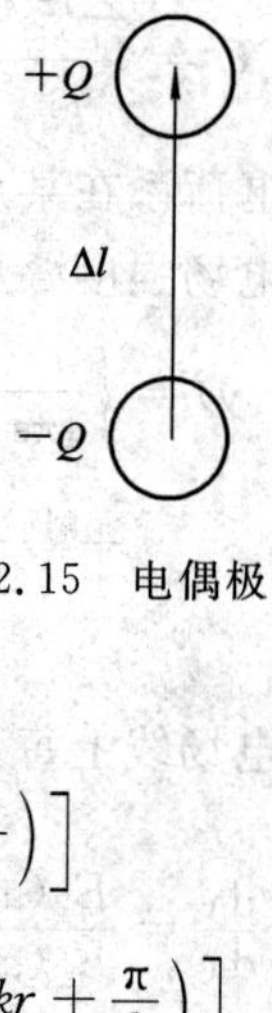

电偶极矩为 $\boldsymbol{P} = Q\Delta\boldsymbol{l}$，其中 $\Delta\boldsymbol{l}$ 矢量从 $-Q$ 指向 $+Q$。设谐变电荷 $Q(t) = Q_0 \mathrm{e}^{\mathrm{i}\omega t}$，则电偶极子的电偶极矩为

$$\boldsymbol{p} = p_0 \mathrm{e}^{\mathrm{i}\omega t} \boldsymbol{e}_z$$

在球坐标系下，任意时刻 t，空间任意处 r 的辐射电场为

图 2.15　电偶极子

$$\begin{cases} E_r = \dfrac{2p_0 k^3}{4\pi\varepsilon_0}\cos\theta\left[\dfrac{1}{(kr)^3}\cos(\omega t - kr) + \dfrac{1}{(kr)^2}\cos\left(\omega t - kr + \dfrac{\pi}{2}\right)\right] \\ E_\theta = \dfrac{p_0 k^3}{4\pi\varepsilon_0}\sin\theta\left[\left(\dfrac{1}{(kr)^3} - \dfrac{1}{kr}\right)\cos(\omega t - kr) + \dfrac{1}{(kr)^2}\cos\left(\omega t - kr + \dfrac{\pi}{2}\right)\right] \\ E_\varphi = 0 \end{cases} \quad (2.22)$$

在 $\varphi = \varphi_0$ 的平面内，辐射的电场线满足方程

$$\frac{\mathrm{d}r}{r\,\mathrm{d}\theta} = \frac{E_r}{E_\theta} \quad (2.23)$$

要求解上述方程，需引入

$$\boldsymbol{G} = \boldsymbol{e}_\varphi \frac{p_0 k}{4\pi\varepsilon_0 r}\left[\frac{1}{(kr)^2} + 1\right]^{1/2}\sin\theta\cos[\omega t - kr + \arctan(kr)] \quad (2.24)$$

可以证明 $\boldsymbol{E} = \nabla \times \boldsymbol{G}$，所以有

$$\begin{cases} E_r = \dfrac{1}{r\,\sin\theta}\dfrac{\partial}{\partial\theta}(G\,\sin\theta) \\[2mm] E_\theta = -\dfrac{1}{r}\dfrac{\partial}{\partial\theta}(rG) \\[2mm] E_\varphi = 0 \end{cases} \tag{2.25}$$

将上式代入 $\dfrac{\mathrm{d}r}{r\,\mathrm{d}\theta}=\dfrac{E_r}{E_\theta}$，可得

$$\frac{\partial}{\partial r}(Gr\,\sin\theta)\mathrm{d}r + \frac{\partial}{\partial\theta}(Gr\,\sin\theta)\mathrm{d}\theta = 0$$

可以看出 $Gr\,\sin\theta$ 为一常量，所以可得

$$\left[\frac{1}{(kr)^2}+1\right]^{1/2}\sin^2\theta\cos\left[\omega t - kr + \arctan(kr)\right] = C \tag{2.26}$$

其中，$kr=\dfrac{2\pi}{\lambda}r=2\pi\left[\left(\dfrac{x}{\lambda}\right)^2+\left(\dfrac{z}{\lambda}\right)^2\right]^{1/2}$，$\sin\theta=\dfrac{x}{r}=\dfrac{x}{\sqrt{x^2+z^2}}$。当 C 取不同值时，可得到 t 时刻不同的辐射电场线。单位化 $\lambda=1$，$t=T$ 时，C 取 ±0.1、±0.3、±0.5、±0.7、±0.9 可得到图 2.16。

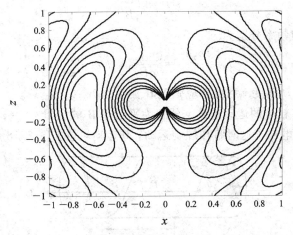

图 2.16　$t=T$ 时电偶极子辐射电场线模拟

2.4.5　带电粒子在电磁场中的运动

一个质量为 m、电量为 q 的粒子以一定的速度 v 进入磁场，受到洛伦兹力的作用 $f_m=qv\times B$。显然，洛伦兹力始终垂直于带电粒子的运动速度 v 和磁感应强度 B，它只改变带电粒子的运动方向，不改变带电粒子运动速度的大小。对于带电粒子在匀强磁场中的运动，一般可分为以下三种情况：

（1）带电粒子运动速度 v 和磁感应强度 B 平行或者反向。

在这种情况下，带电粒子受到的洛伦兹力 $f_m=qv\times B=0$，所以带电粒子的运动不受磁场影响。

（2）带电粒子运动速度 v 和磁感应强度 B 垂直。

在磁感应强度为 B 的匀强磁场中，在垂直于 B 的平面内，有一个带电量为 q 的粒子，以速度 v 运动，其运动轨迹如图 2.17 所示。

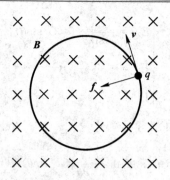

图 2.17 均匀磁场中带电粒子的运动轨迹

由于 $v \perp \boldsymbol{B}$，且洛伦兹力只改变粒子运动速度的方向，所以粒子仅在垂直于 $\boldsymbol{B}$ 的平面内作匀速圆周运动。设粒子圆周运动的轨道半径为 R，根据牛顿运动定律可以列方程

$$qvB \sin\frac{\pi}{2} = m\frac{v^2}{R}$$

可以解得粒子运动的轨道半径为

$$R = \frac{mv}{qB}$$

粒子回转周期与频率分别为

$$T = \frac{2\pi R}{v} = \frac{2\pi m}{qB}, \quad f = \frac{qB}{2\pi m}$$

（3）带电粒子运动速度 v 和磁感应强度 $\boldsymbol{B}$ 夹角为 θ。

这种情况可以将粒子的运动速度 v 分解为平行于 $\boldsymbol{B}$ 的分量 $v_{/\!/} = v\cos\theta$ 和垂直于 $\boldsymbol{B}$ 的分量 $v_\perp = v\sin\theta$，带电粒子这时将作螺旋运动，其运动轨迹如图 2.18 所示。

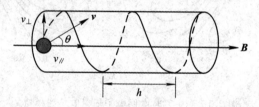

图 2.18 均匀磁场中带电粒子的运动轨迹

该螺旋运动的回旋半径 R 及螺距 h 分别为

$$R = \frac{mv_\perp}{qB} = \frac{mv\sin\theta}{qB} \tag{2.27}$$

$$h = v_{/\!/}\,T = \frac{2\pi mv\cos\theta}{qB} \tag{2.28}$$

由式(2.27)和式(2.28)可知圆柱螺旋线轨迹参数方程为

$$\begin{cases} x = R\cos\omega t \\ y = R\sin\omega t \\ z = \pm\dfrac{h}{2\pi}\omega t \end{cases} \tag{2.29}$$

其中，$\omega = 2\pi/T$，ω 为角速度。取 $v=1$，$\theta=30°$，$q=1$，$B=1$，$m=1$，可得

$$
\begin{cases}
x = 0.5\ \cos t \\
y = 0.5\ \sin t \\
z = \pm\dfrac{\sqrt{3}}{2}t
\end{cases}
$$

以上条件下，模拟的带电粒子螺旋运动轨迹如图 2.19 所示。

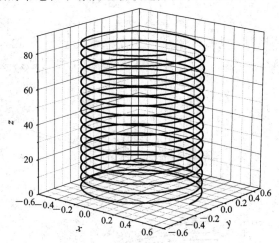

图 2.19　均匀磁场中带电粒子运动轨迹模拟

2.4.6　α粒子散射实验

　　1911 年卢瑟福领导盖革等年轻科学家，做了一个有名的 α 粒子散射实验（又叫做卢瑟福实验）。他们发现当用 α 粒子射击重金属箔的时候，这些 α 粒子被分别散射到不同方向上，其中极少数 α 粒子被反弹回来。卢瑟福分析少数 α 粒子发生大角度偏转原因是原子的正电荷和绝大部分质量集中在一个很小的核上，基于 α 粒子散射实验卢瑟福提出了原子的核式结构模型。

　　设原子核的电量为 Ze，Z 为电荷数，e 为基元电荷，其位置坐标为 (x_0, y_0)，e 的质量远大于 α 粒子的质量 m，α 粒子的电量为 $2e$，其位置用 (x, y) 表示，则 α 粒子受斥力大小为

$$
F = \frac{2Ze^2}{R^2} \tag{2.30}
$$

其中，$R = \sqrt{(x-x_0)^2 + (y-y_0)^2}$。

　　在直角坐标系下，α 粒子受力 $\boldsymbol{F}$ 沿 x 方向和 y 方向可分解为

$$
\begin{cases}
F_x = \dfrac{2Ze^2(x-x_0)}{R^3} \\[2mm]
F_y = \dfrac{2Ze^2(y-y_0)}{R^3}
\end{cases} \tag{2.31}
$$

根据牛顿运动定律，对应的加速度 $\boldsymbol{a}$ 的 x 方向和 y 方向分量为

$$
\begin{cases}
a_x = \dfrac{2Ze^2(x-x_0)}{mR^3} \\[2mm]
a_y = \dfrac{2Ze^2(y-y_0)}{mR^3}
\end{cases} \tag{2.32}
$$

由式(2.32)可得粒子速度的迭代公式

$$\begin{cases} V_{2x} = V_{1x} + a_x \Delta t \\ V_{2y} = V_{1y} + a_y \Delta t \end{cases} \tag{2.33}$$

所以由式(2.33)可得 α 粒子位置坐标的迭代公式

$$\begin{cases} x_2 = x_1 + V_{2x} \Delta t \\ y_2 = y_1 + V_{2y} \Delta t \end{cases} \tag{2.34}$$

模拟 α 粒子散射实验时,设初速度为 v_0 的 α 粒子由 $x=0$ 位置入射,选取不同的 y 对应不同的粒子轨迹,通过对式(2.32)~(2.34)进行迭代,可得散射粒子的运动轨迹,如图 2.20 所示。

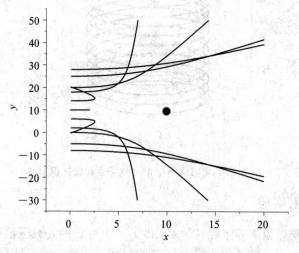

图 2.20 散射粒子运动轨迹模拟

2.5 波的干涉和衍射图形模拟

频率相同的两列波叠加,使某些区域的振动加强,某些区域的振动减弱,并且振动加强和振动减弱的区域相互间隔,这种现象称为波的干涉,形成的图样为波的干涉图样。波可以绕过障碍物继续传播,这种现象称为波的衍射。

2.5.1 波的干涉图形模拟

图 2.21 所示为两个波源 S_1 和 S_2,它们的振动方程分别满足

$$\begin{cases} y_1 = A_{10} \cos(\omega t + \phi_1) \\ y_2 = A_{20} \cos(\omega t + \phi_2) \end{cases} \tag{2.35}$$

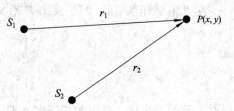

图 2.21 两列简谐波的叠加

假设由这两个波源发出的简谐波在均匀介质中传播且满足相干条件,即频率相同、振动方向相同、相位差恒定,若它们在同一媒质中传播而相遇时,就会发生干涉。现考虑离两波源的距离为 r_1 和 r_2 的一点 P 的振动情况。设由 S_1 和 S_2 发出的两列波到达 P 点时振动的振幅分别为 A_1 和 A_2,则两列波在 P 点分别单独引起的振动为

$$\begin{cases} y_1 = A_1 \cos\left(\omega t + \phi_1 - \dfrac{2\pi r_1}{\lambda}\right) \\ y_2 = A_2 \cos\left(\omega t + \phi_2 - \dfrac{2\pi r_2}{\lambda}\right) \end{cases}$$

这里 $A_1 = A_{10}/r_1$，$A_2 = A_{20}/r_2$。P 点的合振动为

$$y = y_1 + y_2 = A \cos(\omega t + \phi)$$

其中，$A^2 = A_1^2 + A_2^2 + 2A_1 A_2 \cos[\phi_2 - \phi_1 - 2\pi(r_2 - r_1)/\lambda]$。若 $\phi_2 = \phi_1$，则有

$$A^2 = A_1^2 + A_2^2 + 2A_1 A_2 \cos\left(2\pi \frac{r_2 - r_1}{\lambda}\right)$$

因此有干涉相长和干涉相消条件

$$\begin{cases} r_2 - r_1 = \pm k\lambda & A = A_1 + A_2 \\ r_2 - r_1 = \pm\left(k + \dfrac{1}{2}\right)\lambda & A = |A_1 - A_2| \end{cases} \tag{2.36}$$

2.4 节中的等值线绘制方法同样可用于波的干涉现象。设有两列相干波，如果初相相等，则干涉条件可简化为用波程差 δ 来表示。

当满足 $\delta = r_2 - r_1 = \pm k\lambda(k = 0, 1, 2, \cdots)$ 处的空间各点，合振幅最大，这时合振幅 $A = A_1 + A_2$，强度加强；

当满足 $\delta = r_2 - r_1 = \pm(2k+1)\lambda/2(k = 0, 1, 2, \cdots)$ 处的空间各点，合振幅最小，这时合振幅 $A = |A_1 - A_2|$，强度减弱；

当波程差介于上述两者之间，则合振幅也处于上述两者大小之间。显然以上两式也是关于干涉图像的一个等值线。

图 2.22 给出了当两波源相距为 4 m，波长为 1.5 m，$A_1 = A_2 = 1$ m 时的干涉图像，这与有关文献中给出的强度定标法相比较要简单、直观且清晰。同样类似于大学物理中的单色光双缝干涉，光栅衍射用此方法在计算机上模拟也很简便。事实上，对于大学物理中的任何隐函数等值线图形模拟，该方法都是适用的。该方法对于有关物理图像 CAI 演示课件的制作显然也有重要意义。

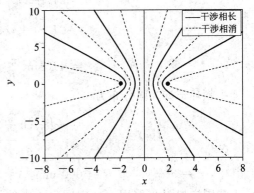

图 2.22　波的干涉图像

2.5.2　等厚干涉（牛顿环）

平行光照射到薄介质上，介质上下表面反射的光会在膜表面处发生干涉。介质厚度相等处的两束反射光有相同的相位差，也就具有相同的干涉光强度，这就是等厚干涉。

当曲率半径为 R 的平凸透镜放置在一平板玻璃上时，在透镜和平板玻璃之间形成一个厚度变化着的空气间隙。如图 2.23(a) 所示，d 表示入射点处膜的厚度，当垂直入射的单色平行光透过平凸透镜 B 后，在空气层的上、下表面发生反射形成两束向上的相干光。这两束相干光在平凸透镜下表面相遇而发生干涉。两束光之间的光程差 δ 随空气间隙的厚度变化而变化，因为间隙厚度相同处的两束光具有相同的光程差，所以干涉条纹是以接触点为

圆形的一组明暗相间的同心圆环，称为牛顿环，如图 2.23(b)所示。

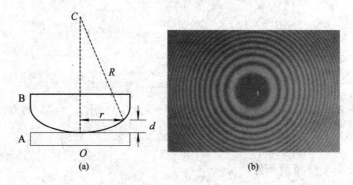

图 2.23　等厚干涉实验装置及牛顿环干涉图样

分析两束相干光的光程差为

$$\delta = 2d + \frac{\lambda}{2} \qquad (2.37)$$

其中，$R^2 = r^2 + (R-d)^2$，且 $R \gg d$，$r^2 \approx 2Rd$。所以 $d = \frac{r^2}{2R}$。$\frac{\lambda}{2}$ 为半波损失，即波传播过程中，波由波密介质反射，反射点入射波与反射波的相位差 π，光程差为 λ/2，产生了半波损失。此时两束相干光的相位差为 $\Delta\varphi = 2\pi\delta/\lambda$，两列相干光在某点叠加，合成光强为

$$I = I_1 + I_2 + 2\sqrt{I_1 I_2}\cos\Delta\varphi \qquad (2.38)$$

所以有

$$I = 2I_0 + 2I_0\cos\delta = 2I_0(1 + \cos\Delta\varphi)$$

$$= 2I_0\left[1 + \cos\left(\frac{4\pi d}{\lambda} + \pi\right)\right]$$

$$= 4I_0\sin^2\frac{\pi r^2}{R\lambda}$$

即牛顿环干涉光强分布为

$$I(r) = 4I_0\cos^2\left[\frac{\pi\left(\dfrac{r^2}{R} + \dfrac{\lambda}{2}\right)}{\lambda}\right] \qquad (2.39)$$

其中，$r^2 = x^2 + y^2$，取 $R = 3000$ mm，$\lambda = 589.3$ nm。模拟干涉图样如图 2.24 所示，空间每一点的光强都是该点坐标的函数 $I = I(x, y)$，利用矩阵存储空间各点的光强大小，再将该矩阵映射成灰度图，矩阵元越大则越呈白色，矩阵元越小则越呈黑色。

图 2.24　模拟牛顿环干涉图样光强分布

明纹位置

$$2\frac{r^2}{2R} + \frac{\lambda}{2} = 2k\frac{\lambda}{2} \quad (k = 1, 2, 3, \cdots) \qquad (2.40)$$

暗纹位置

$$2\frac{r^2}{2R} + \frac{\lambda}{2} = (2k+1)\frac{\lambda}{2} \quad (k = 0, 1, 2, \cdots) \qquad (2.41)$$

半径

$$\begin{cases} r = \sqrt{(2k-1)\dfrac{R\lambda}{2}} & (k = 1, 2, 3, \cdots) \quad \text{明纹} \\[2mm] r = \sqrt{k\lambda R} & (k = 0, 1, 2, \cdots) \quad \text{暗纹} \end{cases} \tag{2.42}$$

牛顿环中心为暗环，级次最低。离开中心愈远，程差愈大，圆条纹间距愈小，即愈密。由明纹暗纹公式可以得出曲率半径计算公式

$$R = \frac{r_m^2 - r_n^2}{(m-n)\lambda} \tag{2.43}$$

如果已知入射光波波长，测量 m、n 级条纹半径，可计算透镜的曲率半径 R。同样，如果已知透镜的曲率半径，测量 m、n 级条纹半径，也可计算入射光波波长。

2.5.3 波的衍射图形模拟

在波动光学中，均匀光源的夫琅禾费多缝衍射，其衍射场强度分布为

$$I = I_0 \left(\frac{\sin^2 u}{u^2}\right) \left(\frac{\sin^2 Nv}{\sin^2 v}\right) \tag{2.44}$$

式中，N 是狭缝的有效数目，$u = \dfrac{\pi a \sin\varphi}{\lambda}$，$v = \dfrac{\pi d \sin\varphi}{\lambda}$（其中，$a$ 是狭缝宽度，d 是光栅常数，φ 是衍射角，λ 是入射波长）。

参数的选择是任意的，但必须服从物理规律。例如缝宽 a 必须大于波长 λ，光栅常数 d 与 a 同数量级且 $d > a$。以单缝衍射为例，在衍射屏上某一点 P 处的强度为

$$I = I_0 \left(\frac{\sin^2 u}{u^2}\right) \tag{2.45}$$

其中，$I_0 = \dfrac{1}{2}A_0^2$，A_0 为 P 点合振动的振幅。显然，当衍射角 $\varphi = 0$ 时，$\dfrac{\sin u}{u} = 1$，此时 $I = I_0$，光强最大，I_0 为中央明纹中心处强度。图 2.25 给出了夫琅禾费单缝衍射强度 I/I_0 随 u 变化的分布曲线。图 2.26 给出了单缝衍射模拟的灰度图。

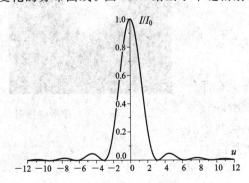

图 2.25 单缝衍射强度分布曲线

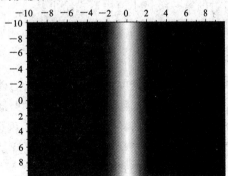

图 2.26 单缝衍射模拟灰度图

由式（2.45）可知，当 $u = \dfrac{\pi a \sin\varphi}{\lambda} = \pm k\pi$ 时，$a\sin\varphi = \pm k\lambda$（$k = 1, 2, 3, \cdots$），$I = 0$，此时为暗纹条件。在相邻暗纹之间，有一次极大，出现次极大条件为

$$\frac{\mathrm{d}}{\mathrm{d}u}\left(\frac{\sin u}{u}\right)^2 = 0 \tag{2.46}$$

由此得 $u=\tan u$，解得 $u_1=\pm1.43\pi$，$u_2=\pm2.46\pi$，$u_3=\pm3.47\pi\cdots$。相应的次极大位置为 $a\sin\varphi_1=\pm1.43\lambda$，$a\sin\varphi_2=\pm2.46\lambda$，$a\sin\varphi_3=\pm3.47\lambda$。可以得到 $I_1=0.0472I_0$、$I_2=0.0165I_0$、$I_3=0.0083I_0$。可见次极大的光强比中央明纹中心的强度小得多，并且随着次极大级数的增加，强度迅速减小。

2.5.4 圆孔的夫琅禾费衍射

实验衍射屏放置在 XOY 平面上，在屏上 O 点有一半径为 R 的圆孔，一束平行于 Z 轴的光线垂直照射圆孔，在透镜 L 后方的焦平面上可得衍射图样（如图 2.27 所示）。可以看出，光源或接收屏距离衍射屏相当于无限远，衍射屏圆孔上的入射波和衍射波都可看成平面波，这时衍射满足远场近似，称作圆孔的夫琅禾费衍射（如图 2.28 所示）。

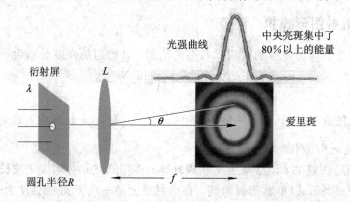

图 2.27 圆孔的夫琅禾费衍射

衍射图样的中央亮斑集中了衍射光能量的 83.5% 左右，该亮斑为爱里斑。经圆孔衍射后，一个点光源对应一个爱里斑。在爱里斑外是明、暗交替的环形的衍射图样。图中第一暗环对应的衍射角 θ 称为爱里斑的半角宽度。圆孔衍射的第一级极小值由下式给出：

$$\sin\theta = 1.22\frac{\lambda}{D} \tag{2.47}$$

式中，$D=2R$。

两个发光点在光屏上成像时，各自的爱里斑会有部分重合。如果一个点光源的衍射图样的中央最亮处刚好与另一个点光源的衍射图样第一个最暗环相重合时，这两个点光源恰好能被这一光学仪器所分辨，这就是瑞利判据。

圆孔衍射光强公式为

图 2.28 圆孔的夫琅禾费衍射

$$I = I_0\left(\frac{2J_1(u)}{u}\right)^2 \tag{2.48}$$

其中，$J_1(u)$ 是一阶贝塞尔函数，$u=2\pi R\sin\theta/\lambda$，$\theta=\arctan(\sqrt{x^2+y^2}/f)$。取 $\lambda=589.3$ nm，$f=300$ mm，$R=0.05$ mm，最后利用矩阵存储空间各点的光强大小，再将该矩阵映射成灰度图。

2.5.5 矩形孔的夫琅禾费衍射

实验衍射屏放置在 XOY 平面上，在屏上 O 点有一边长为 a、b 的矩形孔，一束平行于 Z 轴的光线垂直照射，在透镜 L 后方的焦平面上可得衍射图样。矩形孔衍射光强公式为

$$I = I_0 \left(\frac{\sin u}{u}\right)^2 \left(\frac{\sin v}{v}\right)^2 \tag{2.49}$$

其中，$u = a\pi \sin\theta_1/\lambda$；$v = b\pi \sin\theta_2/\lambda$；$a$、$b$ 为矩形孔的长和宽；θ_1、θ_2 为二维衍射角，对于直角坐标系有 $\theta_1 = \arctan(x/f)$，$\theta_2 = \arctan(y/f)$。其中 $a = 0.05$ mm，$b = 0.05$ mm，$\lambda = 589.3$ nm，$f = 300$ mm，衍射光强分布和模拟衍射图样分别如图 2.29 和图 2.30 所示。

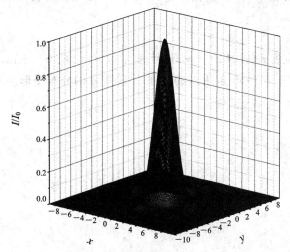 

图 2.29 矩形孔的夫琅禾费衍射光强分布   图 2.30 矩形孔的夫琅禾费衍射

以上对波的干涉、衍射现象，采用数学方法对物理过程作数值模拟，并且用图形、图像将这些结果展现出来，有助于更好地理解这些现象的物理意义。随着计算机技术的进步，这种认识客观世界的强有力的计算机模拟方法逐渐发展了起来，这种方法创造了新的思维和试验方法，给我们提供了理解物理问题的新途径。当然本章仅是例举了物理学中的一些常见的图形、图像模拟，对于其他的实际物理问题，需要根据其物理机理，建立相应的数学模型，再采用模拟方法将其图形化，以更加直观的方式呈现出来。

习 题 二

2.1 编程完成例 2.2。

2.2 编程完成例 2.3。

2.3 一个石子从空中静止下落，已知

$$\frac{\mathrm{d}^2 x}{\mathrm{d}t^2} = A - Bv$$

式中，A，B 为常数，试绘制石子下落的 $x-t$ 曲线（其中 $A = -9.8$，$B = 0.5$，$x|_{t=0} = 10$，$v|_{t=0} = 0$，$0 < t < 2$）。

2.4　一沿 X 轴方向传播的入射波的波函数为 $y_1 = 2\cos2\pi\left(\dfrac{t}{3} - \dfrac{x}{5}\right)$，在 $x = 0$ 处发生反射，反射点为一节点。求：

(1) 反射波的波函数及在 $t = 1$ 时的图形；

(2) 合成波(驻波)的波函数及在 $t = 1$ 时的图形。

2.5　编程完成例 2.7 的图形模拟。

2.6　在 α 粒子散射实验中，设原子核位置坐标为 $(10, 10)$，电荷数 $Z = 10$，α 粒子以平行于 x 轴方向的初速度 v 射向该原子核，试模拟 α 粒子分别从 $(0, -10)$、$(0, 2)$、$(0, 10)$、$(0, 20)$、$(0, 28)$ 入射时的运动轨迹。(单位化 $v = 1$，$m = 1$，$e = 1$；迭代步长 $\Delta t = 0.1$；迭代次数 $N = 1000$。)

2.7　编程完成图 2.22 干涉图像模拟。

2.8　有一块 $N = 500$ 的光栅，狭缝宽度 $a = 1 \times 10^{-3}$ mm，光栅常数 $d = 2 \times 10^{-3}$ mm，入射波长 $\lambda = 0.59\ \mu\text{m}$，试给出衍射角 φ 在 $20° \sim 60°$ 范围内的光强 I/I_0 随 φ 的分布图形。

第三章　物理学中定积分的数值计算方法

　　许多实际物理问题的求解都要用到积分方法，例如求各种整流电路中电流、电压平均值，以及一些几何图形的面积、体积等等。定积分形式为 $\int_a^b f(x)\mathrm{d}x$，积分后得出的值是一个确定的数，而不是一个函数。由定积分求一个物理量，例如面积、路程、电量等，总是先把自变量的区间分成有限多个小段，求得每一个区间的近似值，再把它们加起来，以此作为该物理量的近似值。本章从定积分最基本的三种数值算法（矩形法、梯形法和抛物线法）出发，通过例举一些大学物理中常见的积分问题，然后介绍龙贝格法及高斯求积法等数值计算方法，并附以相应的 FORTRAN 计算程序。

3.1　定积分基本数值算法及其应用

3.1.1　矩形法、梯形法和抛物线法（辛普森法）

1. 矩形法

　　已知定积分 $\int_a^b f(x)\mathrm{d}x$，被积函数为 $f(x)$，积分区间为 $[a,b]$，如图 3.1 所示。将该区间 N 等分，步长 $\Delta x=(b-a)/N$，用曲线下的虚矩形面积和近似替代积分值，该方法称为矩形法。积分近似计算公式为

$$I=\int_a^b f(x)\mathrm{d}x\approx\sum_{i=0}^{N-1}f(x_i)\Delta x \tag{3.1}$$

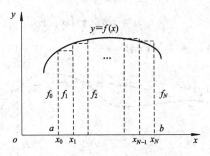

图 3.1　矩形法计算定积分示意图

2. 梯形法

同矩形法类似，梯形法仍将该区间 N 等分，步长 $\Delta x=(b-a)/N$，用曲线下的虚梯形

面积之和近似替代定积分 $\int_a^b f(x)\mathrm{d}x$ 的值，如图 3.2 所示。

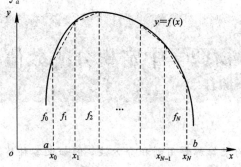

图 3.2 梯形法计算定积分示意图

其中任一梯形面积为

$$S_i = \frac{1}{2}\big[f(x_i) + f(x_{i+1})\big]\Delta x \tag{3.2}$$

则曲线下所有梯形面积之和为

$$\sum S_i = S = \frac{1}{2}[f(x_0) + f(x_1)]\Delta x + \frac{1}{2}[f(x_1) + f(x_2)]\Delta x + \cdots$$

$$+ \frac{1}{2}[f(x_{N-1}) + f(x_N)]\Delta x \tag{3.3}$$

积分近似计算公式为

$$I = \int_a^b f(x)\mathrm{d}x \approx \sum_{i=0}^N C_i f(x_i)\Delta x \tag{3.4}$$

其中，系数 $C_0 = C_N = \frac{1}{2}$，$C_1 = C_2 = \cdots = C_{N-1} = 1$。

3. 抛物线法（辛普森法）

将区间 $[a, b]$ 分成 N（偶数）个均等的小区间，步长仍为 $\Delta x = (b-a)/N$。

抛物线法是整个曲线 $f(x)$ 下方的面积用 $N/2$ 个以抛物线为边界的四边形来替代（见图 3.3）。设 $y = Ax^2 + Bx + C$，则有

$$\begin{cases} f(x_0) = Ax_0^2 + Bx_0 + C \\ f(x_1) = Ax_1^2 + Bx_1 + C \\ f(x_2) = Ax_2^2 + Bx_2 + C \end{cases}$$

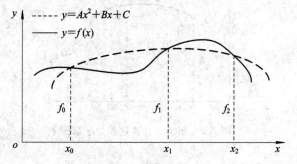

图 3.3 抛物线法计算定积分示意图

该四边形的面积为

$$S_0 = \int_{x_0}^{x_2} f(x)\mathrm{d}x \approx \int_{x_0}^{x_2} (Ax^2 + Bx + C)\mathrm{d}x$$

$$= \frac{1}{6}(x_2 - x_0)\big[(Ax_0^2 + Bx_0 + C) + (Ax_2^2 + Bx_2 + C)$$

$$+ A(x_0 + x_2)^2 + 2B(x_0 + x_2) + 4C\big]$$

显然有 $x_2 - x_0 = 2\Delta x$，$x_2 + x_0 = 2x_1$，因此有

$$S_0 = \int_{x_0}^{x_2} f(x)\mathrm{d}x \approx \frac{\Delta x}{3}\big[f(x_0) + 4f(x_1) + f(x_2)\big]$$

$$S_1 = \int_{x_2}^{x_4} f(x)\mathrm{d}x \approx \frac{\Delta x}{3}\big[f(x_2) + 4f(x_3) + f(x_4)\big]$$

$$S_2 = \int_{x_4}^{x_6} f(x)\mathrm{d}x \approx \frac{\Delta x}{3}\big[f(x_4) + 4f(x_5) + f(x_6)\big]$$

$$\vdots$$

$$S_{N/2} = \int_{x_{N-2}}^{x_N} f(x)\mathrm{d}x \approx \frac{\Delta x}{3}\big[f(x_{N-2}) + 4f(x_{N-1}) + f(x_N)\big]$$

积分值可以近似表示为

$$I = \int_a^b f(x)\mathrm{d}x = \int_{x_0}^{x_N} f(x)\mathrm{d}x$$

$$\approx \frac{\Delta x}{3}\big[f(x_0) + 4f(x_1) + 2f(x_2) + 4f(x_3) + 2f(x_4) + \cdots$$

$$+ 2f(x_{N-2}) + 4f(x_{N-1}) + f(x_N)\big]$$

$$= \sum_{i=0}^{N} C_i f(x_i)\Delta x \tag{3.5}$$

其中

$$C_i = \begin{cases} \dfrac{1}{3} & (i = 0,\ N) \\[2mm] \dfrac{4}{3} & (i = 1,\ 3,\ \cdots) \\[2mm] \dfrac{2}{3} & (i = 2,\ 4,\ \cdots) \end{cases} \tag{3.6}$$

需要说明的是，被积函数有时并未写成 $y = f(x)$ 的形式，给出的被积函数是一组离散的数据点 (x_i, y_i)，此时三种基本数值方法仍然适用，只需将公式中的 $f(x_i)$ 替换为 y_i 即可。

【**例 3.1**】　将区间 $(0, \pi/2)$ 二等分，分别利用矩形法、梯形法、抛物线法计算积分

$$G = \int_0^{\pi/2} \cos x\ \mathrm{d}x$$

解　如图 3.4 所示，将区间 $(0, \pi/2)$ 二等分。

矩形法计算结果

$$G_1 = 1 \times \frac{\pi}{4} + \frac{\sqrt{2}}{2} \times \frac{\pi}{4} = 1.707\,11 \times \frac{\pi}{4} \approx 1.3408$$

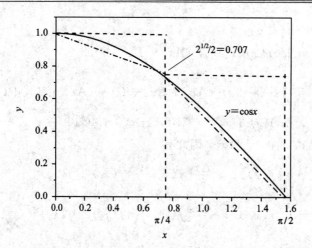

图 3.4　定积分算法比较

梯形法计算结果

$$G_2 = \frac{\pi}{4}\left(\frac{1}{2}\times 1 + 1\times\frac{\sqrt{2}}{2} + \frac{1}{2}\times 0\right) = 1.207\,11\times\frac{\pi}{4} = 0.948\,06$$

抛物线法计算结果

$$G_3 = \frac{\pi}{4}\left(\frac{1}{3}\times 1 + \frac{4}{3}\times\frac{\sqrt{2}}{2} + \frac{2}{3}\times 0\right) = 1.276\,15\times\frac{\pi}{4} = 1.002\,28$$

若将区间 10 等分，有 $G_1 = 1.0764$，$G_2 = 0.9974$，$G_3 = 1.000\,003$。本题精确解 $G = 1$，显然随着等分数目的增大，数值计算结果越接近于精确解。

以下给出三种基本数值方法计算 $I = \int_a^b f(x)\mathrm{d}x$ 的程序。

```
        open(1,file='int.dat')
        write( * , * )'input a,b,N=?'
        read( * , * )a,b,N
!       method 1：矩形法
        y1=0.0
        do 10 j=0,N−1
        x1=a
        x1=x1+float(j) * (b−a)/float(N)
10      y1=y1+f(x1) * (b−a)/float(N)
        write(1, * )N,y1
        write( * , * )N,y1
!       method 2：梯形法
        y2=0.0
        do 20 j=0,N
        x2=a
        x2=x2+float(j) * (b−a)/float(N)
        If(j. eq. 0. or. j. eq. N) then
        y2=y2+0.5 * f(x2) * (b−a)/float(N)
        else
```

```
          y2＝y2＋f(x2)＊(b－a)/float(N)
          end if
20        continue
          write(1,＊)N,y2
          write(＊,＊)N,y2
!         method 3：抛物线法（N 为偶数）
          y3＝0.0
          do 30 j＝0,N
          x3＝a
          x3＝x3＋float(j)＊(b－a)/float(N)
          If(j. eq. 0. or. j. eq. N) then
          y3＝y3＋1./3.＊f(x3)＊(b－a)/float(N)
          else
          k＝j－2＊int(j/2)
          if(k. eq. 0) then
          y3＝y3＋2./3.＊f(x3)＊(b－a)/float(N)
          else
          y3＝y3＋4./3.＊f(x3)＊(b－a)/float(N)
          end if
          end if
30        continue
          write(1,＊)N,y3
          write(＊,＊)N,y3
          end
          function f(x)
          f＝cos(x)
          end
```

3.1.2 电磁学中数值积分的应用

1. 电势的计算

我们知道，对于电量为 Q 的点电荷，在距离为 r 处产生的电势（见图 3.5）为

$$u = \frac{1}{4\pi\varepsilon_0} \frac{Q}{r} = k \frac{Q}{r} \qquad (3.7)$$

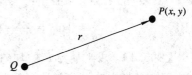

图 3.5 点电荷在空间 P 点的电势

式中，库仑常数 $k = 9 \times 10^9$ mV/C，真空中介电常数 ε_0 $= 8.85 \times 10^{-12}$ F/m。

【例 3.2】 设有一长直导线均匀带电，线电荷密度为 λ，长度为 $2l$。求空间任意一点 P 的电势。

解 建立如图 3.6 所示坐标系，在导线上取一小段 dx，视为点电荷，其电量为 λdx，它在 $P(x_0, y_0)$ 点产生的电势为

$$du = \frac{1}{4\pi\varepsilon_0} \frac{\lambda dx}{r} = \frac{1}{4\pi\varepsilon_0} \frac{\lambda dx}{[(x_0 - x)^2 + y_0^2]^{1/2}}$$

因此有

$$u = \int \mathrm{d}u = \frac{\lambda}{4\pi\varepsilon_0} \int_{-l}^{l} \frac{\mathrm{d}x}{\left[(x_0-x)^2+y_0^2\right]^{1/2}}$$

利用解析法可得以上定积分结果为

$$u = \frac{\lambda}{4\pi\varepsilon_0} \ln \frac{\left[(x_0+l)^2+y_0^2\right]^{1/2}+(x_0+l)}{\left[(x_0-l)^2+y_0^2\right]^{1/2}+(x_0-l)}$$

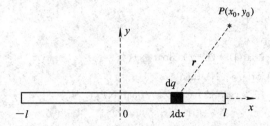

图 3.6 长直导线在空间 P 点的电势

采用数值法进行计算，则有

$$u = \int_a^b f(x)\,\mathrm{d}x$$

$$f(x) = \frac{\lambda}{4\pi\varepsilon_0} \frac{1}{\left[(x_0-x)^2+y_0^2\right]^{1/2}}$$

取 $a=l$，$b=-l$，$x_0=0.125$，$y_0=0$，$\lambda=5\times10^{-9}$，$l=0.075$，可以求得精确解为62.326 450。将 $f(x)$ 代入，取 $N=100$ 并用三种数值积分方法可得到矩形法的计算结果为61.823 810，梯形法计算结果为62.329 600，抛物线法计算结果为62.326 450。与精确解结果比较，显然抛物线法计算精度最高。

【例 3.3】 求带电量为 Q 的均匀带电圆环（半径为 r）在轴线上 x 点的电势（线电荷密度为 λ）。

解 圆环上任一点电荷元 $\lambda\mathrm{d}s$ 在轴线上 x 点的电势大小为

$$\mathrm{d}u = \frac{1}{4\pi\varepsilon_0} \frac{\lambda\mathrm{d}s}{l}$$

其中，$l=(x^2+r^2)^{1/2}$ 为圆环上点电荷元到 x 点的距离，根据电势叠加原理，整个带电圆环在 P 点产生的电势等于各个电荷元在 x 点产生的元电势 $\mathrm{d}u$ 的积分，即

$$u = \int \mathrm{d}u = \frac{\lambda}{4\pi\varepsilon_0 l} \int_0^{2\pi r} \mathrm{d}s = \frac{1}{4\pi\varepsilon_0} \frac{\lambda 2\pi r}{l} = \frac{Q}{4\pi\varepsilon_0 (x^2+r^2)^{1/2}}$$

【例 3.4】 求半径为 R 的均匀带电圆盘轴线上 x 点的电势。

解 将带电圆盘分割为一系列半径为 r，宽度为 $\mathrm{d}r$ 的同心带电圆环，环带电量 $\mathrm{d}Q=\sigma 2\pi r\mathrm{d}r$，利用上题结果，该带电圆环在 x 处的电势为

$$\mathrm{d}u = \frac{1}{4\pi\varepsilon_0} \frac{\mathrm{d}Q}{(x^2+r^2)^{1/2}} = \frac{1}{4\pi\varepsilon_0} \frac{\sigma 2\pi r\,\mathrm{d}r}{(x^2+r^2)^{1/2}}$$

$$u = \int \mathrm{d}u = \int_0^R \frac{1}{4\pi\varepsilon_0} \frac{\sigma 2\pi r\,\mathrm{d}r}{(x^2+r^2)^{1/2}}$$

而

$$\int_0^R \frac{r\,\mathrm{d}r}{(x^2+r^2)^{1/2}} = \frac{1}{2} \int_0^R \frac{\mathrm{d}(r^2)}{(x^2+r^2)^{1/2}} = \left[(x^2+r^2)\right]^{1/2}\Big|_0^R = (x^2+R^2)^{1/2}-|x|$$

解析解结果为

$$u = \frac{\sigma}{2\varepsilon_0}[(x^2 + R^2)^{1/2} - |x|]$$

数值解：针对积分 $u = \int_0^R f(r)\,\mathrm{d}r$ 可采用三种数值积分方法进行计算，其中 $f(r) = \frac{\sigma}{2\varepsilon_0} \frac{r}{(x^2 + r^2)^{1/2}}$。

2. 电场强度的计算

对于电量为 Q 的点电荷，在距离 r 处产生的电场强度为

$$\boldsymbol{E} = \frac{1}{4\pi\varepsilon_0} \frac{Q}{r^2} \overset{\wedge}{\boldsymbol{r}} \qquad \left(\overset{\wedge}{\boldsymbol{r}} = \frac{\boldsymbol{r}}{|\boldsymbol{r}|} \right) \tag{3.8}$$

【例 3.5】 求带电量为 Q 的均匀带电圆环(半径为 r)在轴线上 x 点的电场强度(线电荷密度 λ)。

解 如图 3.7 所示，圆环上任一点电荷 $\lambda\,\mathrm{d}s$ 在轴线上 x 点的电场强度 $\mathrm{d}E$ 大小为

$$\mathrm{d}E = \frac{1}{4\pi\varepsilon_0} \frac{\lambda\,\mathrm{d}s}{l^2}$$

根据电荷分布对称性可知，场强沿着与 x 轴垂直的方向为 0，场强仅沿 x 方向有值，而 $\mathrm{d}\boldsymbol{E}$ 沿 x 方向的投影为

$$\mathrm{d}E_x = \cos\!\alpha\,\mathrm{d}E = \frac{1}{4\pi\varepsilon_0} \frac{\lambda x\,\mathrm{d}s}{l^3}$$

其中 $\cos\!\alpha = \dfrac{x}{l}$。对上式做积分可得解析解

$$E_x = \int_0^{2\pi r} \frac{1}{4\pi\varepsilon_0} \frac{\lambda x\,\mathrm{d}s}{l^3} = \frac{Qx}{4\pi\varepsilon_0} \frac{1}{(x^2 + r^2)^{3/2}}$$

其中 $Q = 2\pi r\lambda$。

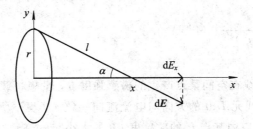

图 3.7　带电圆环轴线上电场强度

【例 3.6】 如图 3.8 所示，已知圆环带电量为 Q，杆的电荷线密度为 λ，杆长为 L。求杆对圆环的作用力。

解 在杆上位置 x 处取一个电量为 $\mathrm{d}q$ 的微元，$\mathrm{d}q = \lambda\,\mathrm{d}x$。根据上例，圆环在 $\mathrm{d}q$ 所在位置 x 处产生的电场为

$$E_x = \frac{1}{4\pi\varepsilon_0} \frac{Qx}{(R^2 + x^2)^{3/2}}$$

$\mathrm{d}q$ 所受电场力为

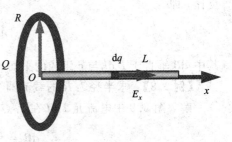

图 3.8　带电圆环与杆

$$dF = E_x\, dq = E_x \lambda\, dx$$

则带电圆环与杆间作用力的大小为

$$F = \int_0^L \frac{Q\lambda x\, dx}{4\pi\varepsilon_0 (R^2 + x^2)^{3/2}}$$

取 $Q=1$，$\lambda=1$，$R=1$，$L=1$，其精确解为 $F=2.632\ 393\ 2e+09$。积分上下限分别为 $a=0$，$b=1$，当 $N=100$ 时，

矩形法结果为　　　　　　　　$F=2.616\ 417\ 0e+09$；

梯形法结果为　　　　　　　　$F=2.632\ 304\ 9e+09$；

抛物线法结果为　　　　　　　$F=2.632\ 393\ 0e+09$。

【例 3.7】　求半径为 R 的均匀带电圆盘在轴线上 x 点的电场强度 E，其中 σ 为电荷面密度。

解　取一半径为 r，宽为 dr 的圆环带，其电量为 $dQ=\sigma 2\pi r\, dr$，它在轴线上的电场强度为 dE。整个圆盘在轴线上的电场强度 E 可以看成是对 dE 的积分。根据例 3.5，dE 可以表示为

$$dE = \frac{x\, dQ}{4\pi\varepsilon_0} \frac{1}{(r^2 + x^2)^{3/2}} = \frac{1}{4\pi\varepsilon_0} \frac{\sigma 2\pi r x\, dr}{(r^2 + x^2)^{3/2}}$$

因此有

$$E = \int dE = \frac{\sigma x}{2\varepsilon_0} \int_0^R \frac{r\, dr}{(r^2 + x^2)^{3/2}}$$

解析法结果为

$$E = \frac{\sigma}{2\varepsilon_0}\left[1 - \frac{|x|}{(R^2 + x^2)^{1/2}}\right]$$

数值解：针对积分 $E = \int_a^b f(r)\, dr$ 可以采用三种数值积分方法进行计算，其中 $a=0$，$b=R$，$f(r) = \frac{\sigma x}{2\varepsilon_0} \frac{r}{(r^2 + x^2)^{3/2}}$。

3. 磁场的计算

计算电流为 I 的导线在空间某点产生的磁感强度 $\boldsymbol{B}$，设想将载流导线分割成许多电流元，用矢量 $I\, d\boldsymbol{l}$ 表示。线元 $I\, d\boldsymbol{l}$ 的方向与电流流向一致。毕奥—萨伐尔定律指出：载流导线上的电流元 $I\, d\boldsymbol{l}$ 在真空中某点 P 的磁感度 $d\boldsymbol{B}$ 的大小与电流元 $I\, d\boldsymbol{l}$ 的大小成正比，与电流元 $I\, d\boldsymbol{l}$ 和从电流元到 P 点的位矢 $\boldsymbol{r}$ 之间的夹角 θ 的正弦成正比，与位矢 $\boldsymbol{r}$ 的大小平方成反比，即

$$d\boldsymbol{B} = \frac{\mu_0}{4\pi} \frac{I\, d\boldsymbol{l} \times \boldsymbol{r}}{r^3}$$

其中 $d\boldsymbol{B}$ 垂直于 $I\, d\boldsymbol{l}$ 与 $\boldsymbol{r}$ 组成的平面，指向通过右手螺旋法则确定。

【例 3.8】　求半径为 R 的载流圆线圈轴线上一点 P 的磁感应强度。

解　图 3.9 中电流元 $I\, d\boldsymbol{l}$ 在 P 点产生磁感应强度为

$$d\boldsymbol{B} = \frac{\mu_0}{4\pi} \frac{I\, d\boldsymbol{l}}{r^2} = \frac{\mu_0}{4\pi} \frac{I\, d\boldsymbol{l}}{R^2 + x^2}$$

圆线圈上电流元在 P 点产生的磁感应强度 $\boldsymbol{B}$ 如图 3.10 所示。

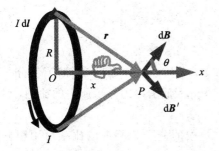

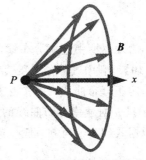

图 3.9　载流圆线圈轴线上磁感应强度　　　　　图 3.10　P 点磁感应强度的叠加

根据对称性可知 B 沿着与 x 轴垂直的方向为 0，所以有

$$B = \int dB_x = \int dB \cos\theta = \int \frac{\mu_0}{4\pi} \frac{I\,dl}{r^2} \cos\theta = \frac{\mu_0 IR^2}{2(R^2+x^2)^{3/2}}$$

其中，$\cos\theta = \dfrac{R}{r} = \dfrac{R}{(R^2+x^2)^{1/2}}$，$B$ 的方向满足右手螺旋法则。

【例 3.9】　求绕轴旋转半径为 R 的带电圆盘轴线上的磁感应强度，设圆盘带电量为 q，旋转角速度为 ω。

解　如图 3.11 所示，在圆盘上取一半径为 r，宽度为 dr 的带电圆环。圆环上带电量为 $dq = \sigma 2\pi r\,dr$，其中，带电圆盘电荷面密度为 $\sigma = q/\pi R^2$。带电圆盘绕轴旋转时，带电圆环的等效电流为 $I = \dfrac{dq}{dt} = \dfrac{\sigma 2\pi r\,dr}{2\pi/\omega} = \omega\sigma r\,dr$。根据例 3.8 可知，圆环 dq 在 P 点处产生的磁感应强度为

$dB = \dfrac{\mu_0 r^2\,dI}{2(r^2+x^2)^{3/2}} = \dfrac{\mu_0 \sigma\omega r^3\,dr}{2(r^2+x^2)^{3/2}}$。因此整个旋转的带电圆盘在 P 点产生的磁感应强度为

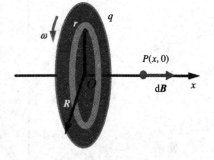

图 3.11　旋转带电圆盘轴线上的磁感应强度

$$B = \int_0^R dB = \frac{\mu_0 \sigma\omega}{2}\left(\frac{R^2+2x^2}{\sqrt{x^2+R^2}} - 2x\right)$$

取 $\sigma=1$，$\omega=600$，$R=1$，$x=1$，其中 $\mu_0 = 4\pi\times10^{-7}$ N/A^2。其精确解为 $B = 4.573\,674\,6e{-}05$。考虑数值解，积分上下限分别为 $a=0$，$b=1$，当 $N=100$ 时，

矩形法结果为 $B = 4.507\,192\,7e{-}05$；

梯形法结果为 $B = 4.573\,836\,1e{-}05$；

抛物线法结果为 $B = 4.573\,669\,1e{-}05$。

3.1.3　分子物理中数值积分的应用

麦克斯韦最早研究了气体分子的速率分布规律，并从理论上推导了理想气体在平衡态下分子的速率分布函数为

$$f(v) = 4\pi\left(\frac{\mu}{2\pi kT}\right)^{3/2} v^2 e^{-\mu v^2/2kT} \tag{3.9}$$

式中，μ 是分子质量；T 是气体温度；$k = 1.38\times10^{-23}$ J/K，为波耳兹曼常数。气体中速率在 $v \sim v+dv$ 间的分子数的比率则为

$$\frac{\mathrm{d}N}{N} = f(v)\mathrm{d}v = 4\pi\left(\frac{\mu}{2\pi kT}\right)^{3/2} v^2 \mathrm{e}^{-\mu v^2/2kT} \mathrm{d}v \tag{3.10}$$

这一规律称为麦克斯韦速率分布律。

【例 3.10】 利用气体分子麦克斯韦速率分布律,分别求在 0℃ 和 127℃ 下氮分子与氧分子的运动速率分布曲线,并求当速率在 300~500 m/s 范围内的分子所占的比例,讨论温度 T 及分子量 μ 对速率分布曲线的影响。

解 根据式(3.10)可知,任一速率间隔 $v_1 \sim v_2$ 中的分子数所占的比率可用积分法求出,即

$$\frac{\Delta N}{N} = \int_{v_1}^{v_2} f(v)\,\mathrm{d}v = \int_{v_1}^{v_2} 4\pi\left(\frac{\mu}{2\pi kT}\right)^{3/2} v^2 \mathrm{e}^{-\mu v^2/2kT} \mathrm{d}v \tag{3.11}$$

氮气的分子质量为 $\mu = 0.028$ kg$/N_0$,氧气的分子质量为 $\mu = 0.032$ kg$/N_0$,其中 $N_0 = 6.022\times10^{23}$,为阿伏伽德罗常数。图 3.12 给出了不同温度下的麦克斯韦速率分布曲线。从图 3.12 中可以看出,当温度升高和分子量减小时,速率小的分子数减小而速率大的分子数增多,因此分布曲线的极大值随着温度升高和分子量减小而向右移动。由于曲线下的面积恒等于 1($0 < v < \infty$),所以随着温度升高和分子量减小,分布曲线将变得越来越平坦。

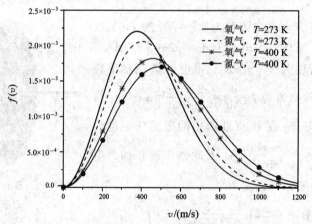

图 3.12 气体分子运动麦克斯韦速率分布曲线

利用辛普森法可得,当速率在 300~500 m/s 范围内时,氮气分子所占比例为 0.3957($T = 273$ K)和 0.3085($T = 400$ K),氧气分子所占比例为 0.4189($T = 273$ K)和 0.3410($T = 400$ K)。

3.2 龙贝格法及其应用

3.1 节介绍了求解定积分的简单方法,这种方法的缺点是在求积之前需先给出步长,而如何选择最合适的步长来统一精度与计算量之间的矛盾往往有些困难。在实际计算中,经常采用变步长的计算过程,即在步长逐步分半的过程中,反复利用求积公式进行计算,直到求得的积分值满足精度要求为止。

3.2.1 变步长的梯形法

在简单的梯形法中,将所求积区间 $[a, b]$ n 等分,则共有 $n+1$ 个分点,为 $x_k = a + kh$

（步长 $h = \dfrac{b-a}{n}$，$k = 0，1，2，\cdots，n$）。用 T_n 表示简单梯形法所求得的积分值。首先考察一个子段 $[x_k，x_{k+1}]$，其中点坐标为 $x_{k+\frac{1}{2}} = \dfrac{1}{2}(x_k + x_{k+1})$，在该子段上二分前和二分后的两个积分值为 T_1 和 T_2，它们分别可以表示为

$$T_1 = \frac{h}{2}[f(x_k) + f(x_{k+1})]$$

$$T_2 = \frac{h}{4}[f(x_k) + 2f(x_{k+\frac{1}{2}}) + f(x_{k+1})]$$

显然，存在以下关系

$$T_2 = \frac{1}{2}T_1 + \frac{h}{2}f(x_{k+\frac{1}{2}})$$

利用这个关系式，当 k 从 0 到 $n-1$ 累加时，可导出下面的递推公式

$$T_{2n} = \frac{1}{2}T_n + \frac{h}{2}\sum_{k=0}^{n-1} f(x_{k+\frac{1}{2}})$$

应该注意到上式中的 $h = \dfrac{b-a}{n}$，$k = 0，1，2，\cdots，n$ 代表二分前的步长，而 $x_{k+\frac{1}{2}} = a + \left(k+\dfrac{1}{2}\right)h$。因此有

$$T_{2n} = \frac{1}{2}T_n + \frac{h}{2}\sum_{k=0}^{n-1} f\left[a + \left(k+\frac{1}{2}\right)h\right] \tag{3.12}$$

根据以上递推公式可得，二分步长以后的积分值 T_{2n} 可由二分步长以前的积分值 T_n 来计算。

3.2.2　变步长的辛普森求积法

变步长梯形法的算法简单，但精度差、收敛慢，因此我们常采用变步长的辛普森求积法进行计算。用梯形法二分前后的两个积分值 T_n 和 T_{2n} 作如下的线性组合，其结果为辛普森积分值，即

$$S_n = \frac{4}{3}T_{2n} - \frac{1}{3}T_n = T_{2n} + \frac{1}{3}(T_{2n} - T_n) \tag{3.13}$$

重复上述积分过程，将求积区间逐步折半，直到相邻两次的积分值 S_{2n} 与 S_n 满足下列关系：

$$|S_{2n} - S_n| < \varepsilon \qquad (|S_{2n}| \leqslant 1) \tag{3.14(a)}$$

$$\left|\frac{S_{2n} - S_n}{S_{2n}}\right| < \varepsilon \qquad (|S_{2n}| > 1) \tag{3.14(b)}$$

其中，ε 为允许的误差限。

　　【例 3.11】　我国第一颗人造地球卫星轨道是一个椭圆，椭圆周长 s 的计算公式为

$$s = 4a\int_0^{\pi/2} \sqrt{1 - \left(\frac{c}{a}\right)^2 \sin^2\theta}\,\mathrm{d}\theta$$

其中，a 是椭圆的半长轴，c 是地球的中心与轨道中心（椭圆中心）的距离，地球半径 $R = 6371$ km，近地点距离 $h = 439$ km，远地点距离 $H = 2384$ km，$a = \dfrac{1}{2}(2R + H + h) =$

7782.5 km，$c = \dfrac{1}{2}(H-h) = 972.5 \text{ km}$，试利用变步长辛普森求积法求解人造地球卫星的轨道周长。

计算程序：

```
            subroutine simp(a,b,eps,s2,f)
            h=b-a
            t1=h/2.*(f(a)+f(b))
            n=1
     5      s=0.
            do k=1,n
                s=s+f(a+(k-0.5)*h)
            end do
            t2=t1/2.+h/2.*s
            s2=t2+(t2-t1)/3.
            if(n/=1) goto 20
     15     n=n+n
            h=h/2.
            t1=t2
            s1=s2
            goto 5
     20     if(abs(s2)<=1.) d=abs(s2-s1)
            if(abs(s2)>1.) d=abs((s2-s1)/s2)
            if(d>=eps) goto 15
            return
            end

            program main
            external f
            call simp(0.,1.5708,1e-5,s2,f)
            write(*,"(20x,'s=',f10.4)")s2
            end

            function f(x)
            f=4*7782.5*sqrt(1.-(972.5/7782.5)**2*sin(x)**2)
            end
```

程序运行结果为 $s = 48\ 707.5519 \text{ km}$。

在例 3.11 的程序中，a、b 分别对应定积分的上、下限，s2 为积分结果，而 f 对应于被积函数 $4a\sqrt{1-\left(\dfrac{c}{a}\right)^2\sin^2\theta}$，eps 为允许的误差限 ε。

3.2.3　龙贝格求积法

为了使求积结果的精度更高，可以利用龙贝格法进行计算。将变步长辛普森法二分前

后的两个积分值 S_n 和 S_{2n} 作如下的线性组合，得到柯特斯的积分值 C_n，它可以表示为

$$C_n = S_{2n} + \frac{1}{15}(S_{2n} - S_n) \tag{3.15}$$

重复上述步骤，便可导出下列龙贝格公式

$$R_n = C_{2n} + \frac{1}{63}(C_{2n} - C_n) \tag{3.16}$$

重复执行此过程，直到相邻两次的积分近似值 R_{2n} 和 R_n 满足以下关系

$$|R_{2n} - R_n| < \varepsilon \qquad (|R_{2n}| \leqslant 1) \tag{3.17(a)}$$

$$\left| \frac{R_{2n} - R_n}{R_{2n}} \right| < \varepsilon \qquad (|R_{2n}| > 1) \tag{3.17(b)}$$

其中，ε 为允许的误差限。

【例 3.12】 利用龙贝格法计算单摆的振荡周期 T。已知周期公式如下：

$$T = 4\sqrt{\frac{l}{g}} \int_0^{\pi/2} \frac{\mathrm{d}\phi}{\left[1 - \sin^2\left(\frac{\theta_0}{2}\right)\sin^2\phi\right]^{\frac{1}{2}}}$$

其中，$l = 5 \text{ m}$，$g = 9.8 \text{ m/s}^2$，$\theta_0 = 20/\pi$，$\varepsilon = 10^{-5}$。

解 程序中 r2 为积分结果，f 对应于被积函数 $4\sqrt{\dfrac{l}{g}} \dfrac{1}{\left[1 - \sin^2\left(\dfrac{\theta_0}{2}\right)\sin^2\phi\right]^{\frac{1}{2}}}$，eps 为允

许的误差限 ε。

计算程序：

```
        subroutine romb(a,b,eps,r2,f)
        h=b-a
        t1=h/2. * (f(a)+f(b))
        n=1
5       s=0.0
        do k=1,n
            s=s+f(a+(k-0.5) * h)
        end do
        t2=t1/2.+h/2. * s
        s2=t2+(t2-t1)/3.
        if(n/=1)goto 20
15      n=n+n
        h=h/2
        t1=t2
        s1=s2
        goto 5
20      c2=s2+(s2-s1)/15.
        if(n/=2)goto 40
30      c1=c2
        goto 15
40      r2=c2+(c2-c1)/63.
```

```
          if(n/=4) goto 60
50        r1=r2
          goto 30
60        if(abs(r2)-1.) 70,70,80
70        if(abs(r2-r1)>=eps) goto 50
          return
80        if(abs((r2-r1)/r2)>=eps) goto 50
          return
          end

          program main
          external f
          call romb(0.,1.5708,1e-5,r2,f)
          write(*,"(3x,'T=',e12.6)") r2
          end

          function f(x)
          f=4*sqrt(5/9.8)/(1-sin(10/3.14159)**2*sin(x)**2)**(1/2)
          end
```

程序运行结果为 $T=0.448\,800e+01$。

3.3　高 斯 求 积 法

3.3.1　代数精度

3.1 节介绍的三种求积方法都是限定用等分点作为求积节点，用不同的 m 次多项式 $y(x)=a_m x^m+a_{m-1}x^{m-1}+a_{m-2}x^{m-2}+\cdots+a_0$ 去近似被积函数 $f(x)$。对于矩形法：$m=0$，为常数近似；对于梯形法：$m=1$，为线性近似；对于辛普森（抛物线）法：$m=2$，为抛物线近似。那么是否 m 越大，方法精度越高呢？m 可否任意大呢？对此，我们作如下结论。

（1）对有 n 个积分点的求积公式

$$G=\int_a^b f(x)\,\mathrm{d}x \approx \sum_{k=0}^n A_k f(x_k) \tag{3.18}$$

可能达到的最高代数精度为 $m=2n-1$。

（2）在积分点的数目 n 给定的条件下，可找到一组节点的坐标 x_k 和对应的系数 A_k，使以上求积公式（式（3.18））达到 $m=2n-1$ 的代数精确度。

适当选取节点 x_0，x_1，$\cdots$，x_n 的位置，可以使求积公式精度尽可能高。在图 3.13(a) 中，取 $x_0=a$，$x_1=b$ 作为求积节点，用梯形 $AabB$ 面积作为积分近似值的几何图形。在图 3.13(b) 中，适当选取 x_0，x_1 的位置，用梯形 $A'abB'$ 面积作为积分近似值的几何图形。比较两图可以看出，当节点位置不同时，其积分结果也不同。

一般，代数精度越高，数值求积公式越准确。要使求积公式（式（3.18））具有 m 次代数精度，令它对于 $f(x)=1$，x，x^2，$\cdots$，x^m 都能准确成立即可。

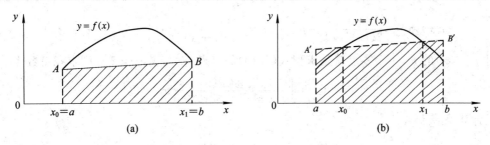

图 3.13

【例 3.13】 求证梯形公式 $\int_a^b f(x)\,\mathrm{d}x \approx \dfrac{b-a}{2}[f(a)+f(b)]$ 具有一阶代数精度。

证明 首先验证 $f(x)=1$，x 时，梯形公式准确成立。

$$\int_a^b 1\,\mathrm{d}x = b-a = \frac{b-a}{2}(1+1) = \frac{b-a}{2}[f(a)+f(b)]$$

$$\int_a^b x\,\mathrm{d}x = \frac{1}{2}(b^2-a^2) = \frac{b-a}{2}(a+b) = \frac{b-a}{2}[f(a)+f(b)]$$

再验证，当 $f(x)=x^2$ 时，梯形公式不能准确成立，即

$$\int_a^b x^2\,\mathrm{d}x = \frac{b^3-a^3}{3} \neq \frac{b-a}{2}(a^2+b^2) = \frac{b-a}{2}[f(a)+f(b)]$$

由于任意一个一次多项式可表示成 $c_0 + c_1 x$ 的形式，而对于 $f(x)=1$，x，梯形公式准确成立，所以梯形公式具有一阶代数精度。另外，可以证明辛普森计算公式具有 3 阶代数精度。

3.3.2 高斯型代数求积公式

先考虑积分区间 $[-1,1]$ 上的求积公式

$$\int_{-1}^1 f(x)\,\mathrm{d}x \approx \sum_{k=0}^n A_k f(x_k) \tag{3.19}$$

定理 3.1 如果节点 x_0，x_1，$\cdots$，x_n 是 $n+1$ 次多项式

$$\omega(x) = (x-x_0)(x-x_1)(x-x_2)\cdots(x-x_n)$$

的根，并且 $\omega(x)$ 与任意一个次数不超过 n 的多项式 $q(x)$ 正交，即

$$\int_{-1}^1 \omega(x)q(x)\,\mathrm{d}x = 0 \tag{3.20}$$

则式(3.19)对一切次数不超过 $2n+1$ 的多项式都准确成立，求积系数

$$A_k = \int_{-1}^1 \frac{\omega(x)}{(x-x_k)\omega'(x_k)}\,\mathrm{d}x \tag{3.21}$$

定理 3.1 未给出节点 x_k 的具体取法。以下给出节点 x_k 及求积系数 A_k 的具体选取方法。

由特殊函数理论知，勒让德(Legendre)多项式

$$p_n(x) = \frac{1}{2^n n!} \cdot \frac{\mathrm{d}^n}{\mathrm{d}x^n}\big[(x^2-1)^n\big]$$

在 $[-1,1]$ 上是正交的，即

$$\int_{-1}^1 p_n(x)p_{n+1}(x)\,\mathrm{d}x = 0 \tag{3.22}$$

$p_{n+1}(x)$ 的首项系数为 $\dfrac{[2(n+1)]!}{2^{n+1}[(n+1)!]^2}$，故取

$$\omega(x) = \frac{2^{n+1}[(n+1)!]^2}{[2(n+1)]!} p_{n+1}(x) = \frac{(n+1)!}{[2(n+1)]!} \cdot \frac{d^{n+1}}{dx^{n+1}}[(x^2-1)^{n+1}] \tag{3.23}$$

此时 $p_{n+1}(x)$ 的 $n+1$ 个零点就是求积式(3.19)的节点 $x_0, x_1, \cdots, x_n$，则求积系数为

$$A_k = \int_{-1}^{1} \frac{\omega(x)}{(x-x_k)\omega'(x_k)}\,dx \tag{3.24}$$

经过计算得

$$A_k = \frac{2}{(1-x_k^2)[p'_{n+1}(x_k)]^2} \tag{3.25}$$

首先由式(3.23)求得 $n+1$ 个节点，然后由式(3.25)求得 A_k。

可以估得高斯求积公式的截断误差为

$$R(f) = \frac{2^{2n+3}}{2n+3} \cdot \frac{[(n+1)!]^4}{[(2n+2)!]^3} f^{(2n+2)}(\eta) \qquad \eta \in [-1, 1] \tag{3.26}$$

以下给出几个低阶高斯求积公式及其余项。

(1) $n=0$,

$$p_1(x) = \frac{1}{2}\frac{d}{dx}(x^2-1) = x, \quad p_1'(x) = 1$$

所以节点 $x_0=0$，由式(3.25)可得 $A_0=2$，因此有

$$\int_{-1}^{1} f(x)\,dx \approx 2f(0) \tag{3.27}$$

截断误差为 $R(f) = \frac{1}{3}f''(\eta)$。

(2) $n=1$,

$$p_2(x) = \frac{1}{8}\frac{d^2}{dx^2}(x^2-1)^2 = \frac{1}{2}(3x^2-1), \quad p_2'(x) = 3x$$

所以有节点 $x_0 = -\frac{1}{\sqrt{3}}$，$x_1 = \frac{1}{\sqrt{3}}$。由式(3.25)可得 $A_0 = A_1 = 1$。求积公式为

$$\int_{-1}^{1} f(x)\,dx \approx f\left(-\frac{1}{\sqrt{3}}\right) + f\left(\frac{1}{\sqrt{3}}\right) \tag{3.28}$$

截断误差为 $R(f) = \frac{1}{135}f^{(4)}(\eta)$。

另外，从代数精度的角度出发也可以得到节点位置和求积系数。

考虑两点型求积公式

$$\int_{-1}^{1} f(x)\,dx \approx A_0 f(x_0) + A_1 f(x_1)$$

其中，A_0、A_1、x_0、x_1 为四个待定常数。设求积公式的代数精度为3，由代数精度的概念，分别取 $f(x)=1$、x、x^2、x^3。令积分值与数值积分值相等，则可得如下方程组

$$\begin{cases} A_0 + A_1 = 2 \\ A_0 x_0 + A_1 x_1 = 0 \\ A_0 x_0^2 + A_1 x_1^2 = \dfrac{2}{3} \\ A_0 x_0^3 + A_1 x_1^3 = 0 \end{cases}$$

由以上方程组中的第二式与第四式可得

$$A_0 x_0 (x_0^2 - x_1^2) = 0 \Rightarrow x_0^2 = x_1^2$$

由方程组中的第一式与第三式可得

$$A_0 (x_0^2 - x_1^2) = \frac{2}{3} - 2x_2^2 \Rightarrow x_2^2 = \frac{1}{3}$$

因此同样有 $x_0 = -\dfrac{1}{\sqrt{3}}$，$x_1 = \dfrac{1}{\sqrt{3}}$。根据方程组中第一式与第二式同样可得 $A_0 = A_1 = 1$。

另外，三点高斯求积公式为

$$\int_{-1}^{1} f(x) \, dx \approx \frac{5}{9} f\left(-\frac{\sqrt{15}}{5}\right) + \frac{8}{9} f(0) + \frac{5}{9} f\left(\frac{\sqrt{15}}{5}\right) \tag{3.29}$$

它的代数精度为 5。

（3）$n \geqslant 2$ 时的节点、求积系数及截断误差可类似求得，如表 3.1 所示。

表 3.1

节点数	n	节点位置	系数 A_k	截断误差 $R(f)$
3 点	2	0 ±0.774 596 7	0.888 888 9 0.555 555 6	$\dfrac{1}{15\ 750} f^{(6)}(\eta)$
4 点	3	±0.339 981 0 ±0.861 136 3	0.652 145 2 0.347 854 8	$\dfrac{1}{34\ 872\ 875} f^{(6)}(\eta)$
5 点	4	0 ±0.538 469 3 ±0.906 179 9	0.568 888 9 0.478 628 7 0.236 926 9	$\dfrac{1}{1\ 237\ 732\ 650} f^{(8)}(\eta)$

上面的讨论中，积分区间为 $[-1, 1]$，实际计算区间为 $[a, b]$，可采用如下变量替换

$$x = \frac{1}{2}(b+a) + \frac{1}{2}(b-a)t \tag{3.30}$$

则积分区间 $[a, b]$ 变为 $[-1, 1]$，且积分变为

$$\int_a^b f(x) \, dx = \frac{b-a}{2} \int_{-1}^{1} \varphi(t) \, dt \tag{3.31}$$

其中

$$\varphi(t) = f\left(\frac{b+a}{2} + \frac{b-a}{2} t\right) \tag{3.32}$$

【例 3.14】 利用两点高斯公式求积分 $I = \displaystyle\int_0^1 \sqrt{1+x^2} \, dx$ 的近似值。

解　由于 $a = 0$，$b = 1$，因此作变换 $x = \dfrac{1}{2} + \dfrac{1}{2} t = \dfrac{1+t}{2}$

$$I = \int_0^1 \sqrt{1+x^2} \, dx = \frac{1}{2} \int_{-1}^{1} \sqrt{1 + \frac{1}{4}(1+t)^2} \, dt$$

$$\approx \frac{1}{2} \cdot \left[\sqrt{1 + \frac{1}{4}\left(1 - \frac{1}{\sqrt{3}}\right)^2} + \sqrt{1 + \frac{1}{4}\left(1 + \frac{1}{\sqrt{3}}\right)^2} \right]$$

$$\approx 1.147\ 833\ 092$$

可以证明高斯求积法收敛速度快、误差小。

以下给出三点高斯法($n=2$)的子程序,程序中 t 和 W 分别表示节点位置 x_k 及其对应的系数 A_k,G 为积分结果。

```
        subroutine Gauss(a,b,G)
        dimension t(3),W(3)
        data t/0.,0.774597,-0.774597/
        data W/0.888889,0.555556,0.555556/
        G=0.0
        do 10 i=1,3
        x=0.5*((b+a)+(b-a)*t(i))
10      G=G+W(i)*f(x)
        G=0.5*(b-a)*G
        return
        end
```

3.3.3　二维高斯求积法

我们通过以下例题给出二重积分的高斯求积法。

【**例 3.15**】　利用高斯求积法计算

$$I = \int_{1.4(a_2)}^{2.0(b_2)} \int_{1.0(a_1)}^{1.5(b_1)} \ln(x+2y)\,\mathrm{d}x\,\mathrm{d}y$$

解　将积分区间 $R=\{(x,y)\,|\,1.4\leqslant x\leqslant2.0,\ 1.0\leqslant y\leqslant1.5\}$ 变换到 $R'=\{(u,v)\,|\,-1\leqslant u\leqslant1,\ -1\leqslant v\leqslant1\}$,即有

$$\begin{cases} x = \dfrac{1}{2}(b_2+a_2) + \dfrac{1}{2}(b_2-a_2)u \\[2mm] y = \dfrac{1}{2}(b_1+a_1) + \dfrac{1}{2}(b_1-a_1)v \end{cases} \tag{3.33}$$

因此有

$$I = 0.075 \int_{-1}^{1} \int_{-1}^{1} \ln(0.3u+0.5v+4.2)\,\mathrm{d}u\,\mathrm{d}v$$

使用 $n=2$ 的三点高斯求积公式,有

$$u_0 = v_0 = -0.774\,596\,7,\ u_1 = v_1 = 0,\ u_2 = v_2 = 0.774\,596\,7$$
$$A_0 = A_2 = 0.555\,555\,6,\ A_1 = 0.888\,888\,9$$

积分结果为

$$I = \int_{1.4(a_2)}^{2.0(b_2)} \int_{1.0(a_1)}^{1.5(b_1)} \ln(x+2y)\,\mathrm{d}x\mathrm{d}y$$

$$= 0.075 \sum_{i=0}^{2} \sum_{j=0}^{2} A_i A_j \ln(0.3u_i+0.5v_j+4.2)$$

$$= 0.429\,554\,5$$

习　题　三

3.1　分别利用矩形法、梯形法、抛物线法编程计算下面定积分($N=1000$)

$$\int_0^\pi \cos\left(\frac{1}{1+x^2}\right)\mathrm{d}x$$

3.2 对圆盘轴线上一点电场强度 **E** 的大小可以表示为

$$E = \frac{\sigma x}{2\varepsilon_0}\int_{R_1}^{R_2}\frac{r\,\mathrm{d}r}{(x^2+r^2)^{3/2}}$$

采用解析法和三种基本数值方法编程计算 E 的大小，分别取（1）R_1，R_2/0.01，1 m；（2）R_1，R_2/0.01，10 m，其中 $\sigma = 0.5$，$x = 0.01$，观察 E 随 R_2 的变化。

3.3 Cornu 曲线是平面曲线，在平面直角坐标系中它的参数方程为

$$\begin{cases} x(s) = \displaystyle\int_0^s \cos\frac{1}{2}at^2\,\mathrm{d}t \\ y(s) = \displaystyle\int_0^s \sin\frac{1}{2}at^2\,\mathrm{d}t \end{cases}$$

取 $a=1$，$-4.5 \leqslant s \leqslant 4.5$，编程计算并绘制该曲线。

3.4 一个枪管长 0.6096 m，膛孔面积为 4.56×10^{-5} m^2，子弹重量为 0.0956 N。发火后，气体压强随子弹在膛内的运动而变化，压强 P 的单位为 GPa，距离 x 的单位为 m，$P = P(x)$ 的函数关系如下表所示。根据能量守恒原理，子弹出枪时的速度满足

$$v_f = \sqrt{\frac{2[4.561\times10^{-5}]}{\dfrac{0.0956}{9.81}}\int_0^{0.6096}P(x)\mathrm{d}x}$$

试用辛普森公式计算子弹出枪管时的速度。

x/m	P/GPa	x/m	P/GPa	x/m	P/GPa
0.0127	0.101 35	0.2286	0.179 95	0.4445	0.073 77
0.0254	0.200 64	0.2413	0.168 23	0.4572	0.070 32
0.0381	0.273 03	0.2540	0.157 89	0.4699	0.067 57
0.0508	0.310 95	0.2667	0.148 24	0.4826	0.064 81
0.0635	0.330 94	0.2794	0.139 27	0.4953	0.062 05
0.0762	0.339 91	0.2921	0.132 88	0.5080	0.059 29
0.0889	0.344 74	0.3048	0.125 48	0.5207	0.056 54
0.1016	0.335 77	0.3175	0.118 59	0.5334	0.053 78
0.1143	0.315 08	0.3302	0.112 38	0.5461	0.051 02
0.1270	0.295 78	0.3429	0.106 87	0.5588	0.048 26
0.1397	0.277 17	0.3556	0.102 04	0.5712	0.045 50
0.1524	0.261 31	0.3683	0.092 15	0.5842	0.042 74
0.1651	0.245 45	0.3810	0.093 08	0.5969	0.040 67
0.1778	0.230 97	0.3937	0.088 94	0.6096	0.038 61
0.1905	0.217 18	0.4064	0.084 80		
0.2032	0.203 39	0.4191	0.080 67		
0.2159	0.191 67	0.4318	0.077 22		

3.5 结合理想气体平衡状态下的麦克斯韦速率分布律，利用辛普森法计算 0℃ 下氮气、氧气分子运动的平均速率 $\bar{v}$ 和方均根速率 $\sqrt{\bar{v}^2}$，并与解析解 $\bar{v} = 1.59\sqrt{\dfrac{RT}{M}}$，

$\sqrt{\overline{v^2}} = 1.73 \sqrt{\dfrac{RT}{M}}$ 作比较，其中 M 是气体的摩尔质量，$R = 8.31$，为摩尔气体常数。

3.6　若椭圆方程为 $\dfrac{x^2}{a^2} + \dfrac{y^2}{b^2} = 1$，则椭圆周长的计算公式为

$$L = \int_0^\pi \sqrt{a^2 \sin^2 x + b^2 \cos^2 x}\ \mathrm{d}x$$

利用辛普森法和变步长辛普森法计算椭圆 $\dfrac{x^2}{400} + \dfrac{y^2}{100} = 1$ 的周长。

3.7　应用变步长辛普森法编程计算积分

$$G = \int_0^1 \dfrac{\arctan x}{x}\ \mathrm{d}x$$

此积分值称为 Catalan 常数，G 的真值为 0.915 965。要求误差不超过 10^{-5}。

3.8　应用龙贝格法计算积分

$$I = \int_{0.1}^{0.6} \dfrac{0.027\ 92(2 - x)}{(1.449x + 1)^{0.8}(1 - x)^{1.2} x}\ \mathrm{d}x$$

要求误差不超过 10^{-5}。

3.9　用 3 点及 5 点高斯求积公式编程计算积分 $\displaystyle\int_1^3 \dfrac{1}{x}\ \mathrm{d}x$，并与梯形法、辛普森法作比较。

3.10　用 4 点高斯求积公式编程计算积分

$$I = \int_{1.4}^{2.0} \int_{1.0}^{1.5} \ln(x + 2y)\ \mathrm{d}x\mathrm{d}y$$

3.11　用 $n = 2, 4$ 的高斯求积公式编程计算

$$G = \int_0^{\pi/2} \dfrac{\mathrm{d}x}{\cos^2 x + 4 \sin^2 x} = \dfrac{\pi}{4}$$

第四章　物理学中常微分方程初值问题的数值解法

　　在自然科学的许多领域中常常会遇到一些常微分方程的初值问题。对于一些典型的微分方程(线性方程、某些特殊的一阶非线性方程等)，高等数学和其他一些涉及微分方程的专业书籍都介绍了各自的解法。然而，在实际的物理问题中所遇到的微分方程往往很复杂，在很多情况下都不可能给出解的解析表达式，实际上我们只能对有限的几种特殊类型的方程求解析解，对那些不能用初等函数来表达的方程就只能去求其近似的数值解。常微分方程初值问题 $y'(x) = f(x, y)$，$y(x_0) = y_0$ 的数值解是指通过一定的近似方法得出准确解 $y = y(x)$ 在一列离散点 $x_0, x_1, \cdots, x_n$ 上的近似值 $y_0, y_1, \cdots, y_n$，借助于运算速度快的计算机来进行辅助求解，大大提高求解的速度和精度。本章我们从几个物理学中的常微分方程出发，介绍一级、二级欧拉近似法及龙格—库塔法等，并对这些数值方法进行了分析比较，同时附上相应的 FORTRAN 程序。

4.1　物理学中的常微分方程

4.1.1　力学中的常微分方程

1. 落体运动

　　考虑空气中一自由下落物体，质量为 m，它所受的作用力为重力和空气阻力，根据牛顿运动定律，物体下落速度 v 满足牛顿运动方程

$$m \frac{\mathrm{d}v}{\mathrm{d}t} = mg - Kv$$

该方程即为物体下落速度关于时间 t 的一阶常系数微分方程。其中 $g = 9.8 \ \mathrm{m/s^2}$ 为重力加速度，K 为空气阻尼系数。

2. 阻尼振动

　　考虑一质量为 m 的弹簧振子作阻尼振动，振子所受的作用力为弹性力和阻尼力，其振动速度 v 满足振动方程

$$m \frac{\mathrm{d}v}{\mathrm{d}t} = -kx - Kv$$

其中 k 为弹簧倔强系数，K 为阻尼系数。由于 $\frac{\mathrm{d}x}{\mathrm{d}t} = v$，因此振子振动的位移 x 满足方程

$$m \frac{\mathrm{d}^2 x}{\mathrm{d}t^2} = -kx - K \frac{\mathrm{d}x}{\mathrm{d}t}$$

以上方程即为振子振动速度和位移关于时间的一阶、二阶常系数微分方程。若已知初速度和初位移，求解速度 v 随时间 t 的变化关系和位移 x 随时间 t 的变化关系。

事实上，由 2.2 节可知，对于阻尼振动而言，其振动所满足的二阶常微分方程的标准形式为

$$\frac{d^2 x}{dt^2} + 2\beta \frac{dx}{dt} + \omega_0^2 x = 0 \qquad (\beta < \omega_0) \qquad (4.1)$$

其中，β 为阻尼因子，ω_0 为振子角频率。而受迫振动的形式为(二阶常微分方程)

$$\frac{d^2 x}{dt^2} + 2\beta \frac{dx}{dt} + \omega_0^2 x = F_0 \sin\omega t \qquad (\beta < \omega_0) \qquad (4.2)$$

其中，$F_0 \sin\omega t$ 为周期性的策动力，而 ω 为策动力的角频率。

4.1.2 电学中的常微分方程

1. *RC* 放电电路

如图 4.1 所示，已知 R 上的电压为 $V_R = RI$，C 上电压 $V_C = q/C$，电路方程为 $V_R + V_C = 0$(无电源)，即

$$RI + \frac{q}{C} = 0, \quad I = \frac{dq}{dt}$$

因此有

$$R \frac{dq}{dt} + \frac{q}{C} = 0 \qquad (4.3)$$

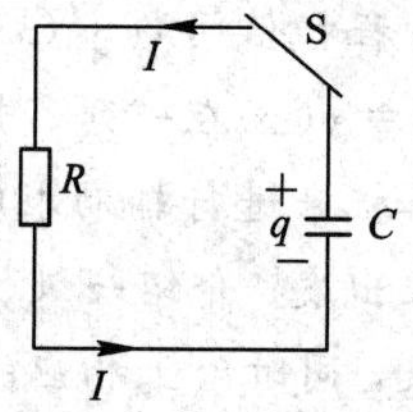

图 4.1 *RC* 放电电路

该问题与力学中的落体方程相当，目的是求解上式所对应的一阶常微分方程以获得 $q(t)$。

2. *RLC* 电磁振荡电路

如图 4.2 所示，已知 L 上电压 $V_L = L \frac{dI}{dt}$，电路方程 $V_L + V_R + V_C = 0$(无电源)，即

$$\begin{cases} L \frac{dI}{dt} + RI + \frac{q}{C} = 0 \\ \frac{dq}{dt} = I \end{cases}$$

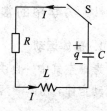

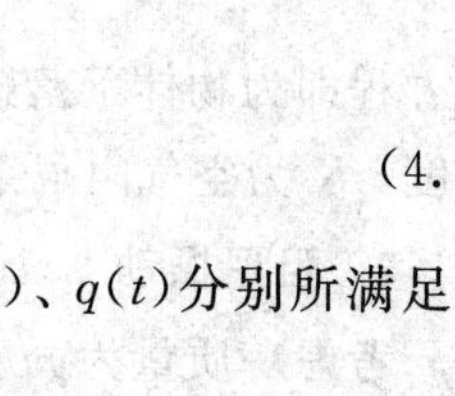

图 4.2 *RLC* 电磁振荡电路

因此有

$$L \frac{d^2 q}{dt^2} + R \frac{dq}{dt} + \frac{q}{C} = 0 \qquad (4.4)$$

该问题与力学中的阻尼振动所满足的方程相当，目的是求解 $I(t)$、$q(t)$ 分别所满足的一阶、二阶常微分方程。

4.1.3 常微分方程数值解法的原理

常微分方程数值解法的基本思想是：先取自变量一系列离散点，把微分问题离散化，求出离散问题的数值解，并以此作为微分问题解的近似。这里我们采取泰勒展开的方法对微分问题进行离散并求解数值解。

1. 将高阶常微分方程化为一阶方程

$$\frac{d^2 y}{dt^2} = f\left(t, y, \frac{dy}{dt}\right) \Rightarrow \begin{cases} \dfrac{dy}{dt} = z \\ \dfrac{dz}{dt} = f(t, z) \end{cases}$$

两个未知函数 $y(t)$，$z(t)$ 联合求解，只需研究一阶方程的解法。

2. 按泰勒级数展开

设一阶微分方程 $\dfrac{dy}{dt} = f(t, y)$ 的解为 $y(t)$，则有

$$y(t + \Delta t) = y(t) + y'\Delta t + y''(t)\frac{\Delta t^2}{2!} + y'''(t)\frac{\Delta t^3}{3!} + \cdots$$

在展开的级数中分别取 2 项、3 项和 5 项，分别可得到以下的近似方法：

（1）一级欧拉近似法：取 2 项，截断误差为 $O(\Delta t^2)$。

（2）二级欧拉近似法：取 3 项，截断误差为 $O(\Delta t^3)$。

（3）龙格—库塔法：取 5 项，截断误差为 $O(\Delta t^5)$。

4.2 常微分方程初值问题的欧拉近似法

4.2.1 一级欧拉近似法

1. 一级欧拉近似法的基本内容

已知 $\begin{cases} \dfrac{dx}{dt} = f(t, y) \\ y(t_0) = y_0 \end{cases}$，求 $y(t)$。

由泰勒级数展开 y_{i+1}，取两项可以得到以下结果

$$y_{i+1} \approx y_i + y_i'\Delta t = y_i + f(t_i, y_i)\Delta t \tag{4.5}$$

其中，$i = 0, 1, 2, \cdots, N$；$t_i = i\Delta t$。运用已知条件 $y(t_0) = y_0$ 和式（4.5），可得递推顺序为

$$y_0 \rightarrow y_1 \rightarrow y_2 \rightarrow \cdots \rightarrow y_N$$

2. 一级欧拉近似法在 RC 电路中的应用

由前可知，在 RC 放电电路中，根据式（4.3），有 $R\dfrac{dq}{dt} = -\dfrac{q}{C}$，由此可得以下常微分方程初值问题，即

$$\begin{cases} \dfrac{dq}{dt} = -\dfrac{q}{RC} \quad \text{（与 t 无关）} \\ q(0) = q_0 \end{cases}$$

其中 $RC = T_0$ 为时间常数。这时式（4.5）中的 $f(t_i, y_i)$ 可以表示为 $f(q_i) = -\dfrac{q_i}{RC}$。显然，根据式（4.5），有

$$q_{i+1} = q_i - \frac{q_i}{RC}\Delta t = q_i\left(1 - \frac{\Delta t}{RC}\right) \tag{4.6}$$

【**例 4.1**】 在 RC 电路中，已知 $q(0)=1$，$R=10$，$C=1$，$0<t<30$，Δt 取 1。利用一级欧拉近似法，求 $q(t)$ 并与解析解 $q(t)=q_0 \mathrm{e}^{-t/RC}$ 作比较。

解 取 $W=1-\dfrac{\Delta t}{RC}=1-\dfrac{1}{10}=0.9$，根据式(4.6)可得近似解结果为

$$q_{j+1} = q_j \times W = q_j \times 0.9$$

而本题解析解为 $q=\mathrm{e}^{-0.1t}$。精确解和近似解结果比较见表 4.1。

表 4.1　精确解与近似解 q 随时间 t 变化的比较

t	0	1	2	3
精确解 q	1	0.9048	0.8187	0.7408
一级欧拉近似 q	1	0.9	0.81	0.729

3. 一级欧拉近似方法在 RLC 电路中的应用

RLC 电路中电量 q 随时间 t 的变化满足以下常微分方程初值问题

$$\begin{cases} L\dfrac{\mathrm{d}^2 q}{\mathrm{d}t^2} + R\dfrac{\mathrm{d}q}{\mathrm{d}t} + \dfrac{q}{C} = 0 \\ q(0)=q_0,\ I(0)=I_0 \end{cases}$$

以下运用一级欧拉近似计算 RLC 电路中的 $q(t)$ 和 $I(t)$。

根据式(4.4)，推导出数值解为

$$\begin{cases} \dfrac{\mathrm{d}q}{\mathrm{d}t} = I \Rightarrow q_{i+1} = q_i + I_i \Delta t \\ \dfrac{\mathrm{d}I}{\mathrm{d}t} = \dfrac{\mathrm{d}^2 q}{\mathrm{d}t^2} = -\dfrac{R}{L}I - \dfrac{q}{LC} \end{cases} \tag{4.7}$$

其中 $\dfrac{\mathrm{d}I}{\mathrm{d}t}$ 与 q、I 有关，我们可以得到一级欧拉近似结果为

$$I_{i+1} = I_i + f_i \Delta t \tag{4.8}$$

其中 $f_i = -\left(\dfrac{R}{L}I_i + \dfrac{q_i}{LC}\right)$。若 $I(0)=0$，在 $R<2\sqrt{L/C}$ 的条件下，有解析解

$$q(t) = \frac{\omega_0}{\omega}q_0 \mathrm{e}^{-\frac{R}{2L}t}\cos(\omega t + \phi) \tag{4.9}$$

其中，$\cos\phi = \dfrac{\omega}{\omega_0}$，$\omega_0 = 1/\sqrt{LC}$，$\omega = \sqrt{\omega_0^2 - (R/2L)^2}$。

【**例 4.2**】 对于 RLC 电路，已知 $q(0)=1$，$I(0)=0$，$R=0.4$，$C=1$，$L=1$，$0<t<20$，$\Delta t=0.1$，试采用一级欧拉近似编程计算 $q(t)$、$I(t)$ 变化曲线并与精确解 $q(t)$ 作比较。

图 4.3 和图 4.4 分别给出了例 4.2 中 $q(t)$ 和 $I(t)$ 的变化曲线。从图 4.3 中可以看出一级欧拉近似解与精确解存在一定的误差。

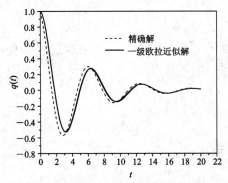

图 4.3 精确解与一级欧拉近似解比较

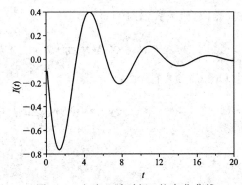

图 4.4 电流 I 随时间 t 的变化曲线

RLC 电路中，$q(t)$ 和 $I(t)$ 的计算程序如下：

```
real * 8 I(0:200),q(0:200),R,C,L,dt
write( * , * )'input R=?,C=?,L=?'
read( * , * )R,C,L
open(1,file='RCL1. dat')
q(0)=1.0
I(0)=0.0
t0=0.0
write(1, * ) t0,I(0),q(0)
dt=0.1            ! dt 对应于 Δt
do 10 k=0,199
f=(-1.) * (R * I(k)/L+q(k)/(L * C))
I(k+1)=I(k)+f * dt
q(k+1)=q(k)+I(k) * dt
t=float(k+1) * dt
10    write(1, * ) t, I(k+1), q(k+1)
end
```

4.2.2 二级欧拉近似法

1. 二级欧拉近似法的基本内容

已知 $\begin{cases} \dfrac{\mathrm{d}y}{\mathrm{d}t}=f(t,\ y) \\ y(t_0)=y_0 \end{cases}$，求 $y(t)$。

由泰勒级数展开可知

$$y_{i+1} = y_i + y_i' \Delta t + y_i''(t) \frac{\Delta t^2}{2!} + O(\Delta t^3) \tag{4.10}$$

$$y_{i+1}' = y_i' + y_i'' \Delta t + y_i'''(t) \frac{\Delta t^2}{2!} + O(\Delta t^3) \tag{4.11}$$

由式(4.11)得

$$y_i'' = \frac{y_{i+1}' - y_i'}{\Delta t} - \frac{1}{2} y_i''' \Delta t + O(\Delta t^2) \tag{4.12}$$

将式(4.12)代入式(4.10)有

$$y_{i+1} = y_i + y_i'\Delta t + \frac{1}{2}(y_{i+1}' - y_i')\Delta t - \frac{1}{4}y_i'''\Delta t^3 + O(\Delta t^3) + O(\Delta t^4) \tag{4.13}$$

略去 $O(\Delta t^3)$ 项，有

$$y_{i+1} = y_i + y_i'\Delta t + \frac{y_{i+1}' - y_i'}{2}\Delta t$$

$$= y_i + (y_i' + y_{i+1}')\frac{\Delta t}{2}$$

$$= y_i + [f(t_i, y_i) + f(t_{i+1}, y_{i+1})]\frac{\Delta t}{2} \tag{4.14}$$

上式中右边仍有 y_{i+1} 项，但该项有 Δt 相乘部分，仍可用一级欧拉法近似，不会降低精度，即

$$y_{i+1} = y_i + f(t_i, y_i)\Delta t + O(\Delta t^2) \tag{4.15}$$

式(4.15)中略去 $O(\Delta t^2)$ 项，并把 y_{i+1} 记作 $\overline{y_{i+1}}$（这是一级欧拉近似的 y_{i+1}），得

$$\begin{cases} \overline{y_{i+1}} = y_i + f(t_i, y_i)\Delta t \\ y_{i+1} = y_i + [f(t_i, y_i) + f(t_{i+1}, \overline{y_{i+1}})]\frac{\Delta t}{2} \end{cases} \tag{4.16}$$

递推关系为 $y_i \rightarrow \overline{y_{i+1}} \rightarrow y_{i+1}$。

式(4.16)可进一步写为以下递推公式

$$\begin{cases} \overline{y_{i+1}} = y_i + f(t_i, y_i)\Delta t \\ y_{i+1} = \frac{1}{2}[y_i + \overline{y_{i+1}} + f(t_{i+1}, \overline{y_{i+1}})\Delta t] \end{cases} \tag{4.17}$$

2. 二级欧拉近似法在 RC 电路中的应用

【例 4.3】 用二级欧拉近似计算 RC 电路 $\begin{cases} \dfrac{dq}{dt} = -\dfrac{q}{RC} \quad (\text{与 } t \text{ 无关}) \\ q(0) = q_0 \end{cases}$ 的解。

解 由于 $f(t_i, q_i) = -\dfrac{q_i}{RC}$，$W = 1 - \dfrac{\Delta t}{RC}$。利用式(4.17)有

$$\overline{q_{i+1}} = q_i - \frac{q_i}{RC}\Delta t = q_i \times W$$

$$q_{i+1} = \frac{1}{2}\left(q_i + \overline{q_{i+1}} - \frac{\overline{q_{i+1}}}{RC}\Delta t\right) = \frac{1}{2}(q_i + \overline{q_{i+1}} * W)$$

$$= \frac{1}{2}q_i(1 + W^2)$$

仍以例 4.1 中参数为例，$W = 1 - \dfrac{\Delta t}{RC} = 1 - \dfrac{1}{10} = 0.9$，则有

$$q_{i+1} = q_i \times \frac{1 + W^2}{2} = 0.905 \times q_i$$

精确解和近似解结果比较如表 4.2 所示。

表 4.2 精确解和近似解结果比较

t	0	1	2	3
精确解 q	1	0.9048	0.8187	0.7408
二级欧拉近似 q	1	0.9050	0.8190	0.7412
一级欧拉近似 q	1	0.9	0.81	0.729

从表 4.2 可以看出二级欧拉近似解更接近于精确解。

3. 二级欧拉近似方法在 RLC 电路中的应用

【例 4.4】 RLC 电路中有

$$\begin{cases} L\dfrac{\mathrm{d}^2 q}{\mathrm{d}t^2} + R\dfrac{\mathrm{d}q}{\mathrm{d}t} + \dfrac{q}{C} = 0 \\ q(0) = q_0, \ I(0) = I_0 \end{cases}$$

试用二级欧拉近似计算 RLC 电路中的 $q(t)$ 和 $I(t)$ 结果。

解 RLC 电路的数值解为

$$\begin{cases} \dfrac{\mathrm{d}q}{\mathrm{d}t} = I \Rightarrow q_{i+1} = q_i + I_i \Delta t \\ \dfrac{\mathrm{d}I}{\mathrm{d}t} = \dfrac{\mathrm{d}^2 q}{\mathrm{d}t^2} = -\dfrac{R}{L}I - \dfrac{q}{LC} \end{cases}$$

利用式(4.17)有

$$\begin{cases} \overline{I_{i+1}} = I_i + f_i \Delta t \quad \text{而} \quad f_i = -\left(\dfrac{R}{L}I_i + \dfrac{q_i}{LC}\right) \\ I_{i+1} = \dfrac{1}{2}\left[I_i + \overline{I_{i+1}} + f(t_{i+1}, \overline{I_{i+1}}) * \Delta t\right] \end{cases}$$

例 4.4 计算程序中 I1 对应于 $\overline{I}$。计算程序如下：

```
real * 8 I(0:200),q(0:200),R,C,L,dt,I1(0:200)
write( * , * )'input R=?,C=?,L=?'
read( * , * )R,C,L
open(1,file='RCL2. dat')
q(0)=1.0
I(0)=0.0
t0=0.0
write(1, * ) t0,I(0),q(0)
dt=0.1
do 10 k=0,199
f=-(R * I(k)/L+q(k)/(L * C))
I1(k+1)=I(k)+f * dt
f1=(-1.) * (R * I1(k+1)/L+q(k)/(L * C))
I(k+1)=0.5 * (I(k)+I1(k+1)+f1 * dt)
q(k+1)=q(k)+I(k) * dt
t=float(k+1) * dt
10      write(1, * ) t, I(k+1), q(k+1)
end
```

4. 欧拉近似方法在 RL 电路中的应用

【例 4.5】 RL 暂态电路如图 4.5 所示，其中 $U_0 = 311$ V，$\omega = 314$ rad，$R = 10$ Ω，$L = 500$ mH。求开关 S 合上后电流 $i(t)$ 在区间 $[0, 0.01]$ 上的数值解，取 $\Delta t = 0.001$。

解 根据电路理论可得以下初值问题

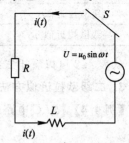

图 4.5 RL 暂态电路示意图

$$\begin{cases} \dfrac{\mathrm{d}i}{\mathrm{d}t} = \dfrac{U_0}{L} \sin\omega t - \dfrac{R}{L}i \\ i(0) = 0 \end{cases}$$

将数据代入上式，有

$$\begin{cases} \dfrac{\mathrm{d}i}{\mathrm{d}t} = 622 \sin 314t - 20i \\ i(0) = 0 \end{cases}$$

采用一级欧拉近似方法计算公式如下：

$$\begin{cases} \begin{aligned} i_{i+1} &= i_i + f(t_i, i_i)\Delta t \\ &= i_i + 0.01(622 \sin 314t_i - 20i_i) \\ &= 0.98i_i + 0.622 \sin 314t_i \end{aligned} \\ i_0 = 0 \end{cases}$$

采用二级欧拉近似方法计算公式如下：

$$\begin{cases} \overline{i_{i+1}} = 0.98i_i + 0.622 \sin 314t_i \\ \begin{aligned} i_{i+1} &= i_i + \dfrac{\Delta t}{2}[f(t_i, i_i) + f(t_{i+1}, \overline{i_{i+1}})] \\ &= 0.99i_{i+1} + 0.311(\sin 314t_i + \sin 314t_{i+1}) - 0.01\overline{i_{i+1}} \end{aligned} \\ i_0 = 0 \end{cases}$$

此物理问题的解析解为

$$i(t) = \frac{U_0 \omega L}{R^2 + (\omega L)^2}\left(\mathrm{e}^{-\frac{R}{L}t} + \frac{R}{\omega L}\sin\omega t - \cos\omega t\right)$$

数值计算结果列于表 4.3 并与精确解作比较。

表 4.3 一级、二级欧拉近似与精确解的比较

t_i	一级欧拉近似 $i(t_i)$	二级欧拉近似 $i(t_i)$	精确解 $i(t_i)$
0	0	0	0
0.001	0.192 11	0.096 05	0.096 20
0.002	0.553 71	0.371 01	0.372 88
0.003	1.045 67	0.794 25	0.799 22
0.004	1.616 20	1.320 73	1.329 83
0.005	2.205 87	1.895 38	1.909 23
0.006	2.753 49	2.458 50	2.477 20
0.007	3.202 04	2.951 58	2.974 74
0.008	3.504 24	3.323 04	3.349 80
0.009	3.627 21	3.533 23	3.562 35
0.01	3.555 66	3.558 36	3.588 35

从表 4.3 中同样可以看出二级欧拉近似解更接近于精确解。

5. 欧拉近似方法在力学中的应用

【例 4.6】 如图 4.6 所示，一块永久磁铁 A 对质量为 m 的铁块产生一反比于铁块质心与磁铁中心的距离 x 平方的引力，设反比系数为 k，设铁块与地面摩擦系数为 μ，N 表示铁块对地面的压力，开始磁铁与铁块的距离为 0.305 m，$k/m=7200$ s^2，$\mu=0.1$，$g=9.81$ m/s^2，则 x 关于时间 t 的微分方程可以表示为

$$\frac{\mathrm{d}^2 x}{\mathrm{d}t^2} + \frac{k}{mx^2} - \mu g = 0$$

同例 4.4 类似，将二阶微分方程化为

$$\begin{cases} \dfrac{\mathrm{d}x}{\mathrm{d}t} = v \\ \dfrac{\mathrm{d}v}{\mathrm{d}t} = \mu g - \dfrac{k}{mx^2} \end{cases}$$

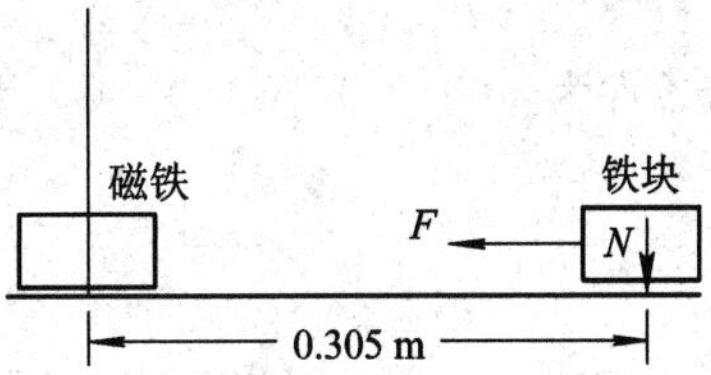

图 4.6

利用二级欧拉近似计算可得距离 x 及速度 v 随时间 t 的变化结果，$x-t$ 及 $v-t$ 曲线分别如图 4.7 和图 4.8 所示。

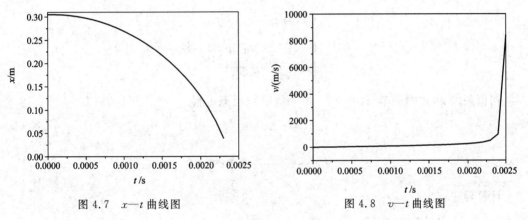

图 4.7　$x-t$ 曲线图　　　　图 4.8　$v-t$ 曲线图

【例 4.7】 如图 4.9 所示，设位于坐标原点的甲舰向位于 x 轴上点 $A(1,0)$ 处的乙舰发射导弹，导弹头始终对准乙舰。如果乙舰以最大的速度 v_0（是常数）沿平行于 y 轴的直线行驶，导弹的速度是 $5v_0$，求导弹运行的曲线方程。当乙舰行驶多远时，导弹将它击中？

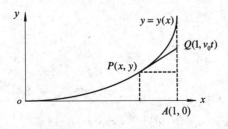

图 4.9　舰船移动坐标示意图

解 假设导弹在 t 时刻的位置为 $P(x(t), y(t))$，乙舰位于 $Q(1, v_0t)$，由于导弹头始终对准乙舰，故此时直线 PQ 就是导弹的轨迹曲线弧 OP 在点 P 处的切线。所以有

$$y' = \frac{v_0 t - y}{1 - x}$$

即

$$v_0 t = (1-x)y' + y$$

又根据题意，$\overparen{OP}$的长度为 AQ 的 5 倍，$\int_0^x \sqrt{1+y'^2}\,\mathrm{d}x = 5v_0 t$。消去时间 t 可得

$$(1-x)y'' = \frac{1}{5}\sqrt{1+y'^2}$$

初始条件为 $y(0)=0$，$y'(0)=0$。此方程的解即为导弹的运行轨迹，即

$$y = -\frac{5}{8}(1-x)^{\frac{4}{5}} + \frac{5}{12}(1-x)^{\frac{6}{5}} + \frac{5}{24}$$

当 $x=1$ 时，$y=\dfrac{5}{24}$，即当乙舰航行到 $\left(1,\dfrac{5}{24}\right)$ 处时，被导弹击中，被击中时间为

$$t = \frac{y}{v_0} = \frac{5}{24v_0}$$

数值解法：令 $z=y'$ 将方程 $(1-x)y''=\dfrac{1}{5}\sqrt{1+y'^2}$ 化为一级微分方程

$$\begin{cases} y' = z \\ z' = \dfrac{\frac{1}{5}\sqrt{1+z^2}}{1-x} \end{cases}$$

初值条件为 $y(0)=0$，$z(0)=0$。由一级欧拉近似可得

$$\begin{cases} y_{i+1} = y_i + z_i \cdot \Delta x & y(0) = 0 \\ z_{i+1} = z_i + \dfrac{\sqrt{1+z_i^2}}{5(1-x)} \cdot \Delta x & z(0) = 0 \end{cases}$$

计算程序：

```
        program main
        real * 8 y(0:200), z(0:200), x0, dx, x
        open(1,file='4-7.dat')
        y(0)=0.0
        z(0)=0.0
        x0=0.0
        write(1, * ) x0,y(0),z(0)
        dx=0.01
        do 10 k=0,100
        y(k+1)=y(k)+z(k) * dx
        z(k+1)=z(k)+sqrt(1+z(k) * * 2) * dx/(5-5 * x)
        x=float(k+1) * dx
10      write(1, * ) x, y(k+1),z(k+1)
        end
```

一级欧拉近似下，模拟导弹的追踪轨迹如图 4.10 所示。

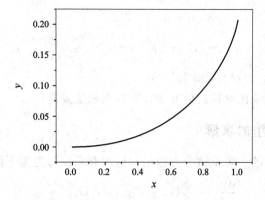

图 4.10　模拟导弹追踪轨迹

4.3　龙格—库塔法

4.3.1　龙格—库塔公式

对于一阶常微分方程初值问题，已知 $\begin{cases} \dfrac{\mathrm{d}y}{\mathrm{d}t} = f(t,\ y) \\ y(t_0) = y_0 \end{cases}$，类似于欧拉近似法公式的推导，

利用二元函数的泰勒展开式，使计算公式的局部截断误差取为 $O(\Delta t^5)$，就可以导出具有四阶精度的龙格—库塔公式。由于推导过程较为繁琐，在此仅列出计算公式，下面是常用的一种格式。

$$\begin{cases} y_{i+1} = y_i + (K_1 + 2K_2 + 2K_3 + K_4)\dfrac{\Delta t}{6} \\ K_1 = f(t_i,\ y_i) \\ K_2 = f\left(t_i + \dfrac{\Delta t}{2},\ y_i + \dfrac{\Delta t}{2}K_1\right) \\ K_3 = f\left(t_i + \dfrac{\Delta t}{2},\ y_i + \dfrac{\Delta t}{2}K_2\right) \\ K_4 = f(t_i + \Delta t,\ y_i + \Delta t K_3) \end{cases} \tag{4.18}$$

【例 4.8】　取步长 $h = 0.1$，用龙格—库塔公式求解常微分方程初值问题

$$\begin{cases} y' = -y + t^2 + 1 \qquad (0 \leqslant t \leqslant 1) \\ y(0) = 1 \end{cases}$$

解　解析解为 $y = -2\mathrm{e}^{-t} + t^2 - 2t + 3$。

输入初值 $y_0 = y(0) = 1$，$\Delta t = 0.1$，$t_i = i\Delta t (i = 0 \sim 10)$。令 $f(t,\ y) = -y + t^2 + 1$，经计算得

$$K_1 = f(t_0,\ y_0) = f(0,\ 1) = 0$$

$$K_2 = f\left(t_0 + \frac{\Delta t}{2},\ y_0 + \frac{\Delta t}{2}K_1\right) = f(0.05,\ 1) = 0.0025$$

$$K_3 = f\left(t_0 + \frac{\Delta t}{2},\ y_0 + \frac{\Delta t}{2}K_2\right) = 0.002\,375$$

$$K_4 = f(t_1, y_0 + \Delta t K_3) = 0.009\ 762\ 5$$

$$y_1 = y(0.1) = y_0 + (K_1 + 2K_2 + 2K_3 + K_4)\frac{\Delta t}{6} = 1.000\ 325\ 208$$

而精确解为 $y(t_1) = y(0.1) = 1.000\ 325\ 164$。

可以验证该计算结果比欧拉近似方法计算结果精度要高。

4.3.2 常微分方程组的求解

含有两个未知函数的一阶常微分方程组初值问题可以写为如下形式

$$\begin{cases} \dfrac{\mathrm{d}y_1}{\mathrm{d}t} = f_1(t, y_1, y_2), y_1(t_0) = y_1^{(0)} \\ \dfrac{\mathrm{d}y_2}{\mathrm{d}t} = f_2(t, y_1, y_2), y_2(t_0) = y_2^{(0)} \end{cases} \tag{4.19}$$

为了用龙格—库塔公式求解初值问题(4.19),通常将方程组写成向量形式,记

$$\boldsymbol{y} = \begin{bmatrix} y_1 \\ y_2 \end{bmatrix}, \quad \boldsymbol{y}' = \begin{bmatrix} y_1' \\ y_2' \end{bmatrix}, \quad \boldsymbol{f}(t, \boldsymbol{y}) = \begin{bmatrix} f_1(t, y_1, y_2) \\ f_2(t, y_1, y_2) \end{bmatrix}$$

则式(4.19)可以写为

$$\begin{cases} \boldsymbol{y}' = \boldsymbol{f}(t, \boldsymbol{y}) \\ \boldsymbol{y}(t_0) = \boldsymbol{y}^{(0)} \end{cases} \tag{4.20}$$

前面讨论的关于一个微分方程的初值问题的数值解法,完全适用于一阶微分方程组初值问题(4.20)。将龙格—库塔公式推广到式(4.20),我们有

$$\begin{cases} \boldsymbol{y}^{(i+1)} = \boldsymbol{y}^{(i)} + (\boldsymbol{K}_1 + 2\boldsymbol{K}_2 + 2\boldsymbol{K}_3 + \boldsymbol{K}_4)\dfrac{\Delta t}{6} \\ \boldsymbol{K}_1 = \boldsymbol{f}(t_i, \boldsymbol{y}^{(i)}) \\ \boldsymbol{K}_2 = \boldsymbol{f}\left(t_i + \dfrac{\Delta t}{2}, \boldsymbol{y}^{(i)} + \dfrac{\Delta t}{2}\boldsymbol{K}_1\right) \\ \boldsymbol{K}_3 = \boldsymbol{f}\left(t_i + \dfrac{\Delta t}{2}, \boldsymbol{y}^{(i)} + \dfrac{\Delta t}{2}\boldsymbol{K}_2\right) \\ \boldsymbol{K}_4 = \boldsymbol{f}(t_i + \Delta t, \boldsymbol{y}^{(i)} + \Delta t \boldsymbol{K}_3) \end{cases} \tag{4.21}$$

上式中 $\boldsymbol{K}_1$、$\boldsymbol{K}_2$、$\boldsymbol{K}_3$、$\boldsymbol{K}_4$ 均为二维向量,所得的数值解为向量序列

$$\begin{bmatrix} y_1^{(1)} \\ y_2^{(1)} \end{bmatrix}, \begin{bmatrix} y_1^{(2)} \\ y_2^{(2)} \end{bmatrix}, \cdots, \begin{bmatrix} y_1^{(i)} \\ y_2^{(i)} \end{bmatrix}, \begin{bmatrix} y_1^{(i+1)} \\ y_2^{(i+1)} \end{bmatrix}, \cdots$$

【例 4.9】 取步长 $h=0.1$,用龙格—库塔公式求解常微分方程组初值问题

$$\begin{cases} y_1' = 3y_1 + 2y_2 \\ y_2' = 4y_1 + y_2 \\ 0 \leqslant t \leqslant 0.3, y_1(0) = 0, y_2(0) = 1 \end{cases}$$

解 此初值问题的解析解为

$$y_1(t) = \frac{1}{3}(\mathrm{e}^{5t} - \mathrm{e}^{-t}), \quad y_2(t) = \frac{1}{3}(\mathrm{e}^{5t} + 2\mathrm{e}^{-t})$$

记 $f_1(t, y_1, y_2) = 3y_1 + 2y_2$, $f_2(t, y_1, y_2) = 4y_1 + y_2$。

$K_{11} = f_1(t_0, y_1^{(0)}, y_2^{(0)}) = f_1(t_0, y_1(0), y_2(0)) = f_1(0, 0, 1) = 2$

$K_{12} = f_2(t_0, y_1^{(0)}, y_2^{(0)}) = f_2(0, 0, 1) = 1$

$K_{21} = f_1\left(t_0 + \dfrac{h}{2}, y_1^{(0)} + \dfrac{h}{2}K_{11}, y_2^{(0)} + \dfrac{h}{2}K_{12}\right) = f_1(0.05, 0.1, 1.05) = 2.4$

$K_{22} = f_2\left(t_0 + \dfrac{h}{2}, y_1^{(0)} + \dfrac{h}{2}K_{11}, y_2^{(0)} + \dfrac{h}{2}K_{12}\right) = f_2(0.05, 0.1, 1.05) = 1.45$

$K_{31} = f_1\left(t_0 + \dfrac{h}{2}, y_1^{(0)} + \dfrac{h}{2}K_{21}, y_2^{(0)} + \dfrac{h}{2}K_{22}\right) = f_1(0.05, 0.12, 1.0725) = 2.505$

$K_{32} = f_2\left(t_0 + \dfrac{h}{2}, y_1^{(0)} + \dfrac{h}{2}K_{21}, y_2^{(0)} + \dfrac{h}{2}K_{22}\right) = f_2(0.05, 0.12, 1.0725) = 1.5525$

$K_{41} = f_1(t_0 + h, y_1^{(0)} + hK_{31}, y_2^{(0)} + hK_{32}) = f_1(0.1, 0.2505, 1.15525) = 3.062$

$K_{42} = f_2(t_0 + h, y_1^{(0)} + hK_{31}, y_2^{(0)} + hK_{32}) = f_2(0.1, 0.2505, 1.15525) = 2.15725$

因此有

$$y_1^{(1)} = y_1(0.1) = y_1^{(0)} + \dfrac{h}{6}(K_{11} + 2K_{21} + 2K_{31} + K_{41}) = 0.247\ 866\ 667$$

$$y_2^{(1)} = y_2(0.1) = y_2^{(0)} + \dfrac{h}{6}(K_{12} + 2K_{22} + 2K_{32} + K_{42}) = 1.152\ 704\ 167$$

以上数值解与精确解的误差为 9.46×10^{-5}。同理可计算出

$$y_1^{(2)} = y_1(0.2) = 0.632\ 871\ 76, \quad y_2^{(2)} = y_2(0.2) = 1.451\ 602\ 67$$

$$y_1^{(3)} = y_1(0.3) = 1.246\ 185\ 65, \quad y_2^{(3)} = y_2(0.3) = 1.987\ 004\ 07$$

4.3.3　高阶常微分方程的求解

m 阶微分方程初值问题可表示为

$$\begin{cases} y^{(m)} = f(t, y, y', \cdots, y^{(m-1)}), \ t_0 \leqslant t \leqslant t_1 \\ y(t_0) = a_0, \ y'(t_0) = a_1, \cdots, y^{(m-1)}(t_0) = a_m \end{cases} \tag{4.22}$$

式(4.22)可以转化为一阶微分方程组的初值问题。令

$$y_1 = y, \ y_2 = y', \cdots, y_m = y^{(m-1)}$$

则式(4.22)便转化为关于 $y_1, y_2, \cdots, y_m$ 的一阶常微分方程组的初值问题，即

$$\begin{cases} y_1' = y_2 \\ y_2' = y_3 \\ \quad \vdots \\ y_{m-1}' = y_m \\ y_m' = f(t, y_1, y_2, \cdots, y_m) \\ y_1(t_0) = a_1, \ y_2(t_0) = a_2, \cdots, y_m(t_0) = a_m \end{cases} \tag{4.23}$$

例如，考虑二阶微分方程的初值问题

$$\begin{cases} y'' = f(t, y, y'), \quad t_0 \leqslant t \leqslant t_1 \\ y(t_0) = a_0, \quad y'(t_0) = a_1 \end{cases} \tag{4.24}$$

令 $y_1 = y, y_2 = y'$，则可将问题(4.24)转化为等价的一阶常微分方程组初值问题

$$\begin{cases} y_1' = y_2 \\ y_2' = f(t, y_1, y_2) \\ y_1(t_0) = a_1, \ y_2(t_0) = a_2 \end{cases} \tag{4.25}$$

式(4.25)是问题(4.19)的特殊形式。

【例 4.10】　利用龙格—库塔公式求解以下初值问题：

$$\begin{cases} y'' - 2y' + 2y = e^{2t} \sin t, & 0 \leqslant t \leqslant 1 \\ y(0) = -0.4, & y'(0) = -0.6 \end{cases}$$

解　令 $y_1 = y$，$y_2 = y'$，问题则转化为

$$\begin{cases} y_1' = y_2 \\ y_2' = e^{2t} \sin t - 2y_1 + 2y_2, & 0 \leqslant t \leqslant 1 \\ y_1(0) = -0.4, & y_2(0) = -0.6 \end{cases}$$

应用龙格—库塔公式，取 $h = 0.1$，$t_0 = 0$，$f = e^{2t} \sin t - 2y_1 + 2y_2$，计算可得

$K_{11} = y_2(0) = -0.6$

$K_{12} = f(t_0, y_1(0), y_2(0)) = e^{2t_0} \sin t_0 - 2y_1(0) + 2y_2(0) = -0.4$

$K_{21} = y_2(0) + \dfrac{h}{2} K_{12} = -0.62$

$K_{22} = f\left(t_0 + \dfrac{h}{2}, y_1(0) + \dfrac{h}{2} K_{11}, y_2(0) + \dfrac{h}{2} K_{12}\right) = -0.324\ 764\ 475\ 7$

$K_{31} = y_2(0) + \dfrac{h}{2} K_{22} = -0.616\ 238\ 223\ 8$

$K_{32} = f\left(t_0 + \dfrac{h}{2}, y_1(0) + \dfrac{h}{2} K_{21}, y_2(0) + \dfrac{h}{2} K_{22}\right) = -0.315\ 240\ 923\ 7$

$K_{41} = y_2(0) + \dfrac{h}{2} K_{32} = -0.631\ 524\ 092\ 4$

$K_{42} = f(t_0 + h, y_1(0) + h K_{31}, y_2(0) + h K_{32}) = -0.217\ 863\ 729\ 8$

$y(0.1) = y_1(0.1) = y_1(0) + \dfrac{h}{6}(K_{11} + 2K_{21} + 2K_{31} + K_{41}) = -0.461\ 733\ 342\ 3$

$y'(0.1) = y_2(0.1) = y_2(0) + \dfrac{h}{6}(K_{12} + 2K_{22} + 2K_{32} + K_{42}) = -0.631\ 631\ 242\ 1$

则该初值问题的解析解为

$$y(t) = 0.2 e^{2t}(\sin t - 2\cos t)$$

通过计算结果发现 $y(0.1)$ 的数值解与精确解的误差为 3.7×10^{-7}。

习　题　四

4.1　假设高楼顶上有一物体掉下来，在下落过程中，受到空气的阻力与下落速度的平方成正比，正比系数为 $K = 0.05$ N·S/m，物体质量 $m = 50$ g，重力加速度为 9.81 m/s²。设楼顶处为原点，初速度为 0，试用一级欧拉近似法、二级欧拉近似法编程求解下落位移、速度随时间的变化关系（$0 \leqslant t \leqslant 3$ s）。

4.2　已知弹簧振子阻尼振动的方程为

$$\frac{\mathrm{d}^2 x}{\mathrm{d}t^2} + 2\beta\frac{\mathrm{d}x}{\mathrm{d}t} + \omega_0^2 x = 0 \quad (\beta < \omega_0)$$

$\omega_0 = 1$、$t = 0$ 时，$x = 1.0$、$v = 0.0$，Δt 取 0.5。试分别取 $\beta = 0.1$、0.4 时用二级欧拉法近似画出 $x \sim t$，$v \sim t$ 曲线（$0 < t < 100$）。

若是受迫振动，则振动方程为

$$\frac{\mathrm{d}^2 x}{\mathrm{d}t^2} + 2\beta\frac{\mathrm{d}x}{\mathrm{d}t} + \omega_0^2 x = \sin\omega t \quad (\beta < \omega_0)$$

求解 $\omega = 0.5$、1、2 时的微分方程，并给出 $x \sim t$ 曲线。

4.3　如图 4.11 所示的一单摆，摆长 $l = 1.016$ m，重力加速度 $g = 9.81$ m/s²，摆球的质量 $m = 0.05$ kg，其受到的阻力与其运动速度成正比，比例系数 $k = 0.02$。初始时，单摆由水平放置开始运动，取微小变化的位移 $\mathrm{d}s$，此时速度可表示为 $v = \dfrac{\mathrm{d}s}{\mathrm{d}t}$，当 $\mathrm{d}s$ 足够小时，$\mathrm{d}s$ 可表示为 $\mathrm{d}s = l\,\mathrm{d}\theta$，那么此时摆球在运动方向受到的阻力 $f = kl\dfrac{\mathrm{d}\theta}{\mathrm{d}t}$，受到重力的分力为 $F = mg\,\sin\theta$，则其微分方程可表示为

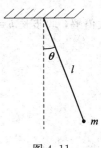

图 4.11

$$ml\frac{\mathrm{d}^2\theta}{\mathrm{d}t^2} + mg\,\sin\theta + kl\frac{\mathrm{d}\theta}{\mathrm{d}t} = 0$$

试用二级欧拉法近似求摆角 θ 与时间 t 的曲线关系（取 $0 < t < 25$ s，$\Delta t = 0.01$ s）。

4.4　一半径为 R 的球形水罐，由底部半径为 r 的小孔排水，罐的顶部有孔，空气可以进入，求水面高度 h 与时间 t 的关系。由图 4.12 可知，当水面高度为 h 时，水的体积为

$$V = \frac{1}{3}\pi h^2 (3R - h) \tag{1}$$

体积的变化率为

$$\frac{\mathrm{d}V}{\mathrm{d}t} = -Av \tag{2}$$

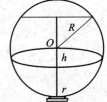

图 4.12

式中，A 为排水小孔的截面积，v 是通过此面积的水流速度，式（2）还可以写为

$$\frac{\mathrm{d}V}{\mathrm{d}t} = -\pi r^2 \sqrt{2gh} \tag{3}$$

式中，g 为重力加速度。若对式（1）两边求导也可得到

$$\frac{\mathrm{d}V}{\mathrm{d}t} = (2\pi hR - \pi h^2)\frac{\mathrm{d}h}{\mathrm{d}t} \tag{4}$$

由联合（3）、（4）两式，得

$$\frac{\mathrm{d}h}{\mathrm{d}t} = -\frac{r^2\sqrt{2gh}}{2hR - h^2} \tag{5}$$

已知 $R = 3.5$ m，$r = 0.04$ m，$g = 9.81$ m/s²，$h = 6.9$ m，取步长 $\Delta t = 7.5$ s（当 $h = 2R$ 时，（5）式分母为 0）。试用龙格—库塔法编程求解式（5）（注意，当罐快空的时候，即可停止

程序运行。而当 h 小到一定程度时，必须减小时间步长，否则 h 有可能为负值）。

4.5　试用二级欧拉近似法和龙格－库塔法计算

$$\begin{cases} y' = 1 + e^{-t} \sin y, & 0 \leqslant t \leqslant 1 \\ y(0) = 0 \end{cases}$$

取步长 $h = 0.1$。

4.6　试用龙格－库塔法计算题 4.2 中阻尼振动方程的解。

4.7　应用龙格－库塔法求初值问题

$$\begin{cases} y'' + 2ty' + t^2 y = e^t, & 0 \leqslant t \leqslant 1 \\ y(0) = 1, \ y'(0) = -1 \end{cases}$$

的数值解，取步长 $h = 0.1$。

第五章 物理学中线性方程组的数值解法

在数值计算方法中，许多物理问题的求解常常涉及到线性方程组的计算。由于实际物理问题的复杂性，所得方程往往是未知数很多的大型线性方程组，这就需要我们利用计算机更精确、更有效地求解。常用的线性方程组的数值解法有消元法和迭代法两大类。消元法是按照系数矩阵特点进行消元、回代，经过有限次运算就可得出方程组的精确解的方法。迭代法则采取逐次逼近的方法，即从一个初始向量出发，按照迭代公式，构造一个向量的无穷序列，其极限才是方程组的精确解，若用有限次运算则得不到精确解。本章对于消元解法主要介绍高斯消去法、列主元消去法和三对角方程组的追赶法，对于迭代解法主要介绍雅可比迭代法、高斯—赛德尔迭代法和超松弛迭代法等，最后还讨论了采用有限求和求解某些特定积分方程的方法。主要算法都附有 FORTRAN 程序以供参考。

5.1 物理问题与线性方程组

物理学中的许多问题可以归结为线性方程组的求解，以下给出几个具体应用实例。

【例 5.1】 如图 5.1 所示，质量为 m_2 的物体放在水平面上，其上有一个质量为 m_1 的物体，若一切阻力不计，求 m_1 相对于 m_2 的加速度 a_1、m_2 的加速度 a_2 以及它们受到的支持力 N_1 和 N_2。

解 利用力学中的牛顿运动定律容易列出以下所需的方程组：

$$\begin{cases} m_1 a_1 \cos\theta - m_1 a_2 - N_1 \sin\theta = 0 \\ m_1 a_1 \sin\theta + N_1 \cos\theta = m_1 g \\ - m_2 a_2 + N_1 \sin\theta = 0 \\ - N_1 \sin\theta + N_2 = m_2 g \end{cases} \tag{5.1}$$

这是以 a_1、a_2、N_1、N_2 为未知数的线性方程组。

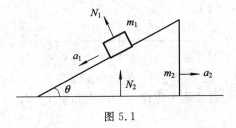

图 5.1

【例 5.2】　如图 5.2 所示，固定在一起的两个同轴均匀圆柱体可绕其光滑的水平对称轴 OO' 转动，设大小圆柱的半径分别为 R 和 r，质量分别为 M 和 m，绕在两柱体上的细绳分别与物体 m_1 和物体 m_2 相连，m_1 和 m_2 则挂在圆柱体的两侧，求柱体转动时的角加速度及两侧绳中的张力。

　　解　根据转动惯量和转动定律可列如下方程组：

$$\begin{cases} m_1 g - T_1 = m_1 a_1 \\ -m_2 g + T_2 = m_2 a_2 \\ T_1 R - T_2 r = J\beta \end{cases}$$

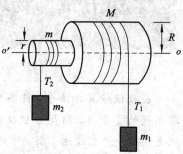

以上方程组中，$J = \dfrac{1}{2} m_1 R^2 + \dfrac{1}{2} m_2 r^2$，为转动惯量；$\beta$ 为角加速度；$a_1 = R\beta$、$a_2 = r\beta$ 分别为 m_1 和 m_2 的线加速度。这是转动定律在刚体力学中的常见例题，可列出上述方程组并求解绳中张力 T_1、T_2 和角加速度 β。

图 5.2　同轴圆柱示意图

【例 5.3】　如图 5.3 所示，圆柱体 A 上绕着轻绳，绳子跨过一定滑轮 B 与物体 C 相连。设 A、B、C 的质量均为 m，圆柱体和定滑轮的半径均为 R，系统从静止开始运动。求物体 C 下落 h 后的速度和加速度。（设圆柱体与接触面间、滑轮与绳子都无相对滑动。）

　　解　设 BC 段绳中张力为 T_1，AB 段绳中张力为 T_2，根据转动定律和牛顿运动定律可列方程组如下

$$\begin{cases} mg - T_1 = ma \\ T_1 R - T_2 R = J\beta_1 \\ T_2 R + fR = J\beta_2 \\ T_2 - f = ma_C \end{cases}$$

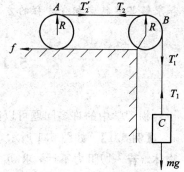

以上方程组中，$J = mR^2/2$，为转动惯量；f 为圆柱体 A 受到的摩擦力；β_1 为滑轮 B 的角加速度；$a = R\beta_1$ 为线加速度；β_2 为圆柱 A 的角加速度；$a_C = R\beta_2$ 为圆柱 A 的质心加速度，且 $a = a_C + R\beta_2$。可以列出上述以 β_1、β_2、T_1、T_2 为未知数的方程组，并求解物体 C 下落 h 后的速度和加速度。

图 5.3　示意图

【例 5.4】　如图 5.4 所示，在直流电路中，已知 ε_1、r_1、ε_2、r_2、ε_3、r_3、R_1、R_2、R_3、R_4。求 I_1、I_2 和 I_3。

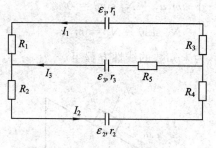

图 5.4　直流电流示意图

　　解　利用电路方程中的基尔霍夫定律可列出未知量 I_1、I_2 和 I_3 所满足的线性方程组

$$\begin{cases} I_1(R_1 + R_3 + r_1) - I_3(R_5 + r_3) = \varepsilon_1 - \varepsilon_3 \\ I_2(R_4 + R_2 + r_2) + I_3(R_5 + r_3) = \varepsilon_3 - \varepsilon_2 \\ I_1 - I_2 + I_3 = 0 \end{cases} \qquad (5.2)$$

以上仅举例给出了一些力学和电路问题中线性方程组的应用，在实际科学计算和工程设计中，有许多算法最终都归结为线性方程组的求解，例如本书下篇将要介绍的有限差分、有限元和边界元等方法，在求解偏微分方程时，最终都要将其转化为相应的线性方程组进行求解。

5.2　高斯消去法与列主元消去法

5.2.1　高斯消去法

现以三元为例来介绍高斯消去法。

设有线性方程组

$$\begin{cases} a_{11}^{(1)} x_1 + a_{12}^{(1)} x_2 + a_{13}^{(1)} x_3 = b_1^{(1)} & (5.3) \\ a_{21}^{(1)} x_1 + a_{22}^{(1)} x_2 + a_{23}^{(1)} x_3 = b_2^{(1)} & (5.4) \\ a_{31}^{(1)} x_1 + a_{32}^{(1)} x_2 + a_{33}^{(1)} x_3 = b_3^{(1)} & (5.5) \end{cases}$$

若 $a_{11}^{(1)} \neq 0$，$(5.3) \times -\dfrac{a_{21}^{(1)}}{a_{11}^{(1)}} + (5.4)$，$(5.3) \times -\dfrac{a_{31}^{(1)}}{a_{11}^{(1)}} + (5.5)$，消去 x_1，有

$$\begin{cases} a_{11}^{(1)} x_1 + a_{12}^{(1)} x_2 + a_{13}^{(1)} x_3 = b_1^{(1)} & (5.6) \\ \qquad\quad a_{22}^{(2)} x_2 + a_{23}^{(2)} x_3 = b_2^{(2)} & (5.7) \\ \qquad\quad a_{32}^{(2)} x_2 + a_{33}^{(2)} x_3 = b_3^{(2)} & (5.8) \end{cases}$$

其中，

$$a_{ij}^{(2)} = a_{ij}^{(1)} - \frac{a_{i1}^{(1)}}{a_{11}^{(1)}} a_{1j}^{(1)} \ (i, j = 2, 3), \ b_i^{(2)} = b_i^{(1)} - \frac{a_{i1}^{(1)}}{a_{11}^{(1)}} b_{1j}^{(1)} \ (i, j = 2, 3)$$

若 $a_{22}^{(2)} \neq 0$，$(5.7) \times -\dfrac{a_{32}^{(2)}}{a_{22}^{(2)}} + (5.8)$，消去 x_2，有

$$\begin{cases} a_{11}^{(1)} x_1 + a_{12}^{(1)} x_2 + a_{13}^{(1)} x_3 = b_1^{(1)} & (5.9) \\ \qquad\quad a_{22}^{(2)} x_2 + a_{23}^{(2)} x_3 = b_2^{(2)} & (5.10) \\ \qquad\qquad\qquad a_{33}^{(3)} x_3 = b_3^{(3)} & (5.11) \end{cases}$$

其中，

$$a_{33}^{(3)} = a_{33}^{(2)} - \frac{a_{32}^{(2)}}{a_{22}^{(2)}} a_{23}^{(2)}, \quad b_3^{(3)} = b_3^{(2)} - \frac{a_{32}^{(2)}}{a_{22}^{(2)}} b_{22}^{(2)}$$

式(5.9)～(5.11)写成矩阵形式即为

$$\begin{bmatrix} a_{11}^{(1)} & a_{12}^{(1)} & a_{13}^{(1)} \\ 0 & a_{22}^{(2)} & a_{23}^{(2)} \\ 0 & 0 & a_{33}^{(3)} \end{bmatrix} \begin{bmatrix} x_1 \\ x_2 \\ x_3 \end{bmatrix} = \begin{bmatrix} b_1^{(1)} \\ b_2^{(2)} \\ b_3^{(3)} \end{bmatrix} \qquad (5.12)$$

上式为上三角形方程组，容易求解。

以上消去与回代过程称为高斯消去法。该方法的特点是每次均按照系数矩阵的主对角线上的顺序依次消元（$a_{kk}^{(k)}$ 为主元）。当然这种方法也存在一定的局限性，通常情况下会遇到如下的问题：

（1）一旦遇到某个主元 $a_{kk}^{(k)}=0$，消元过程将无法进行下去。

（2）当主元的绝对值很小时，求出的结果与真实结果相差甚远。

下面举例分析高斯消去法会遇到的问题。

【例 5.5】　求解下列方程组的根

$$\begin{cases} 0.000\,01x_1 + 2x_2 = 2 \\ x_1 + x_2 = 3 \end{cases}$$

准确到小数 9 位，解为 $\begin{cases} x_1 = 2.000\,010\,000 \\ x_2 = 0.999\,989\,999 \end{cases}$

若计算过程用 4 位十进制，用第 1 个方程消去第 2 个方程的 x_1，得到

$$\begin{cases} 10^{-4} \times 0.1000x_1 + 10 \times 0.200\,00x_2 = 10 \times 0.2000 \\ -10^6 \times 0.2000x_2 = -10^6 \times 0.2000 \end{cases}$$

由上式可以求得 $x_2=1$，$x_1=0$。由此可见，除数 $|a_{11}^{(1)}|$ 太小是引起误差较大的主要原因。

5.2.2　列主元消去法

为了更准确地求解线性方程组，避免消元法无法进行，以及消元过程中造成的误差，下面介绍一种新的方法——选主元法，这种方法又分为列选主元法和全选主元法。具体举例如下。

【例 5.6】　求解方程组 $\begin{cases} 2x_1 + x_2 + 2x_3 = 5 \\ 5x_1 - x_2 + x_3 = 8 \\ x_1 - 3x_2 - 4x_3 = -4 \end{cases}$ 的根。

解　对方程组所对应的增广矩阵作如下变换

$$
\begin{bmatrix} 2 & 1 & 2 & \vdots & 5 \\ 5 & -1 & 1 & \vdots & 8 \\ 1 & -3 & -4 & \vdots & -4 \end{bmatrix}
\xrightarrow[\text{最大元素}5，互换至第一行]{\text{在第一列中选绝对值}} \text{交换(1)，(2)行}
$$

$$
\longrightarrow
\begin{bmatrix} 5 & -1 & 1 & \vdots & 8 \\ 2 & 1 & 2 & \vdots & 5 \\ 1 & -3 & -4 & \vdots & -4 \end{bmatrix}
\xrightarrow[\text{(1)行}\times-\left(\frac{1}{5}\right)+\text{(3)行}]{\text{(1)行}\times-\left(\frac{2}{5}\right)+\text{(2)行}}
\begin{bmatrix} 5 & -1 & 1 & \vdots & 8 \\ 0 & 1.4 & 1.6 & \vdots & 1.8 \\ 0 & -2.8 & -4.2 & \vdots & -5.6 \end{bmatrix}
$$

$$
\xrightarrow[\text{(2)，(3)行互换}]{\text{第二列选}-2.8}
\begin{bmatrix} 5 & -1 & 1 & \vdots & 8 \\ 0 & -2.8 & -4.2 & \vdots & -5.6 \\ 0 & 1.4 & 1.6 & \vdots & 1.8 \end{bmatrix}
$$

$$
\xrightarrow{\text{(2)行}\times 0.5+\text{(3)行}}
\begin{bmatrix} 5 & -1 & 1 & \vdots & 8 \\ 0 & -2.8 & -4.2 & \vdots & -5.6 \\ 0 & 0 & -0.5 & \vdots & -1 \end{bmatrix}
$$

回代可得 $\begin{cases} x_3 = 2 \\ x_2 = -1 \\ x_1 = 1 \end{cases}$。

该消元法的特点是每次在系数矩阵中依次按列在主对角线及以下的元素中，选取绝对值最大的元素作为主元，将它调至主对角线上，然后用它消去主对角线以下的元素，变为上三角形矩阵即可进行求解。

对于 n 元线性方程组

$$\begin{cases} a_{11}x_1 + a_{12}x_2 + a_{13}x_3 + \cdots + a_{1n}x_n = b_1 \\ a_{21}x_1 + a_{22}x_2 + a_{23}x_3 + \cdots + a_{2n}x_n = b_2 \\ \vdots \\ a_{n1}x_1 + a_{n2}x_2 + a_{n3}x_3 + \cdots + a_{nn}x_n = b_n \end{cases} \tag{5.13}$$

该方程组可以表示为矩阵形式，即

$$Ax = b$$

其中，A 为非奇异矩阵。以上方程组有唯一解。

列主元消去法一般分为以下两步：

第一步：对方程组确定 $i1$，使 $|a_{i1}| = \max\limits_{1 \leqslant i \leqslant n} |a_{i1}|$，选 $|a_{i1}|$ 作为第一主元，交换第一个和第 $i1$ 个方程，利用第一个方程将后 $n-1$ 个方程中的 x_1 消去。

第二步：在第一步已化简方程组中的第二列中寻找 $|a_{i2}|$（$|a_{i2}| = \max\limits_{2 \leqslant i \leqslant n} |a_{i2}|$）作为第二主元，交换第二个和第 $i2$ 个方程，利用第二个方程将后 $n-2$ 个方程中的 x_2 消去。重复以上过程，$n-1$ 步后原方程组变为上三角形方程组，利用回代过程可求得方程组的解。

编程步骤如下：对于增广矩阵 $[A, b]$，设 A 为非奇异矩阵。

(1) 对 $k=1, 2, \cdots, n-1$，

① 选主元，确定 r，使 $|a_{rk}| = \max\limits_{i \geqslant k} |a_{ik}|$；

② 交换 $[A^{(k)}, b^{(k)}]$ 中的 r, k 两行；

③ 对 $i=k+1, k+2, \cdots, n$，计算 $m_{ik} = a_{ik}/a_{rk}$；

④ $a_{ij} \leftarrow a_{ij} - m_{ik}a_{kj}$，$b_i \leftarrow b_i - m_{ik}b_k$。

(2) $x_n = b_n/a_{nn}$，$x_i = \left(b_i - \sum\limits_{k=i+1}^{n} a_{ik}x_k\right)/a_{ii}$（$i = n-1, n-2, \cdots, 1$）

以下给出高斯列主元消去法子程序：

```
subroutine gauss(n, A, b)
dimension A(n ,n), b(n)
do 60 k=1,n-1
p=0          !选大
do 30 i=k, n
If( abs (A(i,k)) .le. abs(p)) goto 30
p=A(i,k)
i0=i
30    continue
do 40 j=k,n    !互换
```

```
              t=A(k,j)
              A(k,j)= A(i0,j)
40            A(i0,j)=t
              t=b(k)
              b(k)=b(i0)
              b(i0)=t
              b(k)=b(k)/A(k,k)        ! 消元
              do 60 j=k+1,n
              A(k,j)=A(k,j)/A(k,k)
              do 50 i=k+1,n
50            A(i,j)=A(i,j)−A(i,k) * A(k,j)
60            b(j)=b(j)−A(j,k) * b(k)
              b(n)=b(n)/A(n,n)
              do 80 k=1,n−1          ! 回代
              i=n−k
              s=0
              do 70 j=i+1,n
70            s=s+A(i,j) * b(j)
80            b(i)=b(i)−s
              end
```

注意，有关系数矩阵的数据输入可采用文件输入方式或 data 语句。以下给出高斯消去法求解例 5.6 的主程序。

```
dimension A(3,3),b(3)
open (1,file='xiaoyuan. dat')
open (2,file='ab. dat')
read(2, * )((A(i,j),j=1,3),i=1,3),(b(i),i=1,3)
call gauss(3,A,b)
write(1, * )(b(i),i=1,3)
end
```

ab. dat 即为输入数据文件，包括 A(3,3)和 b(3)，ab. dat 中数据格式为

$2.0, 1.0, 2.0, 5.0, −1.0, 1.0, 1.0, −3.0, −4.0, 5.0, 8.0, −4.0$

或用 data 输入数据：

```
data A/2.0,5.0,1.0,1.0,−1.0,−3.0,2.0,1.0,−4.0/
data b/5.0,8.0,−4.0/
```

【例 5.7】 电路方程的求解。在如图 5.5 所示的电路中，求解电流强度 $i_1 \sim i_5$。

解 由基尔霍夫定律可列出如下电路方程

$$\begin{cases} 28i_1 & -3i_2 & & & = 10 \\ -3i_1 & +38i_2 & -10i_3 & & -5i_5 & = 0 \\ & -10i_2 & +25i_3 & -15i_4 & & = 0 \\ & & -15i_3 & +45i_4 & & = 0 \\ & -5i_2 & & & +30i_5 & = 0 \end{cases}$$

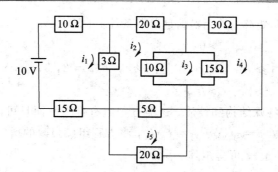

图 5.5　电路示意图

即

$$\begin{bmatrix} 28 & -3 & 0 & 0 & 0 & \vdots & 10 \\ -3 & 38 & -10 & 0 & -5 & \vdots & 0 \\ 0 & -10 & 25 & -15 & 0 & \vdots & 0 \\ 0 & 0 & -15 & 45 & 0 & \vdots & 0 \\ 0 & -5 & 0 & 0 & 30 & \vdots & 0 \end{bmatrix}$$

可见方程组的规模将随电路规模的增大而增大，从而计算量也越来越大，我们可以借助计算机去完成这样的工作。高斯消去法求解电路方程的主程序如下：

```
dimension A(5,5),b(5)
open (1,file='dianlu. dat')
data A/28.0,-3.0,0.0,0.0,0.0,-3.0,38.0,-10.0,0.0,-5.0,0.0,-10.0,25.0,-15.0,
    0.0,0.0,0.0,-15.0,45.0,0.0,0.0,-5.0,0.0,0.0,30.0/
data B/10.0,0.0,0.0,0.0,0.0/
call gauss(5,A,b)
write(*,*)(b(i),i=1,5)
write(1,*)(b(i),i=1,5)
end
```

通过计算可得 $i_1 = 0.360\ 747\ 7$，$i_2 = 3.364\ 486\ 2\mathrm{e}-02$，$i_3 = 1.682\ 243\ 1\mathrm{e}-02$，$i_4 = 5.607\ 476\ 9\mathrm{e}-03$，$i_5 = 5.607\ 476\ 5\mathrm{e}-03$。

5.3　解三对角方程组的追赶法

在求解线性方程组的过程中，有时会遇到三对角方程组的问题，而解三对角方程组的常用方法是追赶法，它公式简单，计算量小，所占用的存储单元少，对于三对角方程组，追赶法比高斯消去法的计算量要小得多。考虑以下三对角线性方程组

$$\begin{bmatrix} b_1 & c_1 & & & \\ a_2 & b_2 & c_2 & & \\ & \ddots & \ddots & \ddots & \\ & & a_{n-1} & b_{n-1} & c_{n-1} \\ & & & a_n & b_n \end{bmatrix} \begin{bmatrix} x_1 \\ x_2 \\ \vdots \\ x_{n-1} \\ x_n \end{bmatrix} = \begin{bmatrix} f_1 \\ f_2 \\ \vdots \\ f_{n-1} \\ f_n \end{bmatrix} \quad (5.14)$$

其中系数矩阵是三对角矩阵，其元素满足以下条件：

$$\begin{cases} \mid b_1 \mid > \mid c_1 \mid > 0 \\ \mid b_i \mid \geqslant \mid a_i \mid + \mid c_i \mid \quad 且\ a_i c_i \neq 0 (i = 2, 3, \cdots, n-1) \\ \mid b_n \mid > \mid a_n \mid > 0 \end{cases} \tag{5.15}$$

由于系数矩阵的特殊结构和性质，这类方程组有唯一解而且可以用顺序消元法求解。消元过程的第一步，取 $\beta_1 = c_1/b_1$、$y_1 = f_1/b_1$，将方程组(5.14)的增广矩阵第一行主元单位化(即第一行元素除以 b_1)，可得矩阵

$$\overline{\boldsymbol{A}}^{(1)} = \begin{bmatrix} 1 & \beta_1 & & & & y_1 \\ a_2 & b_2 & c_2 & & & f_2 \\ & \ddots & \ddots & \ddots & & \vdots \\ & & a_{n-1} & b_{n-1} & c_{n-1} & f_{n-1} \\ & & & a_n & b_n & f_n \end{bmatrix}$$

从这一矩阵出发，用初等变换作 $n-1$ 轮消元。作第 k 轮消元时，将矩阵中第 k 行元素乘以 $-a_{k+1}$ 加到第 $k+1$ 行元素上，然后将第 $k+1$ 行主元单位化($k = 1, 2, \cdots, n-1$)。最后得到增广矩阵

$$\overline{\boldsymbol{A}}^{(n)} = \begin{bmatrix} 1 & \beta_1 & & & & y_1 \\ & 1 & \beta_2 & & & y_2 \\ & & \ddots & \ddots & & \vdots \\ & & & 1 & \beta_{n-1} & y_{n-1} \\ & & & & 1 & y_n \end{bmatrix} \tag{5.16}$$

其中，

$$\beta_i = \frac{c_i}{b_i - a_i \beta_{i-1}} \quad (i = 2, 3, \cdots, n-1) \tag{5.17}$$

$$y_i = \frac{f_i - a_i y_{i-1}}{b_i - a_i \beta_{i-1}} \quad (i = 2, 3, \cdots, n) \tag{5.18}$$

根据矩阵初等变换的性质，可知原三对角方程组(5.14)等价于如下方程组

$$\begin{bmatrix} 1 & \beta_1 & & & \\ & 1 & \beta_2 & & \\ & & \ddots & \ddots & \\ & & & 1 & \beta_{n-1} \\ & & & & 1 \end{bmatrix} \begin{bmatrix} x_1 \\ x_2 \\ \vdots \\ x_{n-1} \\ x_n \end{bmatrix} = \begin{bmatrix} y_1 \\ y_2 \\ \vdots \\ y_{n-1} \\ y_n \end{bmatrix} \tag{5.19}$$

对这一特殊的上三角方程组，在回代过程中只需用到 $n-1$ 次乘法就可以求出方程组的解。求解三对角方程组(5.14)的消元法又称为追赶法。追赶法的算法框图见图 5.6。

设计消元过程算法的主要根据是式(5.17)和式(5.18)，为了节约计算工作量，引入了工作单元 d，取 β_i 和 y_i 的指标变化分别为 $1 \sim n-1$ 和 $2 \sim n$，将这两个数组的计算设计到同一个循环体中。消元过程所用除法次数为 $2n-1$，所用乘法次数为 $3(n-1)$。所以追赶法算法所用的乘、除法次数总共为 $5n-4$。

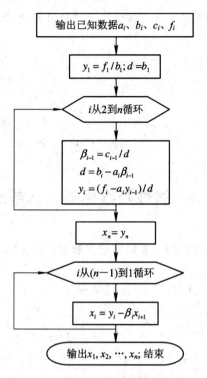

图 5.6　追赶法算法框图

【**例 5.8**】　用追赶法求解五阶方程组

$$\begin{bmatrix} 4 & 1 & & & \\ 1 & 4 & 1 & & \\ & 1 & 4 & 1 & \\ & & 1 & 4 & 1 \\ & & & 1 & 4 \end{bmatrix} \begin{bmatrix} x_1 \\ x_2 \\ x_3 \\ x_4 \\ x_5 \end{bmatrix} = \begin{bmatrix} 2 \\ 1 \\ 1 \\ 1 \\ 2 \end{bmatrix}$$

解　首先由方程组系数矩阵和右端向量，列出追赶法算法中所需的数组

$$[a_2 \quad a_3 \quad a_4 \quad a_5] = [1 \quad 1 \quad 1 \quad 1]$$
$$[c_1 \quad c_2 \quad c_3 \quad c_4] = [1 \quad 1 \quad 1 \quad 1]$$
$$[b_1 \quad b_2 \quad b_3 \quad b_4 \quad b_5] = [4 \quad 4 \quad 4 \quad 4 \quad 4]$$
$$[f_1 \quad f_2 \quad f_3 \quad f_4 \quad f_5] = [2 \quad 1 \quad 1 \quad 1 \quad 2]$$

追赶法计算结果列于表 5.1 中。

表 5.1　追赶法计算中各个变量的变化

k	1	2	3	4	5
β_k	0.2500	0.2667	0.2679	0.2679	
y_k	0.5000	0.1333	0.2321	0.2057	0.4808
x_k	0.4808	0.0769	0.2115	0.0769	0.4808

由表 5.1 中数据可知，经消元后方程组的增广矩阵转化为

$$\begin{bmatrix} 1 & 0.25 & & & & 0.5 \\ & 1 & 0.2667 & & & 0.1333 \\ & & 1 & 0.2679 & & 0.2321 \\ & & & 1 & 0.2679 & 0.2057 \\ & & & & 1 & 0.4808 \end{bmatrix}$$

方程组的解为 $[x_1 \quad x_2 \quad x_3 \quad x_4 \quad x_5]^{\mathrm{T}} = [0.4808 \quad 0.0769 \quad 0.2115 \quad 0.0769 \quad 0.4808]^{\mathrm{T}}$。

5.4　线性方程组的迭代解法

对变量个数较多的线性方程组，常采用迭代解法。设线性方程组

$$Ax = b$$

设计一个迭代公式，任选一初始向量 $x^{(0)}$，计算 $x^{(1)}$，$\cdots$，$x^{(k)}$，$\cdots$，若该向量序列收敛，其极限值为原线性方程组的解，即

$$\lim_{k \to \infty} x_i^{(k)} = x_i^* \qquad (i = 1, 2, \cdots, n)$$

记 $x^* = (x_1^*, x_2^*, \cdots, x_n^*)^{\mathrm{T}}$，有

$$\lim_{k \to \infty} x^{(k)} = x^* \tag{5.20}$$

迭代法的求解过程相当于求极限过程，有关判断迭代法的收敛性问题在此不作详细讨论，有兴趣的读者可参阅相关数值分析书籍。

5.4.1　雅可比迭代法

已知如下方程组

$$\begin{cases} a_{11}x_1 + a_{12}x_2 + a_{13}x_3 + \cdots + a_{1n}x_n = b_1 \\ a_{21}x_1 + a_{22}x_2 + a_{23}x_3 + \cdots + a_{2n}x_n = b_2 \\ \qquad\qquad\qquad \vdots \\ a_{n1}x_1 + a_{n2}x_2 + a_{n3}x_3 + \cdots + a_{nn}x_n = b_n \end{cases} \tag{5.21}$$

该方程组写成矩阵形式为 $Ax = b$。

若 $a_{ii} \neq 0 (i = 1, 2, \cdots, n)$，由式(5.21)可得

$$\begin{cases} x_1 = \dfrac{1}{a_{11}}(-a_{12}x_2 - a_{13}x_3 \cdots - a_{1n}x_n + b_1) \\ x_2 = \dfrac{1}{a_{22}}(-a_{21}x_1 - a_{23}x_3 \cdots - a_{2n}x_n + b_2) \\ \qquad\qquad\qquad \vdots \\ x_n = \dfrac{1}{a_{nn}}(-a_{n1}x_1 - a_{n2}x_2 \cdots - a_{n,n-1}x_{n-1} + b_n) \end{cases} \tag{5.22}$$

令

$$D = \begin{bmatrix} a_{11} & & & \\ & a_{22} & & \\ & & \ddots & \\ & & & a_{nn} \end{bmatrix}, \quad L = \begin{bmatrix} 0 & & & & \\ a_{21} & 0 & & & \\ a_{31} & a_{32} & 0 & & \\ \vdots & & & \ddots & \\ a_{n1} & a_{n2} & a_{n3} & \cdots & 0 \end{bmatrix}, \quad U = \begin{bmatrix} 0 & a_{12} & a_{13} & \cdots & a_{1n} \\ & 0 & a_{23} & \cdots & a_{2n} \\ & & 0 & \ddots & \vdots \\ & & & \ddots & a_{n-1,n} \\ & & & & 0 \end{bmatrix}$$

式(5.22)可表示为

$$x = -D^{-1}(L+U)x + D^{-1}b \tag{5.23}$$

令 $B = -D^{-1}(L+U)$，B 称为迭代矩阵，$d = D^{-1}b$。上式可以写为

$$x = Bx + d \tag{5.24}$$

迭代过程为：取 $x^{(0)} = (x_1^{(0)}, x_2^{(0)}, \cdots, x_n^{(0)})^T$，代入式(5.22)右端，得

$$\begin{cases} x_1^{(1)} = \dfrac{1}{a_{11}}(-a_{12}x_2^{(0)} - a_{13}x_3^{(0)} \cdots - a_{1n}x_n^{(0)} + b_1) \\[2mm] x_2^{(1)} = \dfrac{1}{a_{22}}(-a_{21}x_1^{(0)} - a_{23}x_3^{(0)} \cdots - a_{2n}x_n^{(0)} + b_2) \\[2mm] \qquad\qquad\vdots \\[2mm] x_n^{(1)} = \dfrac{1}{a_{nn}}(-a_{n1}x_1^{(0)} - a_{n2}x_2^{(0)} \cdots - a_{n,n-1}x_{n-1}^{(0)} + b_n) \end{cases} \tag{5.25}$$

即

$$x^{(1)} = Bx^{(0)} + d$$

再将 $x^{(1)}$ 代入式(5.22)右端，求得 $x^{(2)} = Bx^{(1)} + d$。

如此反复迭代，一般有

$$x^{(k+1)} = Bx^{(k)} + d \qquad (k = 0, 1, 2, \cdots) \tag{5.26}$$

即

$$\begin{cases} x_1^{(k+1)} = \dfrac{1}{a_{11}}(-a_{12}x_2^{(k)} - a_{13}x_3^{(k)} \cdots - a_{1n}x_n^{(k)} + b_1) \\[2mm] x_2^{(k+1)} = \dfrac{1}{a_{22}}(-a_{21}x_1^{(k)} - a_{23}x_3^{(k)} \cdots - a_{2n}x_n^{(k)} + b_2) \\[2mm] \qquad\qquad\vdots \\[2mm] x_n^{(k+1)} = \dfrac{1}{a_{nn}}(-a_{n1}x_1^{(k)} - a_{n2}x_2^{(k)} \cdots - a_{n,n-1}x_{n-1}^{(k)} + b_n) \end{cases} \tag{5.27}$$

若 $\lim\limits_{k\to\infty} x^{(k)} = x^*$（收敛），则 x^* 就是方程组的解。式(5.27)还可以表示为

$$x_i^{(k+1)} = \frac{1}{a_{ii}}\left(-\sum_{j=1}^{i-1} a_{ij}x_j^{(k)} - \sum_{j=i+1}^{n} a_{ij}x_j^{(k)} + b_i\right) = x_i^{(k)} + \frac{1}{a_{ii}}\left(b_i - \sum_{j=1}^{n} a_{ij}x_j^{(k)}\right) \tag{5.28}$$

其中，$i = 1, 2, \cdots, n$；$k = 0, 1, 2, \cdots$。

5.4.2 高斯—塞德尔迭代法

雅可比迭代法在迭代的每一步计算中用 $x^{(k)}$ 的全部分量计算 $x^{(k+1)}$，但在计算第 i 个分量 $x_i^{(k+1)}$ 时，已算出的最新分量 $x_1^{(k+1)}$，$x_2^{(k+1)}$，$\cdots$，$x_{i-1}^{(k+1)}$ 未被利用，若用最新分量代替旧分量去计算，效果会更好。该方法称为高斯—塞德尔迭代法。取初始向量 $x^{(0)} = (x_1^{(0)}, x_2^{(0)}, x_3^{(0)}, \cdots, x_n^{(0)})^T$，第一次迭代为

$$\begin{cases} x_1^{(1)} = \dfrac{1}{a_{11}}(-a_{12}x_2^{(0)} - a_{13}x_3^{(0)} - \cdots - a_{1n}x_n^{(0)} + b_1) \\[2mm] x_2^{(1)} = \dfrac{1}{a_{22}}(-a_{21}x_1^{(1)} - a_{23}x_3^{(0)} - \cdots - a_{2n}x_n^{(0)} + b_2) \\[2mm] \qquad\qquad\qquad\quad \vdots \\[2mm] x_n^{(1)} = \dfrac{1}{a_{nn}}(-a_{n1}x_1^{(1)} - a_{n2}x_2^{(1)} - \cdots - a_{n,\,n-1}x_{n-1}^{(1)} + b_n) \end{cases} \tag{5.29}$$

即有

$$x^{(k+1)} = -D^{-1}(Lx^{(k+1)} + Ux^{(k)}) + D^{-1}b$$

整理上式得

$$Dx^{(k+1)} = -Lx^{(k+1)} - Ux^{(k)} + b$$

即

$$(D+L)x^{(k+1)} = -Ux^{(k)} + b \tag{5.30}$$

因为 $a_{ii} \neq 0 (i=1, 2, \cdots, n)$，所以有 $|D+L| \neq 0$。

因此由式(5.30)可得

$$x^{(k+1)} = -(D+L)^{-1}Ux^{(k)} + (D+L)^{-1}b \tag{5.31}$$

令迭代矩阵

$$G = -(D+L)^{-1}U, \quad d_1 = (D+L)^{-1}b$$

式(5.31)可表示为

$$x^{(k+1)} = Gx^{(k)} + d_1 \tag{5.32}$$

即

$$\begin{cases} x_1^{(k+1)} = \dfrac{1}{a_{11}}(-a_{12}x_2^{(k)} - a_{13}x_3^{(k)} - \cdots - a_{1n}x_n^{(k)} + b_1) \\[2mm] x_2^{(k+1)} = \dfrac{1}{a_{22}}(-a_{21}x_1^{(k+1)} - a_{23}x_3^{(k)} - \cdots - a_{2n}x_n^{(k)} + b_2) \\[2mm] \qquad\qquad\qquad\quad \vdots \\[2mm] x_n^{(k+1)} = \dfrac{1}{a_{nn}}(-a_{n1}x_1^{(k+1)} - a_{n2}x_2^{(k+1)} - \cdots - a_{n,\,n-1}x_{n-1}^{(k+1)} + b_n) \end{cases} \tag{5.33}$$

为了便于编制程序，式(5.33)可改写为下面形式

$$\begin{aligned} x_i^{(k+1)} &= \frac{1}{a_{ii}}\Big(-\sum_{j=1}^{i-1} a_{ij}x_j^{(k+1)} - \sum_{j=i+1}^{n} a_{ij}x_j^{(k)} + b_i\Big) \\ &= x_i^{(k)} + \frac{1}{a_{ii}}\Big(b_i - \sum_{j=1}^{i-1} a_{ij}x_j^{(k+1)} - \sum_{j=i}^{n} a_{ij}x_j^{(k)}\Big) \end{aligned} \tag{5.34}$$

其中，$i=1, 2, \cdots, n$；$k=0, 1, 2, \cdots$。初值 $x_i^{(0)}(i=1, 2, \cdots, n)$ 一般为任意给定数。

【例 5.9】 试分别用雅可比迭代法、高斯—塞德尔迭代法编程求解以下线性方程组的根。

$$\begin{bmatrix} 5 & 1 & -1 & -2 \\ 2 & 8 & 1 & 3 \\ 1 & -2 & -4 & -1 \\ -1 & 3 & 2 & 7 \end{bmatrix} \begin{bmatrix} x_1 \\ x_2 \\ x_3 \\ x_4 \end{bmatrix} = \begin{bmatrix} -2 \\ -6 \\ 6 \\ 12 \end{bmatrix}$$

要求当 $\max|\Delta x_i| = \max\limits_{1 \leqslant i \leqslant n}|x_i^{(k+1)} - x_i^{(k)}| < 10^{-5}$ 时迭代终止。此方程组的精确解为 $\boldsymbol{x}^* = (1, -2, -1, 3)^{\mathrm{T}}$。

解 ① 雅可比法。

取 $\boldsymbol{x}^{(0)} = (0, 0, 0, 0)^{\mathrm{T}}$，雅可比迭代公式为

$$x_1^{(k+1)} = x_1^{(k)} + \frac{1}{5}(-2 - 5x_1^{(k)} - x_2^{(k)} + x_3^{(k)} + 2x_4^{(k)})$$

$$x_2^{(k+1)} = x_2^{(k)} + \frac{1}{8}(-6 - 2x_1^{(k)} - 8x_2^{(k)} - x_3^{(k)} - 3x_4^{(k)})$$

$$x_3^{(k+1)} = x_3^{(k)} - \frac{1}{4}(6 - x_1^{(k)} + 2x_2^{(k)} + 4x_3^{(k)} + x_4^{(k)})$$

$$x_4^{(k+1)} = x_4^{(k)} + \frac{1}{7}(12 + x_1^{(k)} - 3x_2^{(k)} - 2x_3^{(k)} - 7x_4^{(k)})$$

迭代 43 次后方程组的解为

$$\boldsymbol{x}^{\mathrm{T}} = (1.0000030, -2.0000029, -1.0000035, 2.9999994)$$

计算程序：

```
real * 8 A(4,4),b(4),x(4)
open (1,file='set-yakobi.dat')
data A/5.0,2.0,1.0,-1.0,1.0,8.0,-2.0,3.0,-1.0,1.0,-4.0,2.0,-2.0,3.0,
-1.0,7.0/
data b/-2.0,-6.0,6.0,12.0/
eps=1.0e-05        !迭代终止误差
call yakobi(A,b,4,x,eps)
write( * , * ) (x(i),i=1,4)
write(1, * ) (x(i),i=1,4)
end


subroutine yakobi(A,b,N,x,eps)
real * 8 A(4,4),b(4),x(4),s,t(4),p,q
do 10 i=1,N
t(i)=0.0
10      x(i)=0.0
20      p=0.0
do 50 i=1,n
t(i)=x(i)
s=0.0
do 30 j=1,n
s=s+A(i,j) * t(j)
30      continue
x(i)=x(i)+(b(i)-s)/A(i,i)
q=abs(x(i)-t(i))
if(q.gt.p) p=q
50      continue
```

```
          if(p. ge. eps) goto 20
          return
          end
```

② 高斯－塞德尔法。

$$x_1^{(k+1)} = x_1^{(k)} + \frac{1}{5}(-2 - 5x_1^{(k)} - x_2^{(k)} + x_3^{(k)} + 2x_4^{(k)})$$

$$x_2^{(k+1)} = x_2^{(k)} + \frac{1}{8}(-6 - 2x_1^{(k+1)} - 8x_2^{(k)} - x_3^{(k)} - 3x_4^{(k)})$$

$$x_3^{(k+1)} = x_3^{(k)} - \frac{1}{4}(6 - x_1^{(k+1)} + 2x_2^{(k+1)} + 4x_3^{(k)} + x_4^{(k)})$$

$$x_4^{(k+1)} = x_4^{(k)} + \frac{1}{7}(12 + x_1^{(k+1)} - 3x_2^{(k+1)} - 2x_3^{(k+1)} - 7x_4^{(k)})$$

迭代 14 次后近似解为

$$\boldsymbol{x}^{\mathrm{T}} = (0.999\ 996\ 6, -1.999\ 997\ 5, -1.000\ 001\ 2, 2.999\ 998\ 8)$$

计算程序：

```
          real * 8 A(4,4),b(4),x(4)
          open (1,file='set－gaus. dat')
          data A/5.0,2.0,1.0,−1.0,1.0,8.0,−2.0,3.0,−1.0,1.0,−4.0,2.0,−2.0,3.0,
          −1.0,7.0/
          data b/−2.0,−6.0,6.0,12.0/
          eps=1.0e−05
          call gaus(A,b,4,x,eps)
          write( * , * ) (x(i),i=1,4)
          write(1, * ) (x(i),i=1,4)
          end
          subroutine gaus(A,b,N,x,eps)
          real * 8 A(4,4),b(4),x(4),s,t,p,q
          do 10 i=1,N
10        x(i)=0. 0
20        p=0. 0
          do 50 i=1,n
          t=x(i)
          s=0. 0
          do 30 j=1,n
          s=s+A(i,j) * x(j)
30        continue
          x(i)=x(i)+(b(i)−s)/A(i,i)
          q=abs(x(i)−t)
          if(q. gt. p) p=q
50        continue
          if(p. ge. eps) goto 20
          return
          end
```

5.4.3　超松弛迭代法（SOR 法）

在求解线性方程组时，我们通常运用雅可比法或高斯－塞德尔迭代法解线性方程组，但是这两种方法收敛速度偏慢，为了加快收敛速度，也常采用超松弛迭代法。

给定一个线性方程组 $Ax=b$，将 A 分解为 $A=I-B$，则该方程组等价于

$$x = Bx + b \quad (B = I - A) \tag{5.35}$$

于是迭代公式为

$$
\begin{aligned}
x^{(k+1)} = Bx^{(k)} + b &= (I - A)x^{(k)} + b \\
&= x^{(k)} + b - Ax^{(k)} \\
&= x^{(k)} + r^{(k)} \quad (k = 0,\ 1,\ 2,\ \cdots)
\end{aligned} \tag{5.36}
$$

$r^{(k)} = b - Ax^{(k)}$ 称为剩余向量。第 k 次近似解 $x(k)$ 并非 $Ax=b$ 的解，$b - Ax^{(k)} = r^{(k)} \neq 0$。

式(5.36)说明，应用迭代法实际上是用剩余向量 $r^{(k)}$ 来改进解的第 k 次近似，即第 $k+1$ 次近似是由第 k 次近似加上剩余向量 $r^{(k)}$ 而得到的。为了加快 $x^{(k+1)}$ 的收敛速度，可考虑给 $r^{(k)}$ 乘上一个适当的因子 ω，从而得到一个加速迭代公式

$$x^{(k+1)} = x^{(k)} + \omega(b - Ax^{(k)})$$

其中，ω 称为松弛因子，则上式的分量形式为

$$x_i^{(k+1)} = x_i^{(k)} + \omega\left(b_i - \sum_{j=1}^{n} a_{ij}x_j^{(k)}\right) \quad (i = 1,\ 2,\ \cdots n;\ k = 0,\ 1,\ 2,\ \cdots) \tag{5.37}$$

以上方法是带松弛因子的同时迭代法，对 ω 选择技巧要求较高。

考虑到高斯－塞德尔迭代法程序设计简单，在此充分利用了最新计算出的分量信息，由上述加速收敛思想，对高斯－塞德尔迭代法加以修改，便可得到逐次超松弛迭代法（SOR 法）。我们在高斯－塞德尔迭代法公式中的圆括号前添上一个松弛因子 ω，可得到逐次超松弛迭代公式，即

$$x_i^{(k+1)} = x_i^{(k)} + \frac{\omega}{a_{ii}}\left(b_i - \sum_{j=1}^{i-1} a_{ij}x_j^{(k+1)} - \sum_{j=i}^{n} a_{ij}x_j^{(k)}\right) \quad (i = 1,\ 2,\ \cdots n;\ k = 0,\ 1,\ 2,\ \cdots) \tag{5.38}$$

当松弛因子 $\omega < 1$ 时，上式称为低松弛法，$\omega > 1$ 时为超松弛法。超松弛法是解大型方程组，特别是大型稀疏矩阵方程组的有效方法之一。

超松弛迭代法的优点是计算公式简单，程序设计容易，占用计算机内存较少等。但松弛因子 ω 的选取对收敛速度存在一定的影响。

【例 5.10】　试采用超松弛迭代法（SOR 法）编程求解例 5.8 中线性方程组的根（$\omega = 1.15$）。

解　根据式(5.38)并结合例 5.8 中所给线性方程组可得：

$$x_1^{(k+1)} = x_1^{(k)} + \frac{\omega}{5}(-2 - 5x_1^{(k)} - x_2^{(k)} + x_3^{(k)} + 2x_4^{(k)})$$

$$x_2^{(k+1)} = x_2^{(k)} + \frac{\omega}{8}(-6 - 2x_1^{(k+1)} - 8x_2^{(k)} - x_3^{(k)} - 3x_4^{(k)})$$

$$x_3^{(k+1)} = x_3^{(k)} - \frac{\omega}{4}(6 - x_1^{(k+1)} + 2x_2^{(k+1)} + 4x_3^{(k)} + x_4^{(k)})$$

$$x_4^{(k+1)} = x_4^{(k)} + \frac{\omega}{7}(12 + x_1^{(k+1)} - 3x_2^{(k+1)} - 2x_3^{(k+1)} - 7x_4^{(k)})$$

取 $\omega = 1.15$，经过计算，迭代 8 次后得方程组的近似解为

$$x^{T^{(8)}} = (0.999\ 996\ 5, -1.999\ 997\ 0, -1.000\ 001\ 0, 2.999\ 999\ 0)$$

该计算程序同高斯－塞德尔法计算程序类似，在此不再给出。

5.5 积分方程的数值解法

积分方程是含有对未知函数积分运算的方程，其中未知函数是以线性形式出现的，称为线性积分方程，否则称为非线性积分方程。在工程、力学等方面许多数学物理问题都需通过积分方程求解。某些微分方程定解问题也可归结为求解积分方程，只需在微分方程两端积分两次，并交换积分次序、利用初始条件，就可得到与之等价的积分方程。

5.5.1 积分方程的定义及分类

定义 5.1 积分方程就是在积分号下包含未知数的方程。

1. 常见的积分方程

$$g(x) = \frac{1}{\sqrt{2\pi}} \int_{-\infty}^{+\infty} e^{ixy} f(y)\ \mathrm{d}x$$

其中，$g(x)$ 为已知，$f(y)$ 待定。

2. 电学中的例子

按照库仑定律，静电场的电势分布和电荷的关系为

$$u(\mathbf{r}) = \frac{1}{4\pi\varepsilon} \int \frac{\rho(\mathbf{r}')\mathrm{d}\tau'}{|\mathbf{r} - \mathbf{r}'|} \qquad u(\infty) = 0$$

该方程是已知电势 $u(\mathbf{r})$，求电荷密度 $\rho(\mathbf{r}')$ 分布的积分方程。

3. 力学中的例子

某些微分方程可由适当变换变成积分方程。如弹簧振子的阻尼振动方程与初始条件为

$$\begin{cases} x'' + 2\beta x' + \omega_0^2 x = 0 \\ x(0) = x_0,\ x'(0) = 0 \end{cases}$$

可化为求解位移 $x(t)$ 所满足的积分方程

$$x(t) = x_0 \cos\omega_0 t + \frac{2\beta x_0}{\omega_0}\sin\omega_0 t - 2\beta \int_0^t \cos\omega_0(t - t') \cdot x(t')\ \mathrm{d}t'$$

积分方程通常又分为以下两类：

（1）Fredholm 方程（弗氏方程）。

第一类弗氏方程为

$$f(x) = \lambda \int_a^b G(x, s) y(s)\ \mathrm{d}s \tag{5.39}$$

第二类弗氏方程为

$$f(x) = y(x) - \lambda \int_a^b G(x, s) y(s)\ \mathrm{d}s \tag{5.40}$$

其中，f、G 为已知函数，G 是积分方程的核函数，y 是未知函数，λ 为参数（本征值）。

（2）Volterra 方程（渥氏方程）：将第一、二类弗氏方程中上限 b 换为变量 x，即为第一、二类渥氏方程。

5.5.2 有限求和方法求解积分方程

积分方程数值求解方法主要包括积分方法、展开法和核的逼近法。这里主要介绍积分方法，其基本思想是用有限求和替代定积分。考虑第二类弗氏方程

$$f(x) = y(x) - \lambda \int_a^b G(x, s) y(s) \, ds$$

把积分方程离散化。将区间 $[a, b]$ 按步长 $h = (b-a)/(N-1)$ 作 $N-1$ 等分，分点坐标 $x_i = (i-1)h (i=1, 2, \cdots, N)$。则得离散化的积分方程

$$y_i - \lambda \int_a^b G(x_i, s) y_i(s) \, ds = f_i \tag{5.41}$$

用有限求和代替上式中的积分可得

$$\int_a^b G(x_i, s) y_i(s) \, ds \approx h \sum_{j=1}^N C_j G_{ij} y_j \tag{5.42}$$

C_j 为所采用求和方法对应的系数。若采用辛普森法，其中 $C_1 = C_N = 1/3$，$C_j = \begin{cases} \dfrac{4}{3} (j=2, 4, \cdots) \\ \dfrac{2}{3} (j=3, 5, \cdots) \end{cases}$，因此式（5.41）又可以表示为

$$y_i - \lambda h \sum_{j=1}^N C_j G_{ij} y_j = f_i \qquad (i = 1, 2, \cdots, N) \tag{5.43}$$

这是关于 y_1，y_2，$\cdots$，y_N 的线性方程组。由此可求解出 $y(x)$ 在分点处的近似值。

【例 5.11】 将区间 $[0, 1]$ 二等分，用辛普森求积法解积分方程

$$y(x) + \int_0^1 x(e^{xs} - 1) y(s) \, ds = e^x - x$$

解 取 $h = 1/2 = 0.5$，$x_1 = 0$，$x_2 = 0.5$，$x_3 = 1$。$C_1 = C_3 = 1/3$，$C_2 = 4/3$。对比第二类弗氏方程的标准形式可得

$$G(x, s) = x(e^{xs} - 1), \quad f(x) = e^x - x, \quad \lambda = -1$$

$f_1 = 1$，$f_2 = 1.1487$，$f_3 = 1.7183$，$G_{11} = G_{12} = G_{21} = G_{13} = G_{31} = 0$，$G_{22} = 0.1420$，$G_{23} = 0.3244$，$G_{32} = 0.6487$，$G_{33} = 1.7183$。

将以上有关数据代入积分方程的离散形式可得

$$\begin{cases} y_1 + 0.5 \times 0 = f_1 = 1 \\ y_2 + 0.5(C_1 \cdot G_{21} \cdot y_1 + C_2 \cdot G_{22} \cdot y_2 + C_3 \cdot G_{23} \cdot y_3) \\ \qquad = 1.0947 y_2 + 0.0541 y_3 = 1.1487 \\ 0.4325 y_2 + 1.2864 y_3 = 1.7183 \end{cases}$$

可以求得 $y_1 = 1$，$y_2 = 0.9999$，$y_3 = 0.9996$。而精确解为 $y(x) = 1$。

5.5.3 几点讨论

1. $f(x)$ 有奇点的情况

考虑积分方程

$$y(x) - \lambda \int_a^b G(x, s) y(s) ds = f(x) \tag{5.44}$$

令 $z(x) = y(x) - f(x)$，则有

$$z(x) - \lambda \int_a^b G(x, s) z(s) ds = \lambda \int_a^b G(x, s) f(s) ds \tag{5.45}$$

以上两方程同类型，但第二个方程右边 $f(x)$ 光滑，从而得到的解 $z(x)$ 较 $f(x)$ 光滑。

2. $G(x, s)$ 在 $x = s$ 间断的情况

将 $y(x) - \lambda \int_a^b G(x, s) y(s) ds = f(x)$ 变形为

$$y(x) \left[1 - \lambda \int_a^b G(x, s) ds \right] - \lambda \int_a^b G(x, s) [y(s) - y(x)] ds = f(x)$$

上式中等号左边第一个积分是可积的，第二个积分在 $x = s$ 处有 $y(s) - y(x) = 0$，被积函数光滑。

3. $G(x, s)$ 为退化核情况

$$G(x, s) = \sum_{i=1}^n A_i(x) B_i(s) \tag{5.46}$$

将式(5.46)代入式(5.44)有

$$y(x) - \lambda \sum_{i=1}^N A_i(x) \int_a^b B_i(s) y(s) ds = f(x) \tag{5.47}$$

令

$$C_i = \int_a^b B_i(s) y(s) ds$$

则式(5.47)变为

$$y(x) = f(x) + \lambda \sum_{i=1}^N C_i A_i(x) \tag{5.48}$$

利用 $A_i(x)$ 的线性无关性质，可得

$$C_i - \lambda \sum_{j=1}^N \alpha_{ij} C_j = f_i \qquad (i = 1, 2, \cdots, N) \tag{5.49}$$

其中，

$$\begin{cases} f_i = \int_a^b B_i(s) f(s) ds \\ \alpha_{ij} = \int_a^b B_i(s) A_j(s) ds \end{cases} \tag{5.50}$$

从而可以求得 C_i。

【例 5.12】 求解积分方程

$$y(x) + \int_0^1 x(e^{xs} - 1) y(s) ds = e^x - x$$

它的核为

$$G(x, s) = x(e^{xs} - 1) \approx x \left(xs + \frac{1}{2} x^2 s^2 + \frac{1}{6} x^3 s^3 \right)$$

而 $\lambda = -1$，$f(x) = e^x - x$。根据式(5.48)，有

$$y(x) \approx e^x - x + (-1)(C_1 x^2 + C_2 x^3 + C_3 x^4)$$

再根据式(5.46)，取

$$
\begin{cases}
A_1(x) = x^2 \\
A_2(x) = x^3, \\
A_3(x) = x^4
\end{cases}
\qquad
\begin{cases}
B_1(s) = s \\
B_2(s) = \dfrac{1}{2}s^2 \\
B_3(s) = \dfrac{1}{6}s^3
\end{cases}
$$

代入式(5.50)，并由式(5.49)可以找到关于 C_1、C_2、C_3 的方程组

$$
\begin{cases}
1.25C_1 + 0.2C_2 + \dfrac{1}{6}C_3 = 0.6667 \\[1mm]
0.1C_1 + \dfrac{13}{12}C_2 + \dfrac{1}{14}C_3 = 0.2342 \\[1mm]
\dfrac{1}{36}C_1 + \dfrac{1}{42}C_2 + \dfrac{49}{48}C_3 = 0.0606
\end{cases}
$$

由此解出

$$
C_1 = 0.5010, \; C_2 = 0.1671, \; C_3 = 0.0422
$$

从而有

$$
y(x) \approx e^x - x - 0.5010x^2 - 0.1671x^3 - 0.0422x^4
$$

所以有

$$
y(0) \approx 1.0000, \; y(0.5) \approx 1.0000, \; y(1) \approx 1.0080
$$

习 题 五

5.1　用高斯列主元消去法编程求解线性方程组

$$
\begin{cases}
-x_1 + 2x_2 - 2x_3 = -1 \\
3x_1 - x_2 + 4x_3 = 7 \\
2x_1 - 3x_2 - 2x_3 = 0
\end{cases}
$$

5.2　某一装置运动轨迹为一圆锥曲线

$$
x^2 + bxy + cy^2 + dx + ey + f = 0
$$

在运动轨迹上测得 5 个不同的点：$c_1(14.38, 3.94)$、$c_2(11.38, 2.79)$、$c_3(7.42, 3.07)$、$c_4(6.38, 5.11)$、$c_5(8.81, 2.59)$。试形成 b、c、d、e、f 所满足的方程，并利用列主元消去法编程求解 b、c、d、e、f 的近似值。

5.3　利用列主元高斯消去法求解下题。

质量分别为 m_1 和 m_2 的两物体用轻绳相连后，悬挂在一个固定在电梯内的定滑轮的两边。滑轮和绳的质量以及所有摩擦均不计。当电梯以 $a_0 = g/2$ 的加速度下降时，试求 m_1 和 m_2 的加速度和绳中的张力。设 $m_1 = 2 \text{ kg}$，$m_2 = 3 \text{ kg}$，$g = 9.8 \text{ m/s}^2$。

物理分析：取地面为参照系，使 y 轴竖直向下。物体的受力情况如图 5.7 所示，两物体的运动方程为

$$
\begin{cases}
m_1 g - T = m_1 a_1 \\
m_2 g - T = m_2 a_2 \\
a_1 + a_2 = 2a_0
\end{cases}
$$

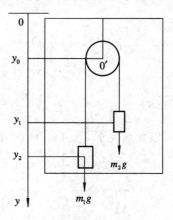

图 5.7

根据以上方程及已知条件 $a_0 = g/2$，可知精确解为

$$\begin{cases} a_1 = \dfrac{m_1}{m_1 + m_2} g \\[2mm] a_2 = \dfrac{m_2}{m_1 + m_2} g \\[2mm] T = \dfrac{m_1 m_2}{m_1 + m_2} g \end{cases}$$

5.4 试用追赶法解方程组

$$\begin{bmatrix} 2 & 1 & 0 & 0 \\ 0.5 & 2 & 0.5 & 0 \\ 0 & 0.5 & 2 & 0.5 \\ 0 & 0 & 1 & 2 \end{bmatrix} \begin{bmatrix} x_1 \\ x_2 \\ x_3 \\ x_4 \end{bmatrix} = \begin{bmatrix} -0.5 \\ 0 \\ 0 \\ 0 \end{bmatrix}$$

并统计所用乘、除法的总次数。

5.5 设有线性方程组

$$\begin{cases} 5x_1 - x_2 - x_3 - x_4 = 4 \\ -x_1 + 10x_2 - x_3 - x_4 = 12 \\ -x_1 - x_2 + 5x_3 - x_4 = 8 \\ -x_1 - x_2 - x_3 + 10x_4 = 34 \end{cases}$$

试分别用雅可比迭代法、高斯—塞德尔迭代法和 SOR 法编程求解方程组的根，要求 $\max\limits_{1\leqslant i\leqslant 4} |x_i^{(k+1)} - x_i^{(k)}| < 10^{-4}$ 迭代终止。

5.6 分别取松弛因子 $\omega = 1.03$、$\omega = 1$ 和 $\omega = 1.1$，用 SOR 法求解线性方程组

$$\begin{bmatrix} 4 & -1 & 0 \\ -1 & 4 & -1 \\ 0 & -1 & 4 \end{bmatrix} \begin{bmatrix} x_1 \\ x_2 \\ x_3 \end{bmatrix} = \begin{bmatrix} 1 \\ 4 \\ -3 \end{bmatrix}$$

要求 $\max\limits_{1\leqslant i\leqslant 3} |x_i^{(k+1)} - x_i^{(k)}| < 10^{-5}$ 时迭代终止。

5.7 将区间 $[0, 1]$ 10 等分，用辛普森求积法编程求解例 5.11 中的积分方程。

第六章 物理学中的非线性方程求根

在物理学中经常会遇到求解非线性方程及非线性方程组的问题。这类问题即使是最简单的高次代数方程求解都是相当困难的。对于求三次、四次实系数代数方程，可以通过开平方或开立方运算而将解用公式统一起来，但是对高于四次的代数方程无精确求根公式，而一般的超越方程更无法求其精确解。对于这样无统一求解公式的问题一般都是采用迭代解法以求得满足一定精度要求的数值解。本章主要讲述求解非线性方程的迭代解法，并附上具体算法的 FORTRAN 程序。

6.1 物理问题中的非线性方程

许多物理问题的求解最终会归结为非线性方程的求根问题，本节首先给出几个物理问题所对应的非线性方程。

【例 6.1】 在相距 100 m 的两个塔（高度相等的点）上悬挂一根电缆，允许电缆中间下垂 10 m，则两塔之间所用电缆的长度为多少？

解 要计算两个塔之间所用电缆的长度，需确定悬链线方程

$$y = a \operatorname{ch} \frac{x}{a} \qquad x \in [-50, 50]$$

中的参数 a。由于曲线最低点和最高点相差 10 m，有 $y(50) = y(0) + 10$，即

$$a \operatorname{ch} \frac{50}{a} = a + 10$$

这是关于未知数 a 的非线性方程，用解析的方法难以求解，需要数值求解。

【例 6.2】 如图 6.1 所示，水槽由半圆柱体水平放置而成。圆柱体长 $L = 25$ m，半径 $r = 2$ m，当给定水槽内盛水的体积 V 分别为 10 m³、50 m³、100 m³ 时，水槽边沿到水面的距离 H 是多少？

解 建立如图 6.2 所示坐标系，显然有 $x^2 + (y-r)^2 = r^2$。又因为 $dV = 2xL\,dy$，所以

$$dV = 2L \sqrt{r^2 - (y-r)^2}\,dy$$

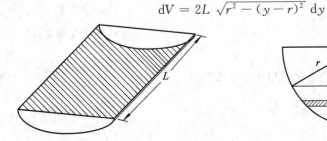

图 6.1 水槽示意图

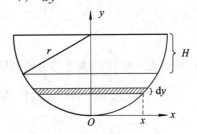

图 6.2 水槽截面示意图

因此

$$V = \int_0^{r-H} 2L \sqrt{r^2 - (y-r)^2} \, \mathrm{d}y$$

积分可得

$$V = Lr^2 \left[\frac{\pi}{2} - \arcsin\left(\frac{H}{r}\right) \right] - LH \sqrt{r^2 - H^2}$$

需要说明的是，上述方程中含有参数 r、L 均为已知常数。当 $V = 10 \text{ m}^3$、50 m^3、100 m^3 时，要求解 H。显然，这是一个非线性方程，仍然需要数值求解。

【例 6.3】 在我方前沿阵地 1000 m 处有一座高为 50 m 的山丘，山丘上建有一座敌方碉堡，那么我方的大炮在什么角度下以最小的速度发射炮弹就能摧毁敌军的这座碉堡？

解 由抛体运动的轨迹方程可知

$$y = x \tan\theta - \frac{gx^2}{2v_0^2 \cos^2\theta}$$

即

$$v_0 = x \sqrt{\frac{g}{2}} \frac{1}{\cos\theta \sqrt{x \tan\theta - y}}$$

本问题归结为极值问题，只需要计算 $\dfrac{\mathrm{d}v_0}{\mathrm{d}\theta} = 0$，并将 $x = 1000$、$y = 50$ 代入即可。对上述方程求导以后会得到关于 θ 的一个超越方程，需用数值方法进行求解。

【例 6.4】 如图 6.3 所示，静电除尘器由半径为 $r_a = 0.84 \text{ m}$ 的金属圆筒（阳极）和半径为 r_b 的同轴圆细线（阴极）组成。当它们加上一高电压 $V = 50 \text{ kV}$ 时，圆筒内就产生了一强大电场，圆筒内的空气被电离，混浊的空气通过这个圆筒时灰尘粒子与离子碰撞而带电，于是在电场的作用下奔向电极，并落下沉积在圆筒底部而被扫出，达到了清洁空气的目的。为了在中心轴线处产生 6.0 MV/m 的电场强度而击穿空气，试求静电除尘器中心线的粗细。

解 设静电除尘器中心细线上所带电荷线密度为 λ，则在距中心轴线 r 位置处的电场强度为

$$E = \frac{\lambda}{2\pi\varepsilon_0 r}$$

中心细线与金属圆筒的电势差为

$$\Delta V = \int_{r_b}^{r_a} E \, \mathrm{d}r = \int_{r_b}^{r_a} \frac{\lambda}{2\pi\varepsilon_0 r} \, \mathrm{d}r = \frac{\lambda}{2\pi\varepsilon_0} \ln \frac{r_a}{r_b}$$

以上两式联立消去 λ 可得

$$E = \frac{\Delta V}{r \ln \dfrac{r_a}{r_b}}$$

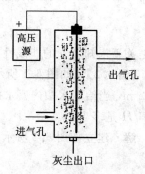

图 6.3 静电除尘器示意图

令 $r = r_b$ 可得在中心线表面处的电场强度 E_b 与其半径 r_b 的关系为

$$E_b = \frac{\Delta V}{r_b \ln \dfrac{r_a}{r_b}}$$

将 ΔV、E_b、r_a 的值代入上式，可得关于 r_b 的一个超越方程，同样需用数值方法进行求解。

6.2 根的搜索和二分法

6.2.1 根的搜索

对于一个方程 $f(x)=0$，若在 $[a,b]$ 上连续，$f(a) \cdot f(b)<0$，则 $f(x)=0$ 在 $[a,b]$ 内至少有一实根，区间 $[a,b]$ 称为有根区间。

通常采用如下两种方法来确定方程的有根区间。

(1) 作图法：通过函数作图法确定方程 $f(x)=0$ 根的范围。

(2) 逐步搜索法：适当选择某一区间 $[a,b]$，从 $x_0=a$ 出发，按事先选好的步长 $h=(b-a)/N$ 逐点计算 $x_k=a+kh$ 的函数值 $f(x_k)$，当 $f(x_k)$ 与 $f(x_{k+1})$ 的值异号时，则 $[x_k,x_{k+1}]$ 就是方程 $f(x_k)$ 的一个有根区间。

【例 6.5】 找出方程 $x^3-1.8x^2+0.15x+0.65=0$ 的有根区间。

解 设 $f(x)=x^3-1.8x^2+0.15x+0.65$，取 $a=-1$，$b=2$。由于 $f(-1)<0$，$f(2)>0$，所以方程在 $[-1,2]$ 内至少有一个实根。取 $N=4$，步长 $h=(b-a)/N=0.75$，从 $x_0=-1$ 出发，计算结果如表 6.1 所示。

表 6.1 求根过程中 x_k 与 $f(x_k)$ 的对应值

x_k	-1	-0.25	0.5	1.25	2
$f(x_k)$	-2.3	$0.484\ 375$	0.5	$-0.021\ 875$	1.75

显然，在 $[-1,-0.25]$、$[0.5,1.25]$、$[1.25,2]$ 的区间内各有一个根，逐步搜索，便于计算机实现。

定理 6.1 对 n 次代数方程
$$f(x) = x^n + a_1 x^{n-1} + a_2 x^{n-2} + \cdots + a_{n-1}x + a_n = 0 \tag{6.1}$$
若事先确定实根上、下界，关于上面方程根的绝对值的上下界有以下结论：

(1) 若 $a=\max\{|a_1|,|a_2|,\cdots,|a_n|\}$，则方程根的绝对值小于 $a+1$；

(2) 若 $b=(1/|a_n|)\max\{1,|a_1|,\cdots,|a_{n-1}|\}$，则方程根的绝对值大于 $1/(1+b)$。

【例 6.6】 求方程 $x^3-1.8x^2+0.15x+0.65=0$ 的根的模的上下界。

解 由于 $a=\max\{|-1.8|,0.15,0.65\}=1.8$，根据定理 6.1 可确定上界为 $a+1=2.8$。$b=\dfrac{1}{0.65}\max\{1,|-1.8|,0.15\}=\dfrac{1.8}{0.65}\approx2.7692$，下界为 $1/(1+b)\approx0.2653$。

因此该方程的根满足 $0.2653<|x|<2.8$，即
$$x \in (-2.8,-0.2653) \bigcup (0.2653,2.8)$$

6.2.2 二分法

在确定了非线性方程的有根区间后，下一步就是设法求根，下面介绍二分法。设 $f(x)$ 为连续函数，$f(x)$ 的有根区间为 $[a,b]$，$f(a)<0$，$f(b)>0$，取 $[a,b]$ 中点 $(a+b)/2$，计算 $f\left(\dfrac{a+b}{2}\right)$，则会有

① 若 $f\left(\dfrac{a+b}{2}\right)=0$，则 $x^*=\dfrac{a+b}{2}$ 就是方程 $f(x)=0$ 的根；

② 若 $f\left(\dfrac{a+b}{2}\right)<0$，则有根区间为 $\left[\dfrac{a+b}{2},\,b\right]$；

③ 若 $f\left(\dfrac{a+b}{2}\right)>0$，则有根区间为 $\left[a,\,\dfrac{a+b}{2}\right]$。

将新的有根区间记为 $[a_1,b_1]$，再将 $[a_1,b_1]$ 二等分，重复以上过程，得到一系列有根区间

$$[a,b],\ [a_1,b_1],\ [a_2,b_2],\ \cdots,\ [a_n,b_n],\ \cdots$$

后一个区间都在前一个区间内，且后一个区间的长度均是前一个区间长度的一半，所以 $[a_n,b_n]$ 的长度为

$$b_n-a_n=\dfrac{b-a}{2^n}$$

当 $n\to\infty$ 时，区间 $[a_n,b_n]$ 的长度为必要趋于零，$x\to x^*$。实际计算时，只要二分的次数 n 足够大，就有

$$x^*\approx\dfrac{a_n+b_n}{2}$$

误差 $|x^*-x_n|\leqslant\dfrac{b_n-a_n}{2}=\dfrac{b-a}{2^{n+1}}$。

若事先给定精度要求为 ε，则只需计算到 $|x^*-x_n|\leqslant\dfrac{b-a}{2^{n+1}}<\varepsilon$，即可停止计算。

编程求根步骤如下：
① 计算 $f(a)$、$f(b)$。

② 计算 $f\left(\dfrac{a+b}{2}\right)$。

③ 若 $f\left(\dfrac{a+b}{2}\right)=0$，则 $x^*=\dfrac{a+b}{2}$，否则

(i) $f\left(\dfrac{a+b}{2}\right)\cdot f(a)<0$，则根在 $\left[a,\dfrac{a+b}{2}\right]$ 内，以 $\dfrac{a+b}{2}$ 替代 b；

(ii) $f\left(\dfrac{a+b}{2}\right)\cdot f(b)<0$，则根在 $\left[\dfrac{a+b}{2},b\right]$ 内，以 $\dfrac{a+b}{2}$ 替代 a。

④ 若 $|b-a|<\varepsilon$，计算终止，此时 $x^*=\dfrac{a+b}{2}$，否则转向②。

【例 6.7】 设 $f(x)=x^3-1.8x^2+0.15x+0.65=0$，试用二分法求该方程在区间 $[0.5,1.25]$ 内根的近似值。

解 因为 $f(0.5)>0$，$f(1.25)<0$，所以 $[0.5,1.25]$ 为有根区间。取 $x_1=\dfrac{0.5+1.25}{2}$ $=0.875$ 起进行计算，计算结果如表 6.2 所示。

故所求根的近似值为

$$x^*\approx\dfrac{1}{2}(0.992\,187\,5+1.003\,906\,25)=0.998\,046\,875$$

所产生的误差为

$$| x^* - x_6 | \leqslant \frac{1}{2^7}(1.25 - 0.5) = 0.005\ 859$$

需要说明的是，二分法的优点是算法简单，收敛性有保障，缺点是收敛速度慢。

表 6.2　二分法求根过程示意表

n	x_n	$f(x_n)$的符号	有根区间
1	0.875	+	(0.875,1.25)
2	1.0625	−	(0.875,1.0625)
3	0.968 75	+	(0.968 75,1.0625)
4	1.015 625	−	(0.968 75,1.015 625)
5	0.992 187 5	+	(0.992 187 5,1.015 625)
6	1.003 906 25	−	(0.992 187 5,1.003 906 25)

【**例 6.8**】　用二分法编程求方程

$$f(x) = x^3 - 6x - 1 = 0$$

在 $x=2$ 附近的一个实根。（精度要求 $|x_n - x_{n-1}| < 10^{-5}$。）

计算程序：

```
        real * 8 x1,x2,x,f,f1,f2
        open (1,file='root. dat')
        read( * , * )x1, x2
        f1=x1 * * 3-6. * x1-1.
        f2=x2 * * 3-6. * x1-1.
10      x=(x1+x2)/2.
        f=x * * 3-6. * x-1.
        if(f. eq. 0. ) goto 20
        if(sign(f, f1). eq. f) then    ! 或：if(f2 * f. lt. 0. ) then
        x1=x
        f1=f
        else
        x2=x
        f2=f
        end if
        if(dabs(x1-x2). gt. 1. e-5) goto 10
        x=(x1+x2)/2.
20      write( * , * ) x
        write(1, * ) x
        end
```

输入：1. 0，5. 0

输出结果：2. 528 919 219 970 703

【例 6.9】　有两个点电荷 Q_1 和 Q_2（设为同号），相距为 L，求连线上电场强度 $E(x)=0$ 处的 x 值。（设 $L=1$ m）

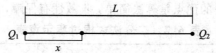

图 6.4　两点电荷电场示意图

解　由图 6.4 所示以 Q_1 和 Q_2 两个点电荷的连线作为 x 轴，Q_1 所在位置为坐标原点，因此两个点电荷在坐标为 x 位置处所产生的电场强度分别为

$$E_1 = \frac{Q_1}{4\pi\varepsilon_0 x^2}, \quad E_2 = \frac{Q_2}{4\pi\varepsilon_0(1-x)^2}$$

在 x 处的合场强即为

$$E(x) = \frac{Q_1}{4\pi\varepsilon_0 x^2} - \frac{Q_2}{4\pi\varepsilon_0(1-x)^2}$$

根据上式可画出场强的分布曲线，如图 6.5 所示。

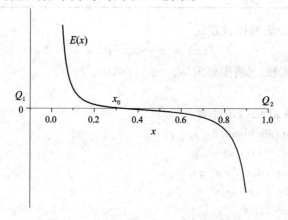

图 6.5　两点电荷连线上电场示意图

由图 6.5 可知，当 $x=x_0$ 时，$E(x_0)=0$；若 $E(x)>0$，则交点 x_0 必在 x 的右边，即 $x_0>x$；又若 $E(x)<0$，则交点 x_0 必在 x 的左边，即 $x_0<x$。按照二分法就可求出 x 的近似值。设允许误差参量 $\varepsilon = 1\times10^{-6}$。若取 $Q_1=1.000$ C，$Q_2=4.000$ C，程序运行结果为 $x=0.3333$ m。

【例 6.10】　由例 6.2 可知 $V=Lr^2\left[\dfrac{\pi}{2} - \arcsin\left(\dfrac{H}{r}\right)\right] - LH\sqrt{r^2-H^2}$。利用二分法求解此例题。

解　将 $L=25$ m，$r=2$ m 代入 V，并取 $f(x)=50\pi - 100\arcsin\left(\dfrac{x}{2}\right) - 25x\sqrt{4-x^2} - V$。因为 H 必然在 $[0,2]$ 区间内，输入 $x_1=0$，$x_2=2$，将不同的 V 值代入上述方程，调用二分法程序计算可得：

$V=10$ m^3，$H=1.713\,512\,420\,654\,30$ m；

$V=50$ m^3，$H=1.135\,082\,244\,873\,05$ m；

$V=100$ m^3，$H=0.578\,990\,936\,279\,29$ m。

6.3 函数迭代法

在介绍了二分法之后，本节介绍另一种求根方法——函数迭代法。

设 $f(x)=0$，$f(x)$ 在有根区间 $[a,b]$ 上是连续函数。设计一个迭代公式，将 $f(x)=0$ 写成等价形式

$$x = \varphi(x)$$

在 $[a,b]$ 上任取初值 x_0，代入上式右端，记所得的值为 x_1，即

$$x_1 = \varphi(x_0)$$

同理可得 $x_2=\varphi(x_1)$，$x_3=\varphi(x_2)$。于是迭代公式为

$$x_{n+1} = \varphi(x_n) \qquad (n=0,1,2,3,\cdots) \tag{6.2}$$

若 $\varphi(x)$ 是连续函数，且 $\lim\limits_{n\to\infty} x_{n+1} = \lim\limits_{n\to\infty}\varphi(x_n) = x^* = \varphi(x^*)$，称 x^* 为方程 $f(x)=0$ 的一个根，这时称迭代公式(6.2)是收敛的，否则发散。称 x_n 为第 n 次近似值，$\varphi(x)$ 为迭代函数。注意设计的迭代公式可能收敛，也可能发散。

【例 6.11】 用迭代法求方程 $e^{2x}+x-4=0$ 的根。

解 方程 $f(x)=e^{2x}+x-4$ 曲线如图 6.6 所示。可将方程 $e^{2x}+x-4=0$ 改写为

$$x = \frac{1}{2}\ln(4-x)$$

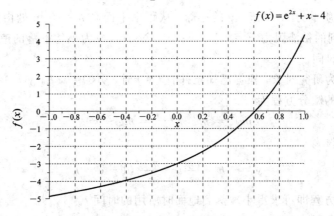

图 6.6 $f(x)$ 曲线图

从而得到迭代公式

$$x_{n+1} = \frac{1}{2}\ln(4-x_n) \qquad (n=0,1,2,3,\cdots)$$

取 $x_0=1$，迭代次数 N 与 x_n 对应的值如表 6.3 所示。

表 6.3 迭代次数 N 与 x_n 对应的值

N	0	1	2	3	4	5	6	7	8
x_n	1	0.549 31	0.619 29	0.608 04	0.610 56	0.610 33	0.610 37	0.610 36	0.61036

由于迭代公式是根据方程 $f(x)=0$ 设计出来的，因此方法可有多种，迭代公式可以有多个，如

$$x = 4 - e^{2x}$$

则相应的迭代公式为

$$x_{n+1} = 4 - e^{2x_n} \quad (n = 0,1,2,3,\cdots)$$

同样取 $x_0 = 1$，计算得 $x_1 = -3.3891$，$x_2 = 3.9989$，$x_3 = -2970.4$，$x_4 = 4$，$x_5 = -2977$，$x_6 = 4$，迭代发散。

通过例 6.11 可知，选取不同的迭代公式形式求解非线性方程的根，迭代序列 $\{x_n\}$ 可能是收敛的，也可能是发散的，那么如何选取迭代函数 $\varphi(x)$，才能保证迭代序列 $\{x_n\}$ 是收敛的？

若 $\varphi(x)$ 在 x^* 的某个邻域内有一阶连续导数，且对该邻域内的 x 有 $|\varphi'(x)| \leqslant q < 1$，则由微分中值定理得

$$|x_{n+1} - x^*| = |\varphi'(\xi)(x_n - x^*)| \leqslant q|x_n - x^*| \tag{6.3}$$

反复递推得 $|x_n - x^*| \leqslant q|x_{n-1} - x^*| \leqslant q^2|x_{n-2} - x^*| \leqslant \cdots \leqslant q^n|x_0 - x^*|$。由于 $q < 1$，故当 $n \to \infty$ 时，$|x_n - x^*| \to 0$，$x_n \to x^*$。

定理 6.2 设 x^* 是方程 $x = \varphi(x)$ 的根，若 $\varphi(x)$ 在 x^* 的某个邻域内有一阶导，且对该邻域内的一切 x 有

$$|\varphi'(x)| \leqslant q \leqslant 1 \tag{6.4}$$

则迭代公式 $x_{n+1} = \varphi(x_n)$ 对该邻域内任一初值 x_0 均收敛。这里，迭代法常用迭代终止条件为 $|x_n - x_{n-1}| < \varepsilon$。

【例 6.12】 质量为 $m = 0.5$ kg 的小球，从距水平面高 $h = 10$ m 处由静止沿垂直方向下落，设小球受到的粘滞阻力 $F = -kv$，$k = 0.5$ Ns/m，v 为小球下落的速度。试求小球下落到地面所需的时间。

解 取小球为研究对象，根据已知条件有 $t = 0$ 时，$y(0) = -h$，$y'(0) = 0$，小球垂直向下位移 y 所满足的微分方程为

$$my'' = mg - ky' = mg - kv$$

该微分方程的解为

$$y = -h + \frac{mg}{k}t - \frac{m^2 g}{k^2}\left(1 - e^{-\frac{k}{m}t}\right)$$

令 $y = 0$，解以上方程即可求得小球落到地面时所用的时间 t。

采用迭代法求解，将方程化为

$$t = \varphi(t) = \frac{k}{mg}h + \frac{m}{k}\left(1 - e^{-\frac{k}{m}t}\right)$$

其中 $|\varphi'(t)| = |20e^{-20t}|$。当 $t \geqslant 1$ 时满足 $|\varphi'(t)| < 1$，取初值为 $t = 1.0$ s，求解区间为 $[0, 3]$，计算结果为 $t = 1.864\ 375\ 0$ s，迭代步数为 4 次。

【例 6.13】 试采用函数迭代法求解例 6.3。

解 由例 6.3 可知 $v_0 = x\sqrt{\dfrac{g}{2}}\,\dfrac{1}{\cos\theta\,\sqrt{x\tan\theta - y}}$，将 $x = 1000$，$y = 50$ 代入其中，计算 $\dfrac{\mathrm{d}v_0}{\mathrm{d}\theta} = 0$，可得

$$\sin\theta\,\sqrt{1000\tan\theta - 50} - \frac{500}{\cos\theta\,\sqrt{1000\tan\theta - 50}} = 0$$

整理方程后有 $\theta = \arcsin\sqrt{\dfrac{10+\sin\theta\,\cos\theta}{20}}$。取初值 $\theta=30°$迭代 4 步可得 $\theta=46.4°$。

　　在介绍了以上求根方法后，我们要指出有些迭代法虽然收敛，但收敛速度慢。下面介绍一种加速迭代算法——埃特金（Aitken）法。已知方程 $x=\varphi(x)$如图 6.7 所示，由初值 x_0 出发，经计算可得

$$\overline{x}_1 = \varphi(x_0)$$
$$\overline{x}_2 = \varphi(\overline{x}_1)$$

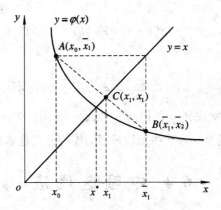

图 6.7　埃特金法示意图

在曲线 $y=\varphi(x)$上找到两点 $A(x_0,\overline{x}_1)$、$B(\overline{x}_1,\overline{x}_2)$，连接 AB，与 $y=x$ 交点为 $C(x_1,x_1)$，则

$$\frac{x_1-\overline{x}_1}{x_1-x_0}=\frac{\overline{x}_2-\overline{x}_1}{\overline{x}_1-x_0}$$

即有

$$x_1=\frac{x_0\overline{x}_2-\overline{x}_1^2}{x_0-2\overline{x}_1+\overline{x}_2}$$

显然，x_1 比 $\overline{x}_1$ 更靠近 x^*，将 x_1 看成新的初值，重复以上步骤，有

$$\overline{x}_2 = \varphi(x_1)$$
$$\overline{x}_3 = \varphi(\overline{x}_2)$$

同样有

$$x_2=\frac{x_1\overline{x}_3-\overline{x}_2^2}{x_1-2\overline{x}_2+\overline{x}_3}$$

不断进行下去，可得迭代公式

$$\begin{cases}\overline{x}_{n+1}=\varphi(x_n)\\[2mm]\overline{x}_{n+2}=\varphi(\overline{x}_{n+1})\\[2mm]x_{n+1}=\dfrac{x_n\overline{x}_{n+2}-\overline{x}_{n+1}^2}{x_n-2\overline{x}_{n+1}+\overline{x}_{n+2}}\end{cases}\qquad(n=0,1,2,\cdots)\qquad(6.5)$$

【例 6.14】 用埃特金法求方程 $e^{2x}+x-4=0$ 的根。

解　将方程改写为 $x=\dfrac{1}{2}\ln(4-x)$。同样取 $x_0=1$，代入迭代公式(6.5)，经计算可得

$$\bar{x}_1 = \frac{1}{2} \ln(4-1) = 0.549\ 31$$

$$\bar{x}_2 = \frac{1}{2} \ln(4-\bar{x}_1) = 0.619\ 29$$

有

$$x_1 = \frac{x_0 \bar{x}_2 - \bar{x}_1^2}{x_0 - 2\bar{x}_1 + \bar{x}_2} = 0.609\ 88$$

$$\bar{x}_2 = \frac{1}{2} \ln(4 - 0.609\ 88) = 0.610\ 43$$

$$\bar{x}_3 = \frac{1}{2} \ln(4 - 0.610\ 43) = 0.610\ 35$$

因此有

$$x_2 = \frac{x_1 \bar{x}_3 - \bar{x}_2^2}{x_1 - 2\bar{x}_2 + \bar{x}_3} = 0.610\ 36$$

注意第二次迭代中的 $\bar{x}_2$ 与第一次迭代中的 $\bar{x}_2$ 不同。显然，与例 6.11 相比，埃特金法迭代次数要少许多。需要说明的是，对某些发散过程，埃特金法也是适用的。

6.4 牛顿迭代法

解非线性方程 $f(x)=0$ 的牛顿法是将非线性方程线性化的一种近似方法，它是解代数方程和超越方程的有效方法之一，牛顿法在单根附近具有较高的收敛速度，而且该方法不仅可以用来求 $f(x)=0$ 的实根，还可用来求代数方程的复根，同时还可以推广用来求解非线性方程组。设方程 $f(x)=0$ 的图形如图 6.8 所示，首先在根 x^* 的附近取一点 x_0 作为初始近似值，过曲线 $y=f(x)$ 上的点 $(x_0, f(x_0))$ 作切线，可得切线方程

$$y = f(x_0) + f'(x_0)(x - x_0)$$

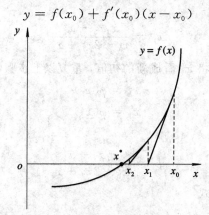

图 6.8　牛顿迭代法示意图

以它作为 $y=f(x)$ 的近似表达式，若 $f'(x_0)\neq 0$，可得切线与 x 轴的交点为

$$x_1 = x_0 - \frac{f(x_0)}{f'(x_0)}$$

以 x_1 作为根 x^* 的第一次近似值，然后又过曲线 $y=f(x)$ 上的点 $(x_1, f(x_1))$ 作切线，若 $f'(x_1)\neq 0$，以切线与 x 轴的交点

$$x_2 = x_1 - \frac{f(x_1)}{f'(x_1)}$$

作为根 x^* 的第二次近似值，仿此不断操作下去，可得到一般迭代公式

$$x_{n+1} = x_n - \frac{f(x_n)}{f'(x_n)} \qquad (n = 0, 1, 2, 3, \cdots) \tag{6.6}$$

上述这种求方程 $f(x)=0$ 的根的迭代方法称为牛顿法。牛顿法由于具有明显的几何意义，所以也称为切线法。

由于牛顿法仍是迭代法，其迭代函数为

$$\varphi(x) = x - \frac{f(x)}{f'(x)}$$

若 $f'(x)$ 在根 x^* 的某个邻域内不为 0，且 $f''(x)$ 存在，由定理 6.2 可知，若

$$|\varphi'(x)| = \left| \frac{f(x)f''(x)}{[f'(x)]^2} \right| \leqslant q_1 < 1 \qquad (q_1 \text{ 为常数}) \tag{6.7}$$

则牛顿法收敛。

上述收敛条件不易验证。通常先用逐步搜索法，找到方程 $f(x)=0$ 的有根区间 $[a,b]$，尽量使区间 $[a,b]$ 较小，且在 $[a,b]$ 上，$f'(x)$、$f''(x)$ 都不变号，即 $f(x)$ 在 $[a,b]$ 上保持严格单调和凹向不变。以下我们分析 $f(x)$ 通过 x 轴的四种情况（见图 6.9(a)～(d)）。

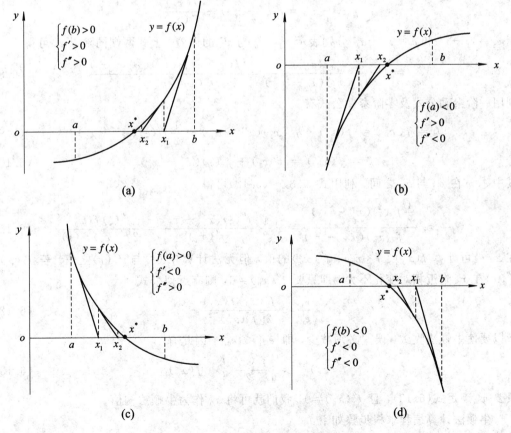

图 6.9　牛顿法的四种基本情况

由图 6.9 可以看出，用牛顿法求得的序列 $\{x_n\}$ 均是单调地趋于 x^*（方程的精确根），故

牛顿法是收敛的，且还可以看出，凡满足关系式

$$f(x_0)f''(x_0) > 0$$

的 x_0 均可作为初始值使得牛顿法收敛。例如图 6.9(a)、(d)中取 $x_0 = b$，而图 6.9(b)、(c) 中取 $x_0 = a$。

定理 6.3 设函数 $f(x)$ 在 $[a, b]$ 上存在二阶导数，且满足下列条件：

(1) $f(a)f(b) < 0$；

(2) $f'(x)$ 在 $[a, b]$ 上不为 0；

(3) $f''(x)$ 在 $[a, b]$ 上不变号；

(4) 对 $x_0 \in [a, b]$，有 $f(x_0)f''(x_0) > 0$。

则牛顿法迭代序列 $\{x_n\}$ 收敛于方程 $f(x) = 0$ 在 (a, b) 内的唯一根 x^*（证明从略）。

使用牛顿法时，初始值 x_0 的选取很重要，若在 $[a, b]$ 上，$f'(x)$、$f''(x)$ 的符号不易判别，那么如何选取初值 x_0 呢？

由公式

$$x_1 = x_0 - \frac{f(x_0)}{f'(x_0)}$$

可得

$$x_1 - x^* = (x_0 - x^*) - \frac{f(x_0)}{f'(x_0)}$$

用 $e_1 = x_1 - x^*$ 和 $e_0 = x_0 - x^*$ 分别表示 x_1、x_0 与 x^* 的误差，上式两端同除以 e_0 可得

$$\frac{e_1}{e_0} = 1 - \frac{f(x_0)}{f'(x_0)(x_0 - x^*)} = \frac{f(x_0) + f'(x_0)(x^* - x_0)}{f'(x_0)(x^* - x_0)} \tag{6.8}$$

利用一阶泰勒公式及零阶泰勒公式有

$$0 = f(x^*) = f(x_0) + f'(x_0)(x^* - x_0) + \frac{1}{2}f''(\xi)(x^* - x_0)^2 \tag{6.9}$$

$$0 = f(x^*) = f(x_0) + f'(\eta)(x^* - x_0) \tag{6.10}$$

其中 ξ、η 在 x^* 与 x_0 之间。利用式 $(6.8) \sim (6.10)$ 可得

$$\frac{e_1}{e_0} \approx \frac{\frac{1}{2}f''(\xi)(x^* - x_0)^2}{-f'(x_0)(x^* - x_0)} = -\frac{1}{2}\frac{f''(\xi)(x^* - x_0)}{f'(x_0)} = \frac{f''(\xi)f(x_0)}{2f'(x_0)f'(\eta)} \tag{6.11}$$

在 x_0 处可计算 $f(x_0)$、$f'(x_0)$、$f''(x_0)$ 的值，但无法计算 $f'(\xi)$ 与 $f''(\eta)$ 之值。若 $f'(x)$、$f''(x)$ 在 x_0 附近相对变化不大，即只要 $f''(x_0) \neq 0$，则有近似公式

$$\frac{e_1}{e_0} \approx \frac{f''(x_0)f(x_0)}{2[f'(x_0)]^2} \tag{6.12}$$

所以要使牛顿法收敛，误差必须减少，即 $|e_1| < |e_0|$，因此有

$$[f'(x_0)]^2 > \left|\frac{f''(x_0)}{2}\right| \cdot |f(x_0)| \tag{6.13}$$

只要 x_0 满足式 (6.13)，且 $f''(x_0) \neq 0$，我们就可将 x_0 作为牛顿法初值。

牛顿法计算编程求根步骤如下：

(1) 选初值 x_0（为保证迭代收敛，可用定理 6.3 或 (6.13) 式选定初值），计算 $f(x_0)$、$f'(x_0)$；

（2）迭代，按公式 $x_1 = x_0 - \dfrac{f(x_0)}{f'(x_0)}$，计算 $f(x_1)$、$f'(x_1)$；

（3）若 $|x_1 - x_0| < \varepsilon$（或 $|f(x_1)| < \varepsilon$），迭代终止，x_1 即为根，否则到 4；

（4）以 x_1、$f(x_1)$、$f'(x_1)$ 替代 x_0、$f(x_0)$、$f'(x_0)$ 回到（2）继续运行，直到 $|x_1 - x_0| < \varepsilon$（或 $|f(x_1)| < \varepsilon$）为止。

【例 6.15】 用牛顿迭代法编程求方程

$$f(x) = x^3 - 2x^2 + 4x + 1 = 0$$

在 $x = 0$ 附近的一个实根，ε 取 10^{-6}。

解 $f'(x) = f_1(x) = 3x^2 - 4x + 4$，$f''(x) = 6x - 4$。取初值 $x_0 = 1$，满足式（6.13）。

计算程序：

```
          real * 8 x0, x1, f, f1
          open(1, file='nt. dat')
          read ( * , * ) x0
          N=1        ! N 为迭代次数
10        f=x0 * * 3-2. * x0 * * 2+4. * x0+1
          f1=3. * x0 * * 2-4. * x0+4.
          x1=x0-f/f1
          write( * , * ) N, x0, x1
          write(1, * ) N, x0, x1
          If(abs(x1-x0). gt. 1e-6) then
          x0=x1
          N=N+1
          goto 10
          end if
          end
```

输入：1.0

输出结果

```
1          1.000000000000000    -3.333333333333333e-001
2         -3.333333333333333e-001   -2.287581699346405e-001
3         -2.287581699346405e-001   -2.225152446820112e-001
4         -2.225152446820112e-001   -2.224945143483070e-001
5         -2.224945143483070e-001   -2.224945141207864e-001
```

【例 6.16】 用牛顿迭代法求方程 $e^{2x} + x - 4 = 0$ 在区间 $[0.5, 1]$ 内根的近似值。

解 设 $f(x) = e^{2x} + x - 4$。由于 $f'(x) = 2e^{2x} + 1 > 0$，$f''(x) = 4e^{2x} > 0$ 且 $f(1) = 4.389 > 0$，所以根据定理 6.3，可取 $x_0 = 1$ 作为初值。

$$x_1 = 1 - \frac{f(1)}{f'(1)} = 0.721\,83$$

$$x_2 = 0.721\,83 - \frac{f(0.721\,83)}{f'(0.721\,83)} = 0.620\,69$$

$$\vdots$$

$$x_5 = 0.610\,36$$

显然，与例 6.11 相比，牛顿法比一般的函数迭代法收敛速度要快。

【例 6.17】　计算 $f(x) = x^{41} + x^3 + 1 = 0$ 在 $x_0 = -1$ 附近的实根。精确到小数点后四位。

解　由于

$$f'(x) = 41x^{40} + 3x^2, \quad \frac{1}{2}f''(x) = 820x^{39} + 3x$$

有 $f(-1) = -1$，$f'(-1) = 44$，$f''(-1) = -823$。而

$$[f'(-1)]^2 = 44^2 = 1936 > \left| \frac{1}{2}f''(-1) \right| \cdot | f(-1) | = 823$$

因此根据式（6.13），可取 $x_0 = -1$ 作为初值。经计算可得 $x_1 = -0.9773$，…，$x_4 = -0.9525$。

【例 6.18】　计算 $\sqrt{c}$ 的近似值。

解　令 $x = \sqrt{c}$，可知原问题的解对应于求解方程 $f(x) = x^2 - c = 0$ 的正根。对于该方程使用牛顿法可得

$$x_{n+1} = x_n - \frac{x_n^2 - c}{2x_n} = \frac{1}{2}\left(x_n + \frac{c}{x_n}\right)$$

这里 $f'(x) = 2x$，$f''(x) = 2$。迭代时注意初值的选取。

【例 6.19】　试采用牛顿迭代法求解例 6.4。

解　由例 6.4 可知 $E_b = \dfrac{\Delta V}{r_b \ln \dfrac{r_a}{r_b}}$。将 $r_a = 0.84$ m，$E_b = 6.0$ MV/m，$\Delta V = 50$ kV 等数值代入可得

$$f(r_b) = \frac{1}{\ln \dfrac{0.84}{r_b}} - 120 r_b = 0, \quad f'(r_b) = \frac{1}{r_b \ln^2 \dfrac{0.84}{r_b}} - 120$$

中心细线的半径范围应该在 $(0, r_a)$ 区间，选取初值 $x = 0.1$，利用牛顿迭代法程序计算，迭代 4 次后，可得 $r_b = 0.0013$ m。

【例 6.20】　有若干个摩擦系数为 μ（取 $\mu = 0.5$）的斜面 A_1、A_2、A_2、…，它们有共同的底边 B 和端点 b，其顶端都在同一竖直线上，如图 6.10 所示，它们的倾角 θ 在 $\left(0, \dfrac{\pi}{2}\right)$ 之间，将物体从各斜面顶端依次释放，试问物体沿哪个斜面下滑最先到达底端。

解　选沿倾角为 θ 的斜面下滑的物体来研究。它的运动是匀加速直线运动。取此斜面顶端为坐标原点，而 x 轴沿斜面向下。沿 x 方向物体下滑的加速度 a 为

$$a = g(\sin\theta - \mu \cos\theta)$$

由初始条件 $t = 0$ 时，$x_0 = 0$，$v_0 = 0$，则得

$$x = \frac{1}{2}at^2 = \frac{1}{2}(g \sin\theta - \mu g \cos\theta)t^2$$

物体从顶端下滑到底端经过的距离是 $x = b/\cos\theta$。将此 x 值代入上式，可得下滑所用时间为

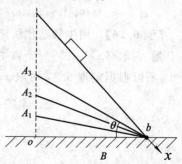

图 6.10　斜劈与物体示意图

$$t = \left[\frac{2b}{g\,\cos\theta(\sin\theta - \mu\,\cos\theta)} \right]^{1/2}$$

若要时间最小，即令 $f(\theta) = \cos\theta(\sin\theta - \mu\,\cos\theta)$ 取最大值即可。因此对求上式求导数，再令其等于零，可求出 θ，即

$$\frac{\mathrm{d}f}{\mathrm{d}\theta} = \cos 2\theta + \mu\,\sin 2\theta = 0$$

该方程若采用牛顿法计算，选取初值为 2，运算结果为 $\theta = 1.017\,222$ 弧度，迭代次数 4 次。

牛顿法可求方程的实根，也可以求方程的复根，这时只要令 $z_0 = x_0 + y_0 \mathrm{i}$，迭代按 $z_{n+1} = z_n - f(z_n)/f'(z_n)$ 进行。

【例 6.21】 用牛顿法计算 $f(z) = z^3 - z - 1 = 0$ 的复根。

解 迭代公式为 $z_{n+1} = z_n - (z_n^3 - z_n - 1)/(3z_n^2 - 1)$，取初值 $z_0 = -0.5 + 0.5\mathrm{i}$，计算结果为 $z_1 = -0.6923 + 0.5385\mathrm{i}$，$z_2 = -0.6611 + 0.5611\mathrm{i}$，$z_3 = -0.6624 + 0.5621\mathrm{i}$。

牛顿迭代法在计算时要用到函数的导数，这使得在很多情况下难以使用牛顿迭代法，弦截法（割线法）是它的一种改进，在牛顿迭代公式中，用差商代替导数，即

$$f'(x_n) \approx \frac{f(x_n) - f(x_{n-1})}{x_n - x_{n-1}}$$

代入牛顿迭代公式可得

$$x_{n+1} = x_n - \frac{f(x_n)}{f(x_n) - f(x_{n-1})}(x_n - x_{n-1}) \qquad (n = 0, 1, 2, 3, \cdots) \qquad (6.14)$$

这就是弦截法（割线法）的迭代格式（参见例 1.11）。这一迭代格式中没有用到函数的导数，计算方便，但收敛速度较牛顿法要慢，开始时要用到两个不同的根的近似值作初值。

【例 6.22】 试采用弦截法求解例 6.1。

在相距 100 m 的两个塔（高度相等的点）上悬挂一根电缆（如图 6.11 所示），允许电缆中间下垂 10 m。试确定悬链线方程

$$y = a\,\mathrm{ch}\,\frac{x}{a} \qquad x \in [-50, 50]$$

中的参数 a。

解 由于曲线最低点和最高点相差 10 m，有 $y(50) = y(0) + 10$，即

$$a\,\mathrm{ch}\,\frac{50}{a} = a + 10$$

要确定参数 a，先构造函数

$$f(a) = a\,\mathrm{ch}\,\frac{50}{a} - a - 10$$

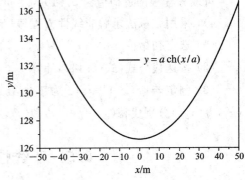

图 6.11　电缆悬挂示意图

该函数的图形如图 6.12 所示。由图可知，根的区间在 $[120, 150]$ 范围内，故选取以上方程根的两个初始值为 $a_0 = 120$，$a_1 = 150$。用弦截法计算结果见表 6.4。

表 6.4　弦截法参数 a 的变化

a_0	a_1	a_2	a_3	a_4	a_5	a_6
120.0000	150.0000	127.9016	126.3898	126.6350	126.6324	126.6324

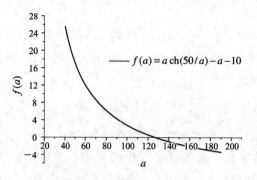

图 6.12　悬链线方程示意图

上表中 $x_5=x_6$，故可取方程的根为 126.6324。所求悬链线方程为

$$y = 126.6324\,\mathrm{ch}\,\frac{x}{126.6324} \qquad x \in [-50, 50]$$

事实上，牛顿迭代法的每一次迭代要涉及到一个函数值和一个导数值的计算，它的几何背景是求曲线上某一点处的切线与 x 轴的交点横坐标作为根的近似值。而弦截法（割线法）每一次迭代只需计算一个不同点处的函数值，不用计算函数的导数值，其几何背景是求曲线上过某两点割线与 x 轴的交点横坐标作为根的近似值。

【例 6.23】　用弦截法求方程 $e^{2x}+x-4=0$ 在区间 $[0.5,1]$ 内根的近似值。

解　设 $f(x)=e^{2x}+x-4$，取 $x_0=0.5$，$x_1=1$。计算结果如表 6.5 所示。

表 6.5　弦截法求根次数与 x 的变化

n	0	1	2	3	4	5	6
x_n	0.5	1	0.575 59	0.599 54	0.610 69	0.610 36	0.610 36

可取方程根的近似值为 0.610 36。可以看出，弦截法的收敛速度也是较快的。根据式 (6.14)，采用弦截法求解非线性方程编程计算步骤如下：

(1) 选定初始值 x_0、x_1，计算 $f(x_0)$ 和 $f(x_1)$；

(2) 按迭代公式（式(6.14)）计算 x_2，再计算 $f(x_2)$；

(3) 判定若 $|f(x_2)|\leqslant\varepsilon$（$\varepsilon$ 为事先给定误差），则迭代终止；否则，用 $(x_2, f(x_2))$ 和 $(x_1, f(x_1))$ 分别代替 $(x_1, f(x_1))$ 和 $(x_0, f(x_0))$，重复步骤(2)、(3)，直至 $|f(x_2)|\leqslant\varepsilon$。

6.5　非线性方程组的迭代法

为了叙述方便，下面以一个二元方程组为例来介绍非线性方程组的迭代法，对于一般情形，方法是不难类推的。考虑以下非线性方程组

$$\begin{cases} f_1(x, y) = 0 \\ f_2(x, y) = 0 \end{cases} \tag{6.15}$$

解非线性方程的牛顿法是把非线性问题线性化，对非线性问题线性化的方法也可用来解决方程组的问题，设已知方程组(6.15)的一组初始值为 (x_0, y_0)，把 $f_1(x, y)$ 和 $f_2(x, y)$ 都在 (x_0, y_0) 附近用二元泰勒展开，并取其线性部分，可以得到如下方程组

$$\begin{cases} \dfrac{\partial f_1(x_0,\,y_0)}{\partial x}(x-x_0)+\dfrac{\partial f_1(x_0,\,y_0)}{\partial y}(y-y_0)=-f_1(x_0,\,y_0) \\[3mm] \dfrac{\partial f_2(x_0,\,y_0)}{\partial x}(x-x_0)+\dfrac{\partial f_2(x_0,\,y_0)}{\partial y}(y-y_0)=-f_2(x_0,\,y_0) \end{cases} \tag{6.16}$$

只要系数矩阵的行列式

$$J_0=\begin{vmatrix} \dfrac{\partial f_1(x_0,\,y_0)}{\partial x} & \dfrac{\partial f_1(x_0,\,y_0)}{\partial y} \\[3mm] \dfrac{\partial f_2(x_0,\,y_0)}{\partial x} & \dfrac{\partial f_2(x_0,\,y_0)}{\partial y} \end{vmatrix}\neq 0$$

则方程组(6.16)的解可以写成

$$\begin{cases} x_1=x_0+\dfrac{1}{J_0}\begin{vmatrix} \dfrac{\partial f_1(x_0,\,y_0)}{\partial y} & f_1(x_0,\,y_0) \\[3mm] \dfrac{\partial f_2(x_0,\,y_0)}{\partial y} & f_2(x_0,\,y_0) \end{vmatrix} \\[8mm] y_1=y_0+\dfrac{1}{J_0}\begin{vmatrix} f_1(x_0,\,y_0) & \dfrac{\partial f_1(x_0,\,y_0)}{\partial x} \\[3mm] f_2(x_0,\,y_0) & \dfrac{\partial f_2(x_0,\,y_0)}{\partial x} \end{vmatrix} \end{cases} \tag{6.17}$$

将$(x_1,\,y_1)$可作为新的初值,重复式(6.17)可以得到$(x_2,\,y_2)$。实际编程计算时,只需用到$(x_0,\,y_0)$和$(x_1,\,y_1)$,每次将得到的$(x_1,\,y_1)$重新赋值给$(x_0,\,y_0)$,反复利用式(6.17)达到误差要求即可。

【例 6.24】 设

$$\begin{cases} f_1(x,\,y)=x^2+y^2-5=0 \\ f_2(x,\,y)=(x+1)y-(3x+1)=0 \end{cases}$$

用牛顿法求在$(x_0,\,y_0)=(1,\,1)$附近的解。

解 先计算出偏微商矩阵

$$\boldsymbol{J}_i=\begin{bmatrix} \dfrac{\partial f_1(x_i,\,y_i)}{\partial x} & \dfrac{\partial f_1(x_i,\,y_i)}{\partial y} \\[3mm] \dfrac{\partial f_2(x_i,\,y_i)}{\partial x} & \dfrac{\partial f_2(x_i,\,y_i)}{\partial y} \end{bmatrix}=\begin{bmatrix} 2x_i & 2y_i \\ y_i-3 & x_i+1 \end{bmatrix}$$

从$(x_0,\,y_0)=(1,\,1)$出发,计算

$$f_1(x_0,\,y_0)=-3,\quad f_2(x_0,\,y_0)=-2,\quad J_0=8$$

根据式(6.17),于是有

$$\begin{cases} x_1=x_0+\dfrac{1}{J_0}\begin{vmatrix} 2y_0 & f_1(x_0,\,y_0) \\ x_0+1 & f_2(x_0,\,y_0) \end{vmatrix}=1+\dfrac{1}{8}\begin{vmatrix} 2 & -3 \\ 2 & -2 \end{vmatrix}=1+\dfrac{1}{4}=\dfrac{5}{4} \\[6mm] y_1=y_0+\dfrac{1}{J_0}\begin{vmatrix} f_1(x_0,\,y_0) & 2x_0 \\ f_2(x_0,\,y_0) & y_0-3 \end{vmatrix}=1+\dfrac{1}{8}\begin{vmatrix} -3 & 2 \\ -2 & -2 \end{vmatrix}=1+\dfrac{10}{8}=\dfrac{9}{4} \end{cases}$$

再从$(x_1,\,y_1)$出发,算出

$$\begin{cases} x_2 = x_1 + \dfrac{1}{J_1} \begin{vmatrix} 2y_1 & f_1(x_1, y_1) \\ x_1 + 1 & f_2(x_1, y_1) \end{vmatrix} = \dfrac{5}{4} + \dfrac{1}{9} \begin{vmatrix} \dfrac{9}{2} & \dfrac{13}{8} \\ \dfrac{9}{4} & \dfrac{5}{16} \end{vmatrix} = 1 \\[4em] y_2 = y_1 + \dfrac{1}{J_1} \begin{vmatrix} f_1(x_1, y_1) & 2x_1 \\ f_2(x_1, y_1) & y_1 - 3 \end{vmatrix} = \dfrac{9}{4} + \dfrac{1}{9} \begin{vmatrix} \dfrac{13}{8} & \dfrac{5}{2} \\ \dfrac{5}{16} & -\dfrac{3}{4} \end{vmatrix} = \dfrac{73}{36} \end{cases}$$

如此继续下去，直到相邻两次近似值 (x_k, y_k) 和 (x_{k+1}, y_{k+1}) 满足条件

$$\max(\delta_x, \delta_y) < \varepsilon \tag{6.18}$$

为止，其中 $\delta_x = |x_{k+1} - x_k|$，$\delta_y = |y_{k+1} - y_k|$，$\varepsilon$ 为容许误差。

以上迭代解法可以推广到任意 n 元非线性方程组。

$$f_j(x_1, x_2, \cdots, x_n) = 0 \qquad (j = 1, 2, \cdots, n) \tag{6.19}$$

给定方程组(6.19)一组初值 $x_i^{(0)}(i=1, 2, \cdots, n)$，在 $x_i^{(0)}$ 邻域内将方程组(6.19)作多元函数泰勒展开，并略去二次以上的无穷小量，可得

$$f_j(x_1, x_2, \cdots, x_n) \approx f_j(x_1^{(0)}, x_2^{(0)}, \cdots, x_n^{(0)})$$

$$+ \sum_{i=0}^{n} (x_i - x_i^{(0)}) \frac{\partial f_i}{\partial x_i}(x_1^{(0)}, x_2^{(0)}, \cdots, x_n^{(0)}) \quad (j = 1, 2, \cdots, n) \tag{6.20}$$

令 $\Delta x_i = x_i - x_i^{(0)}$，上式左端为 0，得线性方程组

$$\sum_{i=1}^{n} \frac{\partial f_j}{\partial x_i}(x_1^{(0)}, x_2^{(0)}, \cdots, x_n^{(0)}) \Delta x_i = - f_j(x_1^{(0)}, x_2^{(0)}, \cdots, x_n^{(0)}) \quad (j = 1, 2, \cdots, n) \tag{6.21}$$

写成矩阵形式

$$J \Delta x = - F \tag{6.22}$$

其中 $\Delta x = (\Delta x_1, \Delta x_2, \cdots, \Delta x_n)^T$，$F = (f_1, f_2, \cdots, f_n)^T$，Jacobi 矩阵

$$J = \begin{bmatrix} \dfrac{\partial f_1}{\partial x_1} & \dfrac{\partial f_1}{\partial x_2} & \cdots & \dfrac{\partial f_1}{\partial x_n} \\[1em] \dfrac{\partial f_2}{\partial x_1} & \dfrac{\partial f_2}{\partial x_2} & \cdots & \dfrac{\partial f_2}{\partial x_n} \\[1em] \vdots & \vdots & & \vdots \\[1em] \dfrac{\partial f_n}{\partial x_1} & \dfrac{\partial f_n}{\partial x_2} & \cdots & \dfrac{\partial f_n}{\partial x_n} \end{bmatrix}$$

当 $\det(J)$ 在解的附近不为零时，线性代数方程组(6.21)有唯一解。解线性代数方程组(6.21)可得 $\Delta x_1, \Delta x_2, \cdots, \Delta x_n$，于是

$$x_i^{(1)} = x_i^{(0)} + \Delta x_i \qquad (i = 1, 2, \cdots, n) \tag{6.23}$$

可作为非线性方程组解的一组新的近似值。用 $x_i^{(1)}$ 代替 $x_i^{(0)}(i=1, 2, \cdots, n)$，重复上述过程，直到相邻两次近似值满足条件 $\max |x_i^{(k+1)} - x_i^{(k)}| < \varepsilon$ 为止。

与一元方程情况相同，当初值充分接近于解时，牛顿迭代过程收敛。选用偏差太大的初值，牛顿迭代可能发散。当函数 $f_j(x_1, x_2, \cdots, x_n)$ 的偏导数比较复杂时，可以用差商

$$\frac{f_j(x_1^{(k)}, \cdots, x_{i-1}^{(k)}, x_i^{(k)}+h_i, x_{i+1}^{(k)}, \cdots, x_n^{(k)}) - f_j(x_1^{(k)}, x_2^{(k)}, \cdots, x_n^{(k)})}{h_i}$$

代替 $\dfrac{\partial f_j}{\partial x_i}(x_1^{(k)}, x_2^{(k)}, \cdots, x_n^{(k)})$。

【例 6.25】 解非线性方程组

$$\begin{cases} 3x_1 - \cos(x_2 x_3) - \dfrac{1}{2} = 0 \\ x_1^2 - 81(x_2 + 0.1)^2 + \sin x_3 + 1.06 = 0 \\ e^{-x_1 x_2} + 20x_3 + \dfrac{10\pi - 3}{3} = 0 \end{cases}$$

取初值 $\boldsymbol{x}^{(0)} = (0.1, 0.1, -0.1)^{\mathrm{T}}$。

解 Jacobi 矩阵 $\boldsymbol{J}$ 是

$$\begin{bmatrix} 3 & x_3 \sin(x_2 x_3) & x_2 \sin(x_2 x_3) \\ 2x_1 & -162(x_2 + 0.1) & \cos x_3 \\ -x_2 e^{-x_1 x_2} & -x_1 e^{-x_1 x_2} & 20 \end{bmatrix}$$

根据(6.21)式可知第 k 步解线性代数方程组

$$\begin{bmatrix} 3 & x_3^{(k-1)} \sin(x_2^{(k-1)} x_3^{(k-1)}) & x_2^{(k-1)} \sin(x_2^{(k-1)} x_3^{(k-1)}) \\ 2x_1^{(k-1)} & -162(x_2^{(k-1)} + 0.1) & \cos x_3^{(k-1)} \\ -x_2^{(k-1)} e^{-x_1^{(k-1)} x_2^{(k-1)}} & -x_1^{(k-1)} e^{-x_1^{(k-1)} x_2^{(k-1)}} & 20 \end{bmatrix} \begin{bmatrix} \Delta x_1^{(k)} \\ \Delta x_2^{(k)} \\ \Delta x_3^{(k)} \end{bmatrix}$$

$$= -\begin{bmatrix} 3x_1^{(k-1)} - \cos(x_2^{(k-1)} x_3^{(k-1)}) - \dfrac{1}{2} \\ (x_1^{(k-1)})^2 - 81(x_2^{(k-1)} + 0.1)^2 + \sin x_3^{(k-1)} + 1.06 \\ e^{-x_1^{(k-1)} x_2^{(k-1)}} + 20x_3^{(k-1)} + \dfrac{10\pi - 3}{3} \end{bmatrix}$$

求出修正量 $\Delta x_1^{(k)}$、$\Delta x_2^{(k)}$、$\Delta x_3^{(k)}$，可得 $x_1^{(k)}$、$x_2^{(k)}$、$x_3^{(k)}$，即

$$\begin{bmatrix} x_1^{(k)} \\ x_2^{(k)} \\ x_3^{(k)} \end{bmatrix} = \begin{bmatrix} x_1^{(k-1)} \\ x_2^{(k-1)} \\ x_3^{(k-1)} \end{bmatrix} + \begin{bmatrix} \Delta x_1^{(k)} \\ \Delta x_2^{(k)} \\ \Delta x_3^{(k)} \end{bmatrix}$$

使用上述公式迭代五次的近似解列于表 6.6。

表 6.6 牛顿法解非线性方程组

k	$x_1^{(k)}$	$x_2^{(k)}$	$x_3^{(k)}$	$\| x^{(k)} - x^{(k-1)} \|$
0	0.100 000 00	0.100 000 00	$-0.100\,000\,00$	—
1	0.500 037 02	0.019 466 86	$-0.521\,520\,47$	0.422
2	0.500 045 93	0.001 588 59	$-0.523\,557\,11$	1.79×10^{-2}
3	0.500 000 34	0.000 012 44	$-0.523\,598\,45$	1.58×10^{-3}
4	0.500 000 00	0.000 000 00	$-0.523\,598\,77$	1.24×10^{-5}
5	0.500 000 00	0.000 000 00	$-0.523\,598\,77$	0

方程组的精确解为 $\boldsymbol{x} = \left(0.5, 0, -\dfrac{\pi}{6}\right)^{\mathrm{T}}$。

习　题　六

6.1　用二分法编程求解方程 $f(x)=x^3-x-1=0$ 在 $[1.0,1.5]$ 区间内的一个根。误差 $\varepsilon=10^{-2}$，编程中要求采用函数子程序。

6.2　方程 $f(x)=x^2-0.9x-8.5=0$ 在区间 $[2,4]$ 内有一实根，采用二分法求此根。又若要将此根准确到小数点后六位，需要进行多少次二分？

6.3　能否用迭代法求下列方程根，如不能，试将方程改写能用迭代法求解的形式，并分别用迭代法和埃特金法求根。（精度要求 $|x_n-x_{n-1}|<10^{-5}$）

(1)　$x=\dfrac{\cos x+\sin x}{4}$；

(2)　$x=4-2^x$；

(3)　$f(x)=2x^3-x-1=0$。

6.4　用迭代法计算二氧化碳气体分子体积 v。其中二氧化碳气体的状态方程式为

$$\left[p+\frac{a}{v^2}\right](v-b)=RT$$

这里取 $a=3.592$，$b=0.04267$，$p=200$，$T=500$，$R=0.082\,054$，$\varepsilon=10^{-4}$。

6.5　用牛顿法编程计算 $\sin x-\dfrac{x}{2}=0$ 的正根。（取 $x_0=\pi$ 和 $x_0=\dfrac{\pi}{2}$ 分别计算至 $\varepsilon<10^{-4}$。）

6.6　质量为 m 的小球以速度 v_0 正面撞击质量为 M 的静止小球，假设碰撞是完全弹性碰撞，没有能量损失，利用牛顿法求解相关方程，给出碰撞后两球的速度随两小球质量比 $K=M/m$ 的关系（$K=0.1\sim10$）。

6.7　用牛顿法计算 $\sqrt{7}$，要求精确到小数点后六位。

6.8　用弦截法编程计算例 6.22，要求采用函数子程序编程。

6.9　用弦截法编程计算 $1-x-\sin x=0$ 的根，取 $x_0=0$，$x_1=1$。要求精确到小数点后三位。

6.10　用迭代法求解方程组

$$\begin{cases} u=x^2+y^2-1=0 \\ v=x^3-y=0 \end{cases}$$

在 $x_0=0.8$，$y_0=0.6$ 附近的根，要求作三次迭代。

6.11　用迭代法解非线性方程组

$$\begin{cases} 4x^2+y^2-4=0 \\ x+y-\sin(x-y)=0 \end{cases}$$

初值取为 $(1,0)$，$\varepsilon=10^{-3}$。

第七章　实验物理学中的插值和数据拟合

在有关科学研究和工程计算中，常常会遇到计算函数值等问题，然而实际中的函数关系往往是很复杂的，它们甚至没有明显的解析表达式。例如在大学物理实验中根据观测或实验得到一系列的数据，它们确定了与自变量的某些点相应的函数值，而需要计算未测量到点的函数值，这时我们就需要根据测量到的数据构造一个适当的函数近似地去代替要寻求的函数，这就是本章要介绍的插值和数据拟合。本章重点介绍大学物理实验中经常用到的插值和数据拟合方法，例如拉格朗日插值、牛顿插值、埃尔米特插值、三次样条插值等方法，最后还将介绍数值微分以及最小二乘曲线拟合，并附上相应的 FORTRAN 计算程序。

7.1　实验数据的拉格朗日插值法

描述客观现象的函数 $y=f(x)$ 通常是很复杂的。若有一组实验观测结果如表 7.1 所示。

表 7.1　一组实验观测数据

x	x_1	x_2	x_3	$\cdots$	x_n
y	y_1	y_2	y_3	$\cdots$	y_n

如果已知 $x=u$，试求函数值 y_u。设 u 处于 x_i 和 x_{i+1} 之间，即 $x_i < u < x_{i+1}$，利用线性插值有

$$y_u = \frac{u - x_i}{x_{i+1} - x_i}(y_{i+1} - y_i) + y_i \tag{7.1}$$

采用线性插值，精度不高，常采用拉格朗日插值公式

$$y_u = L_{n-1}(u) = \sum_{i=1}^{n} \frac{\prod(u)}{(u - x_i)\prod'(x_i)} y_i \tag{7.2}$$

其中 n 是插值时所利用的点数。上式中记号

$$\prod(u) = (u - x_1)(u - x_2)\cdots(u - x_n)$$

$$\prod'(x_i) = (x_i - x_1)(x_i - x_2)\cdots(x_i - x_n)$$

如进行四点插值（三次拉格朗日插值多项式），则有

$$y_u = \frac{(u - x_2)(u - x_3)(u - x_4)}{(x_1 - x_2)(x_1 - x_3)(x_1 - x_4)} y_1 + \frac{(u - x_1)(u - x_3)(u - x_4)}{(x_2 - x_1)(x_2 - x_3)(x_2 - x_4)} y_2$$

$$+ \frac{(u - x_1)(u - x_2)(u - x_4)}{(x_3 - x_1)(x_3 - x_2)(x_3 - x_4)} y_3 + \frac{(u - x_1)(u - x_2)(u - x_3)}{(x_4 - x_1)(x_4 - x_2)(x_4 - x_3)} y_4 \tag{7.3}$$

通常采用三点(二次拉格朗日抛物线)插值。设有 n 个采样点。首先判断被插值点的横坐标 u 值在 x_i 序列中的位置。具体步骤为：

(1) 若 $x_1 < u < x_2 < x_3$，则由对应于横坐标为 x_1、x_2、x_3 的三个点确定 y_u。

(2) 若 $x_{n-2} < x_{n-1} < u < x_n$，同样由对应于横坐标为 x_{n-2}、x_{n-1}、x_n 的三个点确定 y_u。

(3) 若 $x_{i-1} < u < x_i (i=3, 4, \cdots, n-1)$，则

① 若 u 靠近 x_i，则取对应于横坐标为 x_{i-1}、x_i、x_{i+1} 的三个点确定 y_u；

② 若 u 靠近 x_{i-1}，则取对应于横坐标为 x_{i-2}、x_{i-1}、x_i 的三个点确定 y_u。

在确定了 u 靠近的三个点 x_{i-1}、x_i、x_{i+1} 之后，可以用以下三点拉格朗日公式求 y_u。

$$y_u = \frac{(u-x_i)(u-x_{i+1})}{(x_{i-1}-x_i)(x_{i-1}-x_{i+1})}y_{i-1} + \frac{(u-x_{i-1})(u-x_{i+1})}{(x_i-x_{i-1})(x_i-x_{i+1})}y_i + \frac{(u-x_{i-1})(u-x_i)}{(x_{i+1}-x_{i-1})(x_{i+1}-x_i)}y_{i+1}$$

$$(7.4)$$

三点插值程序设计思想是按 u 在 x_i 序列中的位置情况进行的，即

(1) $u < x_2$ 时，取 $i=2$；

(2) $u > x_{n-1}$ 时，取 $i=n-1$；

(3) u 靠近 x_{i-1} 时，$i=i-1$；u 靠近 x_i 时，i 不变。

下面以 $y = \sin x$ 为例给出三点拉格朗日插值计算程序。

【例 7.1】 将 $x \in [0, 2\pi]$ 区间 n 等分，试用三点拉格朗日插值公式编程给出 $x=1.4$ 时 $y = \sin x$ 的值并与 $y = \sin(1.4)$ 作比较。

计算程序：

```
            dimension x(1000),y(1000)
            write( * , * )'input u,n=?'
            read( * , * )u,n
            pi=3.1415926
            do 5 i=1,n
            x(i)=float(i)* 2.* pi/n
        5   y(i)=sin(x(i))
            do 10 i=2,n-1
        10  if(u.le.x(i)) goto 15
            i=n-1
            goto 70
        15  if(i.eq.2) goto 70
            if((u-x(i-1)).lt.(x(i)-u)) i=i-1
        70  x1=x(i-1)
            x2=x(i)
            x3=x(i+1)
            a1=(u-x2)* (u-x3)/((x1-x2)* (x1-x3))
            a2=(u-x1)* (u-x3)/((x2-x1)* (x2-x3))
            a3=(u-x1)* (u-x2)/((x3-x1)* (x3-x2))
            yu=a1* y(i-1)+a2* y(i)+a3* y(i+1)
            yuu=sin(u)
            write( * , * )u, yuu, yu
```

　　　　　end

程序中 yuu 为精确解，而 yu 为插值结果。若取 $n=100$，$x=1.4$，计算结果为 yuu＝
0.985 449 7（精确值），yu＝0.985 447 7（插值结果）。

【**例 7.2**】　给定 $f(x)=\sqrt{x}$ 的函数表如表 7.2 所示。

　　　　表 7.2

x	144	169	225
$y=f(x)$	12	13	15

用拉格朗日二次插值多项式计算 $f(175)$ 的近似值。

　　解　设 $x_1=144$、$x_2=169$、$x_3=225$，代入式(7.4)可得拉格朗日二次插值多项式

$$L_2(x)=\frac{(x-x_2)(x-x_3)}{(x_1-x_2)(x_1-x_3)}y_1+\frac{(x-x_1)(x-x_3)}{(x_2-x_1)(x_2-x_3)}y_2+\frac{(x-x_1)(x-x_2)}{(x_3-x_1)(x_3-x_2)}y_3$$

$$=\frac{(x-169)(x-225)}{2025}\times12-\frac{(x-144)(x-225)}{1400}\times13+\frac{(x-144)(x-169)}{2025}\times15$$

经计算可得 $L_2(175)=13.230$，而 $y=f(175)=\sqrt{175}\approx13.229$。

　　对于本例题，若采用 $x_2=169$、$x_3=225$ 两点间的线性插值，计算后可得到 $L_1(175)\approx$
13.214。那么在指定的区间 $[a,b]$ 上，用 $f(x)$ 的插值多项式近似代替 $f(x)$，其误差是否会
随插值节点的加密(多项式次数的增高)而减小？事实上对于某些函数，适当地提高插值多
项式的次数，则会提高计算精度。当函数 $f(x)$ 是连续函数时，加密插值节点虽然使插值函
数与被插值函数在更多节点上的取值相等，但由于插值多项式函数在某些非节点处的振荡
可能加大，因而可能使在非节点处的误差变得很大。另外节点加密会增加插值多项式的计
算次数，而不利于控制舍入误差。

【**例 7.3**】　给定函数 $f(x)=\dfrac{1}{1+x^2}$，$x\in[-5,5]$。

　　解　取插值节点为 $x_k=-5+k(k=0,1,\cdots,10)$。用拉格朗日插值公式(7.2)构造 10

次插值多项式 $L_{10}(x)$。图 7.1 给出了 $L_{10}(x)$ 和 $f(x)=\dfrac{1}{1+x^2}$ 的图形。可以看出在接近区间

两端点附近，两函数差别较大。Runge 证明了在节点等距的条件下，当 $n\to\infty$ 时，由式(7.2)
所表示的插值多项式只在 $|x|\leqslant3.63$ 内收敛。这一插值举例又称为 Runge 反例。这一现象说
明并非插值多项式的次数越高，其精度就越高。实践中很少采用次数高于五次的多项式
插值。

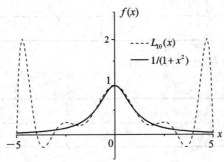

图 7.1　高次多项式插值的 Runge 反例

7.2 差商与牛顿插值公式

采用拉格朗日插值时，当精度不能满足要求而需要增加插值节点时，必须重新构造插值多项式，不能利用以前的计算结果。而牛顿插值公式可在增加新节点的同时，使原有计算结果仍然可以利用。

7.2.1 差商概念

定义 7.1 称 $f[x_0, x_1] = \dfrac{f(x_1) - f(x_0)}{x_1 - x_0}$ 为函数 $f(x)$ 关于点 x_0、x_1 的一阶差商。

根据定义 7.1，显然有

$$f[x_0, x_1] = f[x_1, x_0] \quad （对称性） \tag{7.5}$$

定义 7.2 称 $f[x_0, x_1, x_2] = \dfrac{f[x_1, x_2] - f[x_0, x_1]}{x_2 - x_0}$ 为函数 $f(x)$ 关于点 x_0、x_1、x_2 的二阶差商。

事实上二阶差商就是一阶差商的差商。可以验证，二阶差商的写法与点 x_i 的排列顺序无关，也具有对称性，即

$$f[x_0, x_1, x_2] = f[x_1, x_0, x_2] = \cdots = f[x_2, x_1, x_0] \tag{7.6}$$

定义 7.3 $n-1$ 阶差商的差商为 n 阶差商，即

$$f[x_0, x_1, x_2, \cdots, x_n] = \frac{f[x_1, x_2, \cdots, x_n] - f[x_0, x_1, \cdots, x_{n-1}]}{x_n - x_0} \tag{7.7}$$

差商的计算可列差商表（见表 7.3）。

表 7.3 差 商 表

x_k	$f(x_k)$	一阶差商	二阶差商	三阶差商
x_0	$f(x_0)$			
		$f[x_0, x_1]$		
x_1	$f(x_1)$		$f[x_0, x_1, x_2]$	
		$f[x_1, x_2]$		$f[x_0, x_1, x_2, x_3]$
x_2	$f(x_2)$		$f[x_1, x_2, x_3]$	
		$f[x_2, x_3]$		
x_3	$f(x_3)$			

【**例 7.4**】 已知下列数据点（见表 7.4），

表 7.4

x_i	1	3	4	7
$f(x_i)$	0	2	15	12

计算 $f[1, 3, 4, 7]$。

根据定义 7.1～7.3 并结合表 7.3 可得表 7.5。

表 7.5　例 7.4 差商表

x_k	$f(x_k)$	一阶差商	二阶差商	三阶差商
1	0			
		1		
3	2		4	
		13		$-5/4$
4	15		$-7/2$	
		-1		
7	12			

7.2.2　牛顿插值多项式

设函数 $y=f(x)$ 在 $n+1$ 个互异节点 $x_0,x_1,\cdots,x_n$ 处的函数值为 $y_0,y_1,y_2,\cdots,y_n$，即 $y_i=f(x_i)$。由有关代数理论知，通过这 $n+1$ 个点 $(x_i,y_i)(i=0,1,2,\cdots,n)$ 可列出一个次数不超过 n 的代数多项式，设为

$$N_n(x) = c_0 + c_1(x-x_0) + c_2(x-x_0)(x-x_1) + \cdots$$
$$+ c_n(x-x_0)(x-x_1)\cdots(x-x_{n-1}) \qquad (7.8)$$

其中 $c_i(i=0,1,2,\cdots,n)$ 为待定常数。将 (x_i,y_i) 分别代入 $N_n(x)$，可得

$$\begin{cases} c_0 = y_0 \\ c_0 + (x_1-x_0)c_1 = y_1 \\ c_0 + (x_2-x_0)c_1 + (x_2-x_0)(x_2-x_1)c_2 = y_2 \\ \quad\vdots \\ c_0 + (x_n-x_0)c_1 + (x_n-x_0)(x_n-x_1)c_2 + \cdots + (x_n-x_0)\cdots(x_n-x_{n-1})c_n = y_n \end{cases}$$
$$(7.9)$$

由于 x_i 互异，以上方程组的系数行列式

$$\begin{vmatrix} 1 & 0 & 0 & \cdots & 0 \\ 1 & x_1-x_0 & 0 & \cdots & 0 \\ 1 & x_2-x_0 & (x_2-x_0)(x_2-x_1) & \cdots & 0 \\ \vdots & \vdots & \vdots & & \vdots \\ 1 & x_n-x_0 & (x_n-x_0)(x_n-x_1) & \cdots & (x_n-x_0)\cdots(x_n-x_{n-1}) \end{vmatrix} \neq 0$$

故该方程组有唯一解。通过 $n+1$ 个点 $(x_i,y_i)(i=0,1,2,\cdots,n)$ 所做次数不超过 n 的代数多项式也是唯一的。

由方程组(7.9)中的第一式可得

$$c_0 = y_0 = f(x_0)$$

将 c_0 代入方程组(7.9)中的第二式可得

$$c_1 = \frac{y_1-y_0}{x_1-x_0} = \frac{f(x_1)-f(x_0)}{x_1-x_0} = f[x_0,x_1]$$

依此类推，最后求得

$$c_n = f[x_0, x_1, \cdots, x_n]$$

将 $c_0, c_1, \cdots, c_n$ 代入式(7.8)，牛顿插值多项式可以表示为

$$N_n(x) = f(x_0) + f[x_0, x_1](x-x_0) + f[x_0, x_1, x_2](x-x_0)(x-x_1) + \cdots$$
$$+ f[x_0, x_1, \cdots, x_n](x-x_0)(x-x_1)\cdots(x-x_{n-1}) \tag{7.10}$$

观察上式可知，牛顿一次插值多项式为

$$N_1(x) = f(x_0) + f[x_0, x_1](x-x_0) \tag{7.11}$$

牛顿二次插值多项式为

$$N_2(x) = f(x_0) + f[x_0, x_1](x-x_0) + f[x_0, x_1, x_2](x-x_0)(x-x_1)$$
$$= N_1(x) + f[x_0, x_1, x_2](x-x_0)(x-x_1) \tag{7.12}$$

所以增加节点数目，以前计算结果仍可以利用，可以推出

$$N_{n+1}(x) = N_n(x) + f[x_0, x_1, \cdots, x_{n+1}](x-x_0)(x-x_1)\cdots(x-x_n) \tag{7.13}$$

采用计算机编程求牛顿插值多项式时，可先构造差商表，再按以下公式计算

$$N_n(x) = f(x_0) + \sum_{i=1}^{n} \Big[\prod_{j=0}^{i-1} (x-x_j) \Big] f[x_0, x_1, \cdots, x_i]$$

【例 7.5】 给出通过例 7.4 中数据点的牛顿三次插值多项式。

解 利用例 7.4 中的差商表及牛顿插值多项式公式得

$$N_3(x) = f(x_0) + f[x_0, x_1](x-x_0) + f[x_0, x_1, x_2](x-x_0)(x-x_1)$$
$$+ f[x_0, x_1, x_2, x_3](x-x_0)(x-x_1)(x-x_2)$$
$$= 0 + (x-1) + 4(x-1)(x-3) - \frac{5}{4}(x-1)(x-3)(x-4)$$
$$= -\frac{1}{4}(5x^3 - 56x^2 + 155x - 104)$$

7.3 Hermite 插值

在 7.1 节中所讨论的实际为分段低次插值法，它无法保证分段插值多项式在节点处导数的连续性，因而插值函数曲线的光滑度可能很差，有时就不能满足实际需要。为了得到具有一阶光滑度的函数，在节点 $a \leqslant x_1 < x_2 < \cdots < x_n \leqslant b$ 上除给出函数值 $f(x_i)$ 外，还要给出一阶导数值 $f'(x_i) = y_i'$，即要求插值多项式 $H(x)$ 满足

$$\begin{cases} H(x_i) = f(x_i) & (i = 0, 1, \cdots, n) \\ H'(x_i) = f'(x_i) = y_i' & (i = 0, 1, \cdots, n) \end{cases} \tag{7.14}$$

一般地，如果要求插值函数具有 m 阶 $(m = 1, 2, \cdots)$ 光滑度，可以给出 $f(x)$ 在节点 $x_i (i = 0, 1, \cdots, n)$ 上的 1 阶至 m 阶导数值，并要求插值多项式满足

$$\begin{cases} H(x_i) = f(x_i) & (i = 0, 1, \cdots, n) \\ H^{(j)}(x_i) = f^{(j)}(x_i) & (i = 0, 1, \cdots, n; j = 1, 2, \cdots, m) \end{cases} \tag{7.15}$$

称上述插值问题为埃尔米特(Hermite)插值。显然满足条件(7.14)的 Hermite 插值是最简单的情形。由于 $H(x)$ 要满足式(7.14)中的 $2n+2$ 个条件，因此 $H(x)$ 是一个次数不超过 $2n+1$ 的多项式。比如当 $n=2$ 时(3 个节点)，插值多项式将是一个 5 次多项式。由于高次

插值多项式的收敛性和稳定性都不能得以保证，所以采取分段插值法。

7.3.1 Hermite 插值公式

首先讨论两点三次 Hermite 插值多项式。已知函数 $f(x)$ 在节点 x_0、x_1 上的函数值以及一阶导数如表 7.6 所示。

表 7.6 节点 x 与对应 $f(x)$、$f'(x)$ 的值

x	x_0	x_1
$f(x)$	y_0	y_1
$f'(x)$	y_0'	y_1'

求一个三次 Hermite 插值多项式 $H_3(x)$，使其满足

$$\begin{cases} H_3(x_i) = y_i & (i = 0, 1) \\ H_3'(x_i) = y_i' & (i = 0, 1) \end{cases} \tag{7.16}$$

设 $\alpha_0(x)$、$\alpha_1(x)$、$\beta_0(x)$、$\beta_1(x)$ 都是三次多项式，并且满足

$$\alpha_j(x_i) = \begin{cases} 0 & (j \neq i; \; i, j = 0, 1) \\ 1 & (j = i; \; i, j = 0, 1) \end{cases} \tag{7.17}$$

$$\alpha_j'(x_i) = 0 \qquad (i, j = 0, 1) \tag{7.18}$$

$$\beta_j'(x_i) = \begin{cases} 0 & (j \neq i; \; i, j = 0, 1) \\ 1 & (j = i; \; i, j = 0, 1) \end{cases} \tag{7.19}$$

$$\beta_j(x_i) = 0 \qquad (i, j = 0, 1) \tag{7.20}$$

它们的线性组合记为 $H_3(x)$，即

$$H_3(x) = a_0\alpha_0(x) + a_1\alpha_1(x) + b_0\beta_0(x) + b_1\beta_1(x)$$

$$= \sum_{j=0}^{1} (a_j\alpha_j(x) + b_j\beta_j(x))$$

其中，a_0、a_1、b_0、b_1 为待定参数。令 $H_3(x)$ 满足插值条件(7.16)，根据 $\alpha_j(x)$ 和 $\beta_j(x)$ 的性质(式(7.17)～(7.20))立即得到 $a_j = y_j (j = 0, 1)$，$b_j = y_j' (j = 0, 1)$。于是有

$$H_3(x) = \sum_{j=0}^{1} (y_j\alpha_j(x) + y_j'\beta_j(x)) \tag{7.21}$$

由 $\alpha_j(x)$ 的性质(式(7.17)和式(7.18))可看出，节点 x_0、x_1 依次是 $\alpha_1(x)$ 和 $\alpha_0(x)$ 的二重零点，并且 $\alpha_0(x_0) = \alpha_1(x_1) = 1$。因此 $\alpha_j(x)$ 可以用一次拉格朗日插值基函数 $l_j(x)$ 表示。又因 $\alpha_j(x)$ 是三次多项式，故可设

$$\alpha_j(x) = (ax + b)l_j^2(x) = (ax + b)\left(\frac{x - x_i}{x_j - x_i}\right)^2 \qquad (i, j = 0, 1; \; j \neq i) \tag{7.22}$$

其中，a 和 b 为待定参数。由 $\alpha_j(x_j) = 1$ 及 $\alpha_j'(x_j) = 0$，解出

$$a = -\frac{2}{x_j - x_i}, \quad b = 1 + \frac{2x_j}{x_j - x_i} \tag{7.23}$$

代入式(7.22)，经整理后可得

$$\alpha_j(x) = \left(1 - 2\frac{x - x_j}{x_j - x_i}\right)\left(\frac{x - x_i}{x_j - x_i}\right)^2 \qquad (i, j = 0, 1; i \neq j) \tag{7.24}$$

类似地，设

$$\beta_j(x) = (cx + d)l_j^2(x) = (cx_j + d)\left(\frac{x - x_i}{x_j - x_i}\right)^2 \qquad (i, j = 0, 1; i \neq j) \tag{7.25}$$

利用条件(7.19)和(7.20)可得

$$c = 1, \quad d = -x_j$$

代入式(7.25)可得

$$\beta_j(x) = (x - x_j)\left(\frac{x - x_i}{x_j - x_i}\right)^2 \qquad (i, j = 0, 1; i \neq j) \tag{7.26}$$

将式(7.24)和式(7.26)代入式(7.21)，可得两个节点的三次 Hermite 插值多项式

$$H_3(x) = y_0\left(1 - 2\frac{x - x_0}{x_0 - x_1}\right)\left(\frac{x - x_1}{x_0 - x_1}\right)^2 + y_1\left(1 - 2\frac{x - x_1}{x_1 - x_0}\right)\left(\frac{x - x_0}{x_1 - x_0}\right)^2$$

$$+ y_0'(x - x_0)\left(\frac{x - x_1}{x_0 - x_1}\right)^2 + y_1'(x - x_1)\left(\frac{x - x_0}{x_1 - x_0}\right)^2 \tag{7.27}$$

【例 7.6】 已知 $f(x)$ 在两个节点上函数值及导数值如表 7.7 所示，求 $f(x)$ 的三次 Hermite 插值多项式。

表 7.7 节点 x 与对应 $f(x)$、$f'(x)$ 的值

x	1	2
$f(x)$	2	3
$f'(x)$	0	-1

解 设 $x_0 = 1$, $x_1 = 2$。

$$\alpha_0(x) = \left(1 - 2\frac{x - x_0}{x_0 - x_1}\right)\left(\frac{x - x_1}{x_0 - x_1}\right)^2 = (2x - 1)(x - 2)^2$$

$$\alpha_1(x) = \left(1 - 2\frac{x - x_1}{x_1 - x_0}\right)\left(\frac{x - x_0}{x_1 - x_0}\right)^2 = (5 - 2x)(x - 1)^2$$

$$\beta_0(x) = (x - x_0)\left(\frac{x - x_1}{x_0 - x_1}\right)^2 = (x - 1)(x - 2)^2$$

$$\beta_1(x) = (x - x_1)\left(\frac{x - x_0}{x_1 - x_0}\right)^2 = (x - 2)(x - 1)^2$$

因此有

$$H_3(x) = 2\alpha_0(x) + 3\alpha_1(x) - \beta_1(x) = -3x^3 + 13x^2 - 17x + 9$$

类似于两个节点的情形，可推出 $f(x)$ 关于 $n+1$ 个节点的 Hermite 插值公式为

$$H_{2n+1}(x) = \sum_{j=0}^{n}\left[y_j\alpha_j(x) + y_j'\beta_j(x)\right] \tag{7.28}$$

其中，

$$\alpha_j(x) = \left[1 - 2(x - x_j)\sum_{\substack{i=0\\i\neq j}}^{n}\frac{1}{x_j - x_i}\right]l_j^2(x) \tag{7.29}$$

$$\beta_j(x) = (x - x_j)l_j^2(x) \tag{7.30}$$

这里 $l_j(x) = \prod\limits_{\substack{i=0\\i\neq j}}^{n}\dfrac{x - x_i}{x_j - x_i}$ 是 n 次拉格朗日插值基函数。

【例 7.7】 假设函数 $f(x)$ 在 $x_0 = 1.3$、$x_1 = 1.6$、$x_2 = 1.9$ 的函数值及导数值如表 7.8 所示。

表 7.8 节点 x 与对应 $f(x)$、$f'(x)$的值

k	x_k	$f(x_k)$	$f'(x_k)$
0	1.3	0.620 086 0	$-0.522\ 023\ 2$
1	1.6	0.455 402 2	$-0.569\ 895\ 9$
2	1.9	0.281 818 6	$-0.581\ 157\ 1$

应用 Hermite 插值计算 $f(1.5)$ 的近似值。

解 首先计算各次拉格朗日插值基函数及其导数

$$l_0(x) = \frac{(x - x_1)(x - x_2)}{(x_0 - x_1)(x_0 - x_2)} = \frac{50}{9}x^2 - \frac{175}{9}x + \frac{152}{9}$$

$$l_0'(x) = \frac{100}{9}x - \frac{175}{9}$$

$$l_1(x) = \frac{(x - x_0)(x - x_2)}{(x_1 - x_0)(x_1 - x_2)} = \frac{-100}{9}x^2 + \frac{320}{9}x - \frac{247}{9}$$

$$l_1'(x) = \frac{-200}{9}x + \frac{320}{9}$$

$$l_2(x) = \frac{(x - x_0)(x - x_1)}{(x_2 - x_0)(x_2 - x_1)} = \frac{50}{9}x^2 - \frac{145}{9}x + \frac{104}{9}$$

$$l_2'(x) = \frac{100}{9}x - \frac{145}{9}$$

其次，计算多项式 $\alpha_j(x)$ 和 $\beta_j(x)(j = 0, 1, 2)$

$$\alpha_0(x) = \left[1 - 2(x - 1.3)(-5)\right]\left(\frac{50}{9}x^2 - \frac{175}{9}x + \frac{152}{9}\right)^2$$

$$= (10x - 12)\left(\frac{50}{9}x^2 - \frac{175}{9}x + \frac{152}{9}\right)^2$$

$$\alpha_1(x) = 1\left(\frac{-100}{9}x^2 + \frac{320}{9}x - \frac{247}{9}\right)^2$$

$$\alpha_2(x) = 10(2 - x)\left(\frac{50}{9}x^2 - \frac{145}{9}x + \frac{104}{9}\right)^2$$

和

$$\beta_0(x) = (x - 1.3)\left(\frac{50}{9}x^2 - \frac{175}{9}x + \frac{152}{9}\right)^2$$

$$\beta_1(x) = (x - 1.6)\left(-\frac{100}{9}x^2 + \frac{320}{9}x - \frac{247}{9}\right)^2$$

$$\beta_2(x) = (x - 1.9)\left(\frac{50}{9}x^2 - \frac{145}{9}x + \frac{104}{9}\right)^2$$

根据(7.28)式可得 5 次 Hermite 插值多项式为

$$H_5(x) = 0.6200860\alpha_0(x) + 0.4554022\alpha_1(x) + 0.2818186\alpha_2(x)$$
$$- 0.5220232\beta_0(x) - 0.5698959\beta_1(x) - 0.581157\beta_2(x)$$

因此有

$$f(1.5) \approx H_5(1.5)$$

$$= 0.6200860\left(\frac{4}{27}\right) + 0.4540022\left(\frac{64}{81}\right) + 0.2818186\left(\frac{5}{81}\right)$$

$$- 0.5220232\left(\frac{4}{405}\right) - 0.5698959\left(-\frac{32}{405}\right) - 0.5811571\left(-\frac{2}{405}\right)$$

$$= 0.5118277$$

应当指出的是，Hermite 插值有时只要求插值函数在个别节点上的导数取给定的值，这时需要根据具体问题建立 Hermite 插值公式，而不是简单地套用公式(7.27)或(7.28)。

7.3.2 分段两点三次 Hermite 插值

设已知函数 $f(x)$ 在 $[a, b]$ 上的 $n+1$ 个节点 $x_0 < x_1 < \cdots < x_n$ 上的函数值 $y_i(i=0, 1, \cdots, n)$ 及导数值 $y_i'(i=0, 1, \cdots, n)$。如果分段三次函数 $H_h(x)$ 满足：

(1) $H_h(x)$ 在每一个子区间 $[x_k, x_{k+1}]$ 上是三次多项式。

(2) $H_h(x)$ 在 $[a, b]$ 上一次连续可微。

(3) $H_h(x_i) = y_i$，$H_h'(x_i) = y_i'(i=0, 1, \cdots, n)$，则称 $H_h(x)$ 为 $f(x)$ 在 $[a, b]$ 上的分段三次 Hermite 插值多项式。$H_h(x)$ 在子区间 $[x_k, x_{k+1}]$ 上就是两点三次 Hermite 插值多项式，记作 $H_h^{(k)}(x)$，则

$$H_h^{(k)}(x) = \sum_{j=k}^{k+1}(y_j\alpha_j(x) + y_j'\beta_j(x)) \qquad (k = 0, 1, \cdots, n-1) \qquad (7.31)$$

其中，$\alpha_j(x)$ 和 $\beta_j(x)$ 的表达式不但要将式(7.24)和式(7.26)中下标 $i, j=0, 1$ 改为 $k, k+1$，而且还需要注意：

(1) $\alpha_j(x)$、$\beta_j(x)$ 的定义区间为 $[x_0, x_n]$；

(2) 利用 $f(x)$ 在 x_{k-1}、x_k 的函数值与导数值确定的基函数如记为 $\alpha_{k-1}(x)$、$\beta_{k-1}(x)$、$\alpha_k(x)$、$\beta_k(x)$，而在 x_k、x_{k+1} 处确定的这相应的四个函数应为 $\alpha_k(x)$、$\beta_k(x)$、$\alpha_{k+1}(x)$、$\beta_{k+1}(x)$，二者中的 $\alpha_k(x)$、$\beta_k(x)$ 却是不相等的，因为 $\alpha_k(x)$、$\beta_k(x)$ 的表达式与 x 所属的子区间有关。一般地，$\alpha_k(x)$、$\beta_k(x)$ 在 $[x_0, x_n]$ 上可以表示为

$$\alpha_k(x) = \begin{cases} \left(1 - 2\dfrac{x - x_k}{x_k - x_{k-1}}\right)\left(\dfrac{x - x_{k-1}}{x_k - x_{k-1}}\right)^2 & x \in [x_{k-1}, x_k], k \neq 0 \\[3mm] \left(1 - 2\dfrac{x - x_k}{x_k - x_{k+1}}\right)\left(\dfrac{x - x_{k+1}}{x_k - x_{k+1}}\right)^2 & x \in [x_k, x_{k+1}], k \neq n \\[3mm] 0 & \text{其他} \end{cases} \qquad (7.32)$$

$$\beta_k(x) = \begin{cases} (x-x_k)\left(\dfrac{x-x_{k-1}}{x_k-x_{k-1}}\right)^2 & x \in [x_{k-1}, x_k],\, k \neq 0 \\[3mm] (x-x_k)\left(\dfrac{x-x_{k+1}}{x_k-x_{k+1}}\right)^2 & x \in [x_k, x_{k+1}],\, k \neq n \\[3mm] 0 & \text{其他} \end{cases} \tag{7.33}$$

$$\alpha_0(x) = \begin{cases} \left(1-2\dfrac{x-x_0}{x_0-x_1}\right)\left(\dfrac{x-x_1}{x_0-x_1}\right)^2 & x \in [x_0, x_1] \\[3mm] 0 & \text{其他} \end{cases} \tag{7.34}$$

$$\beta_0(x) = \begin{cases} (x-x_0)\left(\dfrac{x-x_1}{x_0-x_1}\right)^2 & x \in [x_0, x_1] \\[3mm] 0 & \text{其他} \end{cases} \tag{7.35}$$

$$\alpha_n(x) = \begin{cases} \left(1-2\dfrac{x-x_n}{x_n-x_{n-1}}\right)\left(\dfrac{x-x_{n-1}}{x_n-x_{n-1}}\right)^2 & x \in [x_{n-1}, x_n] \\[3mm] 0 & \text{其他} \end{cases} \tag{7.36}$$

$$\beta_n(x) = \begin{cases} (x-x_n)\left(\dfrac{x-x_{n-1}}{x_n-x_{n-1}}\right)^2 & x \in [x_{n-1}, x_n] \\[3mm] 0 & \text{其他} \end{cases} \tag{7.37}$$

称 $\alpha_k(x)$、$\beta_k(x)$（$k=0, 1, \cdots, n$）为分段三次 Hermite 插值基函数。这些函数只在子区间 $[x_{k-1}, x_{k+1}]$ 上不为零，在其他地方取值均为 0，称这种性质为局部非零性。利用这一性质，又可以将 $H_h(x)$ 写成分段三次 Hermite 插值基函数的线性组合

$$H_h(x) = \sum_{k=0}^{n} \left[f(x_k)\alpha_k(x) + f'(x_k)\beta_k(x) \right] \tag{7.38}$$

其中，$\alpha_k(x)$、$\beta_k(x)$ 由公式（7.32）～（7.37）确定。即

$$H_h(x) = \begin{cases} H_h^{(0)}(x) & x \in [x_0, x_1] \\ H_h^{(1)}(x) & x \in [x_1, x_2] \\ \vdots & \vdots \\ H_h^{(n-1)}(x) & x \in [x_{n-1}, x_n] \end{cases} \tag{7.39}$$

【例 7.8】　给定函数 $f(x)=\dfrac{1}{1+x^2}$ 及其导数的数据，如表 7.9 所示。

表 7.9

i	0	1	2	3	4	5
x_i	0.0000	1.0000	2.0000	3.0000	4.0000	5.0000
$f(x_i)$	1.0000	0.500 00	0.200 00	0.100 00	0.058 82	0.038 46
$f'(x_i)$	0.0000	−0.50000	−0.160 00	−0.060 00	−0.027 68	−0.014 79

用分段三次 Hermite 插值多项式计算 $f(0.5)$、$f(1.5)$、$f(2.5)$、$f(3.5)$、$f(4.8)$ 的近

似值，并与准确值相比较。

解 利用公式(7.31)~(7.37)进行计算，其结果如表 7.10 所示。

计算结果表明，用分段三次 Hermite 插值多项式近似 $f(x)$ 的效果是令人满意的。一般，可以证明分段三次 Hermite 插值多项式函数在插值区间上一致收敛到 $f(x)$，即

$$\lim_{h \to 0} H_h(x) = f(x)$$

表 7.10

x	k	$\alpha_k(x)$	$\beta_k(x)$	$H_h^{(k)}(x)$	$f(x)$	$H_h^{(k)}(x) - f(x)$
0.5	0	0.5	0.125	0.8125	0.8	0.0125
	1	0.5	−0.125			
1.5	1	0.5	0.125	0.3075	0.3077	−0.0002
	2	0.5	−0.125			
2.5	2	0.5	0.125	0.1375	0.1379	0.0004
	3	0.5	−0.125			
3.5	3	0.5	0.125	0.07537	0.07547	0.0010
	4	0.5	−0.125			
4.8	4	0.104	0.032	0.04158	0.04160	−0.0002
	5	0.896	−0.128			

7.4 三次样条插值

7.4.1 三次样条函数

实际问题中提出的插值问题，有一些要求插值函数曲线具有较高的光滑性。例如根据风洞实验，可以构造出一种具有所需要特征的机翼，并可以测出某些横截面的曲线 $y = f(x)$ 上的若干个点的坐标 $(x_i, y_i)(i = 0, 1, \cdots, n)$。要求用插值法求出 $f(x)$ 的近似表达式 $y = P(x)$。由于曲线 $y = f(x)$ 不但不能有拐点，曲率也不能有突变，因此 $y = P(x)$ 必须二次连续可微且不改号，但问题没有给出关于 $f(x)$ 的导数的信息。

如果函数 $P(x)$ 在区间 $[a, b]$ 上 $m-1$ 次连续可微，则称 $P(x)$ 具有 $m-1$ 阶光滑度。分段两点三次 Hermite 插值多项式只有一阶光滑度。为构造具有二阶光滑度的插值函数，引进三次样条函数概念。

定义 7.4 如果函数 $S(x)$ 在区间 $[a, b]$ 上满足条件

(1) $S(x)$、$S'(x)$、$S''(x)$ 在 $[a, b]$ 上连续，记作 $S(x) \in C^2[a, b]$。

(2) 在子区间 $[x_k, x_{k+1}](k = 0, 1, \cdots, n-1)$ 上是三次多项式，其中 $a \leqslant x_0 < x_1 < \cdots < x_n \leqslant b$，则称 $S(x)$ 是 $[a, b]$ 上的三次样条函数。

(3) 对于在节点上给定的函数值 $f(x_i) = y_i(i = 0, 1, \cdots, n)$，如果 $S(x)$ 满足 $S(x_i) = y_i(i = 0, 1, \cdots, n)$，则称 $S(x)$ 为 $f(x)$ 在 $[a, b]$ 上的三次样条插值函数。

由于 $S(x) \in C^2[a, b]$，因此这个函数的曲线具有二阶光滑度，这样看起来已经很光滑了，已能满足一般工程上的要求。

7.4.2　三次样条插值多项式

设给定函数 $f(x)$ 在区间 $[a, b]$ 上的节点为

$$a \leqslant x_0 < x_1 < \cdots < x_n \leqslant b$$

及节点上的函数值

$$f(x_i) = y_i \qquad (i = 0, 1, \cdots, n)$$

求 $f(x)$ 的三次样条插值函数 $S(x)$，使满足

$$S(x_i) = y_i \qquad (i = 0, 1, \cdots, n) \tag{7.40}$$

根据定义 7.4，$S(x)$ 是 $[a, b]$ 上的分段三次插值多项式，即

$$S(x) = \begin{cases} S_0(x) & x \in [x_0, x_1] \\ S_1(x) & x \in [x_1, x_2] \\ \vdots & \vdots \\ S_{n-1}(x) & x \in [x_{n-1}, x_n] \end{cases} \tag{7.41}$$

其中，$S_k(x)$ 应是子区间 $[x_k, x_{k+1}]$ 上的两点三次插值多项式，并且

$$S_k(x_j) = y_j \qquad (j = k, k+1; k = 0, 1, \cdots, n-1) \tag{7.42}$$

因为 $S(x) \in C^2[a, b]$，故有

$$\lim_{x \to x_k^-} S^{(p)}(x) = \lim_{x \to x_k^+} S^{(p)}(x) \qquad (p = 0, 1, 2; k = 1, 2, \cdots, n-1) \tag{7.43}$$

（p 表示导数阶数）。此外，实际问题对三次样条插值函数在端点处的状态也有要求，即所谓满足边界条件。通常使用的边界条件有以下三类：

第一类边界条件是

$$\begin{cases} S'(x_0) = f_0' \\ S'(x_n) = f_n' \end{cases} \tag{7.44}$$

f_0'、f_n' 为给定的值。当 $f_0' = f_n' = 0$ 时，$S(x)$ 在端点处的斜率为零。此时 $S(x)$ 在端点呈水平状态。

第二类边界条件是

$$\begin{cases} S''(x_0) = f_0'' \\ S''(x_n) = f_n'' \end{cases} \tag{7.45}$$

当 $f_0'' = f_n'' = 0$ 时，样条函数在两端点不受力，呈自然状态，故称之为自然边界条件。

第三类边界条件是周期性条件。设 $f(x)$ 是周期函数，不妨设以 $x_n - x_0$ 为一个周期，这时 $S(x)$ 也应是以 $x_n - x_0$ 为周期的周期函数，于是 $S(x)$ 在端点处满足条件

$$\lim_{x \to x_0^+} S^{(p)}(x) = \lim_{x \to x_n^-} S^{(p)}(x) \qquad (p = 0, 1, 2) \tag{7.46}$$

综上所述，三次样条插值函数 $S(x)$ 需要满足条件(7.42)、(7.43)和(7.44)~(7.46)中的某一边界条件，共计 $4n$ 个条件，可以确定 $4n$ 个待定参数。而 $S(x)$ 在每一个子区间上都是三次多项式，有四个待定参数，n 个子区间共有 $4n$ 个待定参数，恰好等于 $S(x)$ 满足条件的个数。设 $S(x)$ 在节点 x_k 处的一阶导数值为 m_k，即

$$S'(x_k) = m_k \qquad (k = 0, 1, \cdots, n)$$

因为 $S(x)$ 在每一个子区间 $[x_k, x_{k+1}]$ 上都是三次多项式，因此，在 $[x_0, x_n]$ 上可以将 $S(x)$ 表示成分段两点三次 Hermite 插值多项式。当 $x \in [x_k, x_{k+1}]$ 时，设 $h_k = x_{k+1} - x_k$，则

$$S(x) = \left(1 - 2\frac{x - x_k}{-h_k}\right)\left(\frac{x - x_{k+1}}{-h_k}\right)^2 y_k + \left(1 - 2\frac{x - x_{k+1}}{h_k}\right)\left(\frac{x - x_k}{h_k}\right)^2 y_{k+1}$$

$$+ (x - x_k)\left(\frac{x - x_{k+1}}{-h_k}\right)^2 m_k + (x - x_{k+1})\left(\frac{x - x_k}{h_k}\right)^2 m_{k+1}$$

即

$$S(x) = \frac{h_k + 2(x - x_k)}{h_k^3}(x - x_{k+1})^2 y_k + \frac{h_k - 2(x - x_{k+1})}{h_k^3}(x - x_k)^2 y_{k+1}$$

$$+ \frac{(x - x_k)(x - x_{k+1})^2}{h_k^2} m_k + \frac{(x - x_{k+1})(x - x_k)^2}{h_k^2} m_{k+1} \tag{7.47}$$

对 $S(x)$ 求二次导数，经整理得

$$S''(x) = \frac{6x - 2x_k - 4x_{k+1}}{h_k^2} m_k + \frac{6x - 4x_k - 2x_{k+1}}{h_k^2} m_{k+1}$$

$$+ \frac{6(x_k + x_{k+1} - 2x)}{h_k^3}(y_{k+1} - y_k) \qquad x \in [x_k, x_{k+1}] \tag{7.48}$$

于是

$$\lim_{x \to x_k^+} S''(x) = -\frac{4}{h_k} m_k - \frac{2}{h_k} m_{k+1} + \frac{6}{h_k^2}(y_{k+1} - y_k) \tag{7.49}$$

在式 (7.47) 中，以 $k-1$ 取代 k，便得到 $S(x)$ 在 $[x_{k-1}, x_k]$ 上的表达式，然后求得

$$\lim_{x \to x_k^-} S''(x) = \frac{2}{h_{k-1}} m_{k-1} + \frac{4}{h_{k-1}} m_k - \frac{6}{h_{k-1}^2}(y_k - y_{k-1}) \tag{7.50}$$

由 $\lim\limits_{x \to x_k^+} S''(x) = \lim\limits_{x \to x_k^-} S''(x)$，可得

$$\frac{1}{h_{k-1}} m_{k-1} + 2\left(\frac{1}{h_{k-1}} + \frac{1}{h_k}\right) m_k + \frac{1}{h_k} m_{k+1} = 3\left(\frac{y_{k+1} - y_k}{h_k^2} + \frac{y_k - y_{k-1}}{h_{k-1}^2}\right) \tag{7.51}$$

用 $\dfrac{1}{h_{k-1}} + \dfrac{1}{h_k}$，即 $\dfrac{h_k + h_{k-1}}{h_{k-1} h_k}$ 除等式两边，并化简所得方程，得到

$$\lambda_k m_{k-1} + 2m_k + \mu_k m_{k+1} = g_k \qquad (k = 1, 2, \cdots, n-1) \tag{7.52}$$

其中，

$$\lambda_k = \frac{h_k}{h_k + h_{k-1}}, \quad \mu_k = \frac{h_{k-1}}{h_k + h_{k-1}} \qquad (k = 1, 2, \cdots, n-1) \tag{7.53}$$

$$g_k = 3\left(\mu_k \frac{y_{k+1} - y_k}{h_k} + \lambda_k \frac{y_k - y_{k-1}}{h_{k-1}}\right) \qquad (k = 1, 2, \cdots, n-1) \tag{7.54}$$

当 k 取 $1, 2, \cdots, n-1$ 时就得到了含 $n-1$ 个方程、$n+1$ 个未知量 $m_0, m_1, \cdots m_n$ 的方程组 (7.52)，其中每一个方程都联系着 $S(x)$ 在相邻三个节点上的一阶导数值，称它们为三对角方程。为叙述方便起见，以下称方程组 (7.52) 为基本方程组。为了确定 $m_0, m_1, \cdots, m_n$，

还需要进一步考虑以下基本方程组附加各种边界条件的情形。

（1）如果问题要求 $S(x)$ 满足第一类边界条件。这时

$$m_0 = f_0', \quad m_n = f_n'$$

于是可将基本方程组（7.52）化为 $n-1$ 阶方程组

$$\begin{cases} 2m_1 + \mu_1 m_2 = g_1 - \lambda_1 f_0' \\ \lambda_k m_{k-1} + 2m_k + \mu_k m_{k+1} = g_k & (k = 2, 3, \cdots, n-2) \\ \lambda_{n-1} m_{n-2} + 2m_{n-1} = g_{n-1} - \mu_{n-1} f_n' \end{cases} \tag{7.55}$$

即

$$\begin{bmatrix} 2 & \mu_1 & & & & & \\ \lambda_2 & 2 & \mu_2 & & & & \\ & \lambda_3 & 2 & \mu_3 & & & \\ & & \ddots & \ddots & \ddots & & \\ & & & \ddots & \ddots & \ddots & \\ & & & & \ddots & \ddots & \mu_{n-2} \\ & & & & & \lambda_{n-1} & 2 \end{bmatrix} \begin{bmatrix} m_1 \\ m_2 \\ m_3 \\ \vdots \\ \vdots \\ m_{n-2} \\ m_{n-1} \end{bmatrix} = \begin{bmatrix} g_1 - \lambda_1 f_0' \\ g_2 \\ g_3 \\ \vdots \\ \vdots \\ g_{n-2} \\ g_{n-1} - \mu_{n-1} f_n' \end{bmatrix} \tag{7.56}$$

（2）如果问题要求 $S(x)$ 满足第二类边界条件。这时我们可以利用条件 $S''(x_0) = f_0''$，$S''(x_n) = f_n''$ 分别在子区间 $[x_0, x_1]$ 和 $[x_{n-1}, x_n]$ 上建立关于 m_0 与 m_1 和 m_{n-1} 与 m_n 的方程式。在式（7.48）中，令 $k=0$，$x=x_0$，得

$$S''(x_0) = -\frac{4}{h_0} m_0 - \frac{2}{h_0} m_1 + \frac{6}{h_0^2}(y_1 - y_0) = f_0''$$

从而有

$$2m_0 + m_1 = 3 \frac{y_1 - y_0}{h_0} - \frac{h_0}{2} f_0'' \tag{7.57}$$

在式（7.48）中，令 $k=n-1$，$x=x_n$，得

$$S''(x_n) = \frac{2}{h_{n-1}} m_{n-1} + \frac{4}{h_{n-1}} m_n - \frac{6}{h_{n-1}^2}(y_n - y_{n-1}) = f_n''$$

从而得到

$$m_{n-1} + 2m_n = 3 \frac{y_n - y_{n-1}}{h_{n-1}} + \frac{h_{n-1}}{2} f_n'' \tag{7.58}$$

将式（7.57）、（7.58）与基本方程组（7.52）联立，得 $n+1$ 阶方程组，用矩阵表示为

$$\begin{bmatrix} 2 & 1 & & & & & \\ \lambda_1 & 2 & \mu_1 & & & & \\ & \lambda_2 & 2 & \mu_2 & & & \\ & & \ddots & \ddots & \ddots & & \\ & & & \ddots & \ddots & \ddots & \\ & & & & \lambda_{n-1} & 2 & \mu_{n-1} \\ & & & & & 1 & 2 \end{bmatrix} \begin{bmatrix} m_0 \\ m_1 \\ m_2 \\ \vdots \\ \vdots \\ m_{n-1} \\ m_n \end{bmatrix} = \begin{bmatrix} g_0 \\ g_1 \\ g_2 \\ \vdots \\ \vdots \\ g_{n-1} \\ g_n \end{bmatrix} \tag{7.59}$$

其中 $g_k(k=1, 2, \cdots, n-1)$ 如式(7.54)所示。

$$g_0 = 3\frac{y_1 - y_0}{h_0} - \frac{h_0}{2}f_0'' \tag{7.60}$$

$$g_n = 3\frac{y_n - y_{n-1}}{h_{n-1}} + \frac{h_{n-1}}{2}f_n'' \tag{7.61}$$

由式(7.53)知 $\lambda_k + \mu_k = 1(k=1, 2, \cdots, n-1)$ 且 λ_k、μ_k 皆为正数,所以方程组(7.56)和(7.59)的系数矩阵都是严格对角占优的三对角线矩阵,可用追赶法求解,解是唯一的。

(3) 如果问题要求 $f(x)$ 满足第三类边界条件。由(7.49)式和(7.50)式得

$$\lim_{x \to x_0^+} S''(x) = -\frac{4}{h_0}m_0 - \frac{2}{h_0}m_1 + \frac{6}{h_0^2}(y_1 - y_0)$$

$$\lim_{x \to x_n^-} S''(x) = \frac{2}{h_{n-1}}m_{n-1} + \frac{4}{h_{n-1}}m_n - \frac{6}{h_{n-1}^2}(y_n - y_{n-1})$$

据条件(式(7.46)),并注意到 $m_0 = m_n$,我们得到方程

$$\frac{1}{h_0}m_1 + \frac{1}{h_{n-1}}m_{n-1} + 2\left(\frac{1}{h_0} + \frac{1}{h_{n-1}}\right)m_n = 3\left(\frac{y_1 - y_0}{h_0^2} + \frac{y_n - y_{n-1}}{h_{n-1}^2}\right)$$

用 $\dfrac{h_0 \cdot h_{n-1}}{h_0 + h_{n-1}}$ 乘方程两边得

$$\mu_n m_1 + \lambda_n m_{m-1} + 2m_n = g_n \tag{7.62}$$

其中

$$\mu_n = \frac{h_{n-1}}{h_0 + h_{n-1}}, \quad \lambda_n = \frac{h_0}{h_0 + h_{n-1}} \tag{7.63}$$

$$g_n = 3\left(\mu_n \frac{y_1 - y_0}{h_0} + \lambda_n \frac{y_n - y_{n-1}}{h_{n-1}}\right) \tag{7.64}$$

将方程(7.62)与(7.52)联立,并用 m_n 取代 m_0,得到如下方程组

$$\begin{bmatrix} 2 & \mu_1 & & & & \lambda_1 \\ \lambda_2 & 2 & \mu_2 & & & \\ & \ddots & \ddots & \ddots & & \\ & & \ddots & \ddots & \ddots & \\ & & & \ddots & \ddots & \mu_{n-1} \\ \mu_n & & & & \lambda_n & 2 \end{bmatrix} \begin{bmatrix} m_1 \\ m_2 \\ \vdots \\ \vdots \\ m_{n-1} \\ m_n \end{bmatrix} = \begin{bmatrix} g_1 \\ g_2 \\ \vdots \\ \vdots \\ g_{n-1} \\ g_n \end{bmatrix} \tag{7.65}$$

它的系数矩阵也是严格对角占优的,所以非奇异,故方程组有唯一解。

【例7.9】　已知函数(见表7.11),

表 7.11

k	0	1	2	3
x_k	1	2	4	5
$f(x_k)$	1	3	4	2

求满足自然边界条件 $S''(x_0) = S''(x_n) = 0$ 的三次样条插值函数 $S(x)$，并计算 $f(3)$ 的近似值。

解 （1）根据边界条件确定问题适用的方程组，该问题需满足第二类边界条件，故相应的方程组为(7.59)。在这里未知量为 m_0、m_1、m_2、m_3，它们是如下四阶方程组的解

$$\begin{bmatrix} 2 & 1 & & \\ \lambda_1 & 2 & \mu_1 & \\ & \lambda_2 & 2 & \mu_2 \\ & & 1 & 2 \end{bmatrix} \begin{bmatrix} m_0 \\ m_1 \\ m_2 \\ m_3 \end{bmatrix} = \begin{bmatrix} g_0 \\ g_1 \\ g_2 \\ g_3 \end{bmatrix}$$

（2）计算 $h_k (k=0,1,2)$、λ_k、$\mu_k (k=1,2)$、$g_k (k=0,1,2,3)$，计算结果如表 7.12 所示。

表 7.12

k	h_k	λ_k	μ_k	g_k
0	1			6
1	2	$\dfrac{2}{3}$	$\dfrac{1}{3}$	$\dfrac{9}{2}$
2	1	$\dfrac{1}{3}$	$\dfrac{2}{3}$	$-\dfrac{7}{2}$
3				-6

（3）求解方程组。将上面求得数据代入方程组，求得

$$m_0 = \frac{17}{8}, \ m_1 = \frac{7}{4}, \ m_2 = -\frac{5}{4}, \ m_3 = -\frac{19}{8}$$

（4）按式(7.47)，写出 $S(x)$ 在每个子区间上的表达式。

当 $x \in [1, 2]$ 时，在式(7.47)中，$k=0$。

$$\alpha_0(x) = \frac{(x-x_1)^2 (h_0 + 2(x-x_0))}{h_0^3} = (x-2)^2 (1+2(x-1)) = 2x^3 - 9x^2 + 12x - 4$$

$$\alpha_1(x) = \frac{(x-x_0)^2 (h_0 - 2(x-x_1))}{h_0^3} = (x-1)^2 (1-2(x-2)) = -2x^3 + 9x^2 - 12x + 5$$

$$\beta_0(x) = \frac{(x-x_0)(x-x_1)^2}{h_0^2} = (x-1)(x-2)^2 = x^3 - 5x^2 + 8x - 4$$

$$\beta_1(x) = \frac{(x-x_1)(x-x_0)^2}{h_0^2} = (x-2)(x-1)^2 = x^3 - 4x^2 + 5x - 2$$

因此有

$$S(x) = y_0 \alpha_0(x) + y_1 \alpha_1(x) + m_0 \beta_0(x) + m_1 \beta_1(x)$$

$$= \alpha_0(x) + 3\alpha_1(x) + \frac{17}{8}\beta_0(x) + \frac{7}{4}\beta_1(x)$$

$$= -\frac{1}{8}x^3 + \frac{3}{8}x^2 + \frac{7}{4}x - 1$$

同理可得 $S(x)$ 在子区间 $[2,4]$、$[4,5]$ 上的表示式,并将 $S(x)$ 表示为分段三次多项式(如图 7.2 所示),即

$$S(x) = \begin{cases} -\dfrac{1}{8}x^3 + \dfrac{3}{8}x^2 + \dfrac{7}{4}x - 1 & (1 \leqslant x \leqslant 2) \\[2mm] -\dfrac{1}{8}x^3 + \dfrac{3}{8}x^2 + \dfrac{7}{4}x - 1 & (2 \leqslant x \leqslant 4) \\[2mm] \dfrac{3}{8}x^3 - \dfrac{45}{8}x^2 + \dfrac{103}{4}x - 33 & (4 \leqslant x \leqslant 5) \end{cases}$$

因此有

$$f(3) \approx S(3) = \frac{17}{4} = 4.25$$

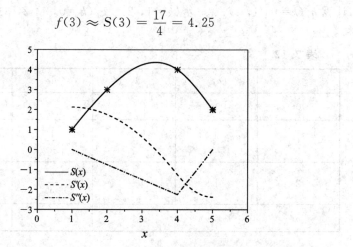

图 7.2　例 7.9 中 $S(x)$、$S'(x)$、$S''(x)$ 图形

7.5　数　值　微　分

7.5.1　插值型求导公式

当函数 $y = f(x)$ 以表 7.13 形式给出,但 $f(x)$ 的解析表达式并不知道时,我们要求 $f(x)$ 在节点 x_i 处的导数值 $f'(x_i)$,就必须研究数值微分问题,这里主要介绍插值型求导公式。

表 7.13

x	x_0	x_1	x_2	...	x_n
$y = f(x)$	$f(x_0)$	$f(x_1)$	$f(x_2)$	...	$f(x_n)$

由拉格朗日插值原理,我们建立 n 次插值多项式 $L_n(x)$ 作为 $f(x)$ 的近似值,即 $f(x) \approx L_n(x)$。取 $L_n'(x)$ 的值作为 $f'(x_i)$ 的近似值,从而得到数值公式

$$f'(x) \approx L_n'(x) \tag{7.66}$$

称为插值型求导公式。注意,即使 $f(x)$ 与 $L_n(x)$ 的值相差不多,但导数的近似值 $L_n'(x)$ 与导数 $f'(x)$ 的真值可能有较大差别,在使用求导公式(式(7.66))时应特别注意误差分析。

由拉格朗日插值原理可知,用 $L_n(x)$ 近似 $f(x)$ 所产生的截断误差为

$$f(x) - L_n(x) = \frac{f^{(n+1)}(\xi)}{(n+1)!}\omega(x) = \frac{f^{(n+1)}(\xi)}{(n+1)!}\prod_{i=0}^{n}(x-x_i) \tag{7.67}$$

其中，$\omega(x) = \prod\limits_{i=0}^{n}(x-x_i)$，$\xi \in (x_0, x_1)$，且依赖于 x。故式(7.67)对应的导数误差应为

$$f'(x) - L_n'(x) = \frac{f^{(n+1)}(\xi)}{(n+1)!}\omega'(x) + \frac{\omega(x)}{(n+1)!}\frac{\mathrm{d}}{\mathrm{d}x}f^{(n+1)}(\xi) \tag{7.68}$$

在式(7.68)中，由于 ξ 是 x 的未知函数，我们无法对它的第二项 $\dfrac{\omega(x)}{(n+1)!}\dfrac{\mathrm{d}}{\mathrm{d}x}f^{(n+1)}(\xi)$ 作出精确的估计，因此对任意给定的点 x，误差 $f'(x) - L_n'(x)$ 是无法估计的。但如果我们限定求某个节点 x_i 处的导数值，那么(7.68)式中等号右边第二项因 $\omega(x_i) = 0$ 而变为 0，此时余项公式为

$$f'(x_i) - L_n'(x_i) = \frac{f^{(n+1)}(\xi)}{(n+1)!}\omega'(x_i) \tag{7.69}$$

下面仅考察节点处的导数值。为简化讨论，假定所给的节点是等距的。由于高阶插值的不稳定性，实际应用时多采用 $n=1,2,4$ 的两点、三点和五点插值型求导公式。

1. 两点公式

设已给出两个节点 x_0、x_1 上的函数值 $f(x_0)$、$f(x_1)$，作线性插值函数。

$$L_1(x) = \frac{x-x_1}{x_0-x_1}f(x_0) + \frac{x-x_0}{x_1-x_0}f(x_1)$$

截断误差为 $\dfrac{f''(\xi)}{2}(x-x_0)(x-x_1)$。将上式两边对 x 求导，并记 $x_1-x_0=h$，有

$$L_1'(x) = \frac{f(x_1)-f(x_0)}{x_1-x_0} = \frac{1}{h}[f(x_1)-f(x_0)]$$

即

$$L_1'(x_0) = L_1'(x_1) = \frac{1}{h}[f(x_1)-f(x_0)] \tag{7.70}$$

而由式(7.69)可知

$$\begin{cases} f'(x_0) = \dfrac{1}{h}[f(x_1)-f(x_0)] - \dfrac{h}{2}f''(\xi_0) \\ f'(x_1) = \dfrac{1}{h}[f(x_1)-f(x_0)] + \dfrac{h}{2}f''(\xi_1) \end{cases} \tag{7.71}$$

2. 三点公式

设已给出三个节点 x_0、x_0+h、x_0+2h 上的函数值分别为 $f(x_0)$、$f(x_1)$、$f(x_2)$。作二次插值函数

$$L_2(x) = \frac{(x-x_1)(x-x_2)}{(x_0-x_1)(x_0-x_2)}f(x_0) + \frac{(x-x_0)(x-x_2)}{(x_1-x_0)(x_1-x_2)}f(x_1)$$
$$+ \frac{(x-x_0)(x-x_1)}{(x_2-x_0)(x_2-x_1)}f(x_2)$$

令 $x=x_0+th$，则上式可表示为

$$L_2(x_0+th) = \frac{1}{2}(t-1)(t-2)f(x_0) - t(t-2)f(x_1) + \frac{1}{2}t(t-1)f(x_2)$$

将上式两端对 t 求导（实际是对 x 求导），得

$$L_2'(x_0 + th) = \frac{1}{2h}\left[(2t-3)f(x_0) - (4t-4)f(x_1) + (2t-1)f(x_2)\right] \quad (7.72)$$

取 $t=0$、1、2，可以得到三点求导公式

$$\begin{cases} f'(x_0) \approx L_2'(x_0) = \dfrac{1}{2h}\left[-3f(x_0) + 4f(x_1) - f(x_2)\right] \\[2mm] f'(x_1) \approx L_2'(x_1) = \dfrac{1}{2h}\left[-f(x_0) + f(x_2)\right] \\[2mm] f'(x_2) \approx L_2'(x_2) = \dfrac{1}{2h}\left[f(x_0) - 4f(x_1) + 3f(x_2)\right] \end{cases} \quad (7.73)$$

事实上，若用插值多项式 $L_n(x)$ 作为 $f(x)$ 的近似函数，还可以建立高阶数值微分方程公式

$$f^{(k)}(x) \approx L_n^{(k)}(x) \qquad (k = 0, 1, 2, \cdots)$$

如对 (7.72) 式中的 t 再进行求导，可以求得

$$L_2''(x_0 + th) = \frac{1}{h^2}\left[f(x_0) - 2f(x_1) + f(x_2)\right]$$

3. 五点公式

设已给出五个节点 $x_i = x_0 + ih (i=0、1、2、3、4)$ 上的函数值依次为 $f(x_0)$、$f(x_1)$、$f(x_2)$、$f(x_3)$、$f(x_4)$，同三点公式类似，可以导出下面实用的五点公式

$$\begin{cases} f'(x_0) = \dfrac{1}{12h}\left[-25f(x_0) + 48f(x_1) - 36f(x_2) + 16f(x_3) - 3f(x_4)\right] \\[2mm] f'(x_1) = \dfrac{1}{12h}\left[-3f(x_0) - 10f(x_1) + 18f(x_2) - 6f(x_3) + f(x_4)\right] \\[2mm] f'(x_2) = \dfrac{1}{12h}\left[f(x_0) - 8f(x_1) + 8f(x_3) - f(x_4)\right] \\[2mm] f'(x_3) = \dfrac{1}{12h}\left[-f(x_0) + 6f(x_1) - 18f(x_2) + 10f(x_3) + 3f(x_4)\right] \\[2mm] f'(x_4) = \dfrac{1}{12h}\left[3f(x_0) - 16f(x_1) + 36f(x_2) - 48f(x_3) + 25f(x_4)\right] \end{cases} \quad (7.74)$$

五个相邻节点的选法，一般是在所考察的节点两侧各取相邻的节点，若一侧的节点不是两个（即一个或没有），则用另一侧节点补足。

【例 7.10】 已知 $f(x) = e^x + x$ 的数据表 7.14，按三点公式求节点处的导数值。

表 7.14

i	0	1	2	3	4	5
x_i	0.1	0.2	0.3	0.4	0.5	0.6
$f(x_i)$	1.205 170 9	1.421 402 8	1.649 858 8	1.891 824 7	2.148 721 3	2.422 118 8

解 题中 $h=0.1$，对于首、末两点，利用三点公式中的第一、第三式可得

$$f'(x_0) \approx \frac{1}{2h}\left[-3f(x_0) + 4f(x_1) - f(x_2)\right]$$

$$f'(x_5) \approx \frac{1}{2h}[f(x_3) - 4f(x_4) + 3f(x_5)]$$

其余各点利用中点公式(式(7.73)中的第二式)有

$$f'(x_i) \approx \frac{1}{2h}[-f(x_{i-1}) + f(x_{i+1})] \quad (i = 1, 2, 3, 4)$$

节点及其对应的导数值的计算结果如表 7.15 所示。

表 7.15

x_i	0.1	0.2	0.3	0.4	0.5	0.6
$f'(x_i)$	2.101 198 5	2.223 439 5	2.352 109 5	2.494 312 5	2.651 470 5	2.816 479 5

可以验证所求各点数值导数都准确到小数点后两位。

【**例 7.11**】　利用 $f(x) = \sqrt{x}$ 的数据表，按五点公式求节点处的导数值。

解　解析解为 $f'(x_i) = \frac{1}{2}x^{-1/2}$，$f''(x_i) = -\frac{1}{4}x^{-3/2}$；数值解为 $P'(x_i)$，$P''(x_i)$。计算结果比较列于表 7.16 中。

表 7.16

x_i	$f(x_i)$	$P'(x_i)$	$f'(x_i)$	$P''(x_i) \times 10^{-3}$	$f''(x_i) \times 10^{-3}$
100	10	0.05	0.05	−0.247 58	−0.250
101	10.049 875	0.049 751	0.049 752	−0.245 91	−0.246 30
102	10.099 504	0.049 507	0.049 507	−0.241 91	−0.242 68
103	10.148 891	0.049 267	0.049 266	−0.239 58	−0.239 16
104	10.198 039	0.049 029	0.049 029	−0.236 91	−0.235 72
105	10.246 950	0.048 795	0.048 795	−0.236 66	−0.232 36

7.5.2　样条求导公式

利用拉格朗日插值多项式导出的数值微分公式只能求节点上的导数。若求函数在某一点 u 的导数，必须把该点作为一个节点，且需知道 u 邻近若干个节点及相应的函数值。如仅有函数 $f(x)$ 的一张函数表，而不知其函数形式，就无法求出非节点处的导数了。为解决这一问题，可采用 7.4 节中的三次样条插值多项式(7.47)式代替 $f(x)$，从而求得 $f(x)$ 在任意点 x 的数值导数(包括一阶、二阶)。

当 $x \in [x_k, x_{k+1}]$ 时，设 $h_k = x_{k+1} - x_k$，即

$$f(x) = S(x) = \frac{h_k + 2(x - x_k)}{h_k^3}(x - x_{k+1})^2 y_k + \frac{h_k - 2(x - x_{k+1})}{h_k^3}(x - x_k)^2 y_{k+1}$$

$$+ \frac{(x - x_k)(x - x_{k+1})^2}{h_k^2}m_k + \frac{(x - x_{k+1})(x - x_k)^2}{h_k^2}m_{k+1}$$

其中，m_k 为 $S(x)$ 在节点 x_k 处的一阶导数值。

对 $S(x)$ 求一阶导数，经整理得

$$f'(x) = S'(x) = \frac{2}{h^3}\big[(x - x_{k+1})(3x - 2x_k - x_{k+1} + h)y_k$$

$$- (x - x_k)(3x - x_k - 2x_{k+1} - h)y_{k+1}\big]$$

$$+ \frac{1}{h^2}\big[(x - x_{k+1})(3x - 2x_k - x_{k+1})m_k$$

$$+ (x - x_k)(3x - 2x_{k+1} - x_k)m_{k+1}\big] \qquad x \in [x_k, x_{k+1}]$$

对 $S(x)$ 求二阶导数，经整理得

$$f''(x) = S''(x) = \frac{6x - 2x_k - 4x_{k+1}}{h_k^2}m_k + \frac{6x - 4x_k - 2x_{k+1}}{h_k^2}m_{k+1}$$

$$+ \frac{6(x_k + x_{k+1} - 2x)}{h_k^3}(y_{k+1} - y_k) \qquad x \in [x_k, x_{k+1}]$$

需要说明的是，有时将三点或五点公式与三次样条求导公式配合使用，可以先用比较简单的三点或五点公式求出等间距节点处一阶导数，然后再利用三次样条求导公式求出非节点处的一阶或二阶数值导数，这样可以回避解三对角方程。

7.6 最小二乘曲线拟合法

7.6.1 最小二乘法的一般原理

在科学技术很多领域中，往往要从实验测量得到的一组数据点 $(x_i, y_i)(i=1, 2, \cdots, n)$ 出发，寻找这些数据点的"最佳"拟合曲线 $y = \varphi(x)$。对于实验数据而言一般具有两个特点，即数据量较大；数据是通过测量得到，数据本身有一定的误差。若用插值法，通过这几个已知点所求得的插值多项式必定是高次插值多项式。而高次插值是数值不稳定的，另一方面，由于数据本身存在的误差，利用插值所得到的插值多项式必保留了所有的测量误差，所得结果与实际问题误差较大。对数据拟合问题，一般并不要求所得到的近似解析表达式通过所有已知点，而只要求尽可能通过它们附近，这样可抵消原数据组中测量误差。

用 $\varphi(x)$ 去拟合数据 $(x_i, y_i)(i=1, 2, \cdots, n)$，采用什么标准最为合适呢？以下给出了三种判断标准：

(1) $\sum_{i=1}^{n}\big[\varphi(x_i) - y_i\big]$ 偏差之和最小；

(2) $\sum_{i=1}^{n}|\varphi(x_i) - y_i|$ 偏差的绝对值之和最小；

(3) $\sum_{i=1}^{n}\big[\varphi(x_i) - y_i\big]^2$ 偏差平方和最小。

其中第(1)种方法偏差有正有负，在求和时可能互相抵消，而第(2)种方法式子中有绝对值符号，不便于分析。由于任何实数的平方都是正数或为零，因此第(3)种方法，即根据偏差的平方和为最小的条件来选择 $\varphi(x)$ 的方法（又称最小二乘法或最小二乘曲线拟合法）是我们常用的数据拟合方法。

用 $\varphi(x)$ 去拟合数据 $(x_i, y_i)(i=1, 2, \cdots, n)$，$\varphi(x)$ 通常都是由 m 个线性无关函数 $\varphi_1(x), \varphi_2(x), \cdots, \varphi_m(x)$（基函数）线性组合而成，即

$$\varphi(x) = a_1\varphi_1(x) + a_2\varphi_2(x) + \cdots + a_m\varphi_m(x) \qquad (m < n - 1) \tag{7.75}$$

常用的 $\varphi_1(x), \varphi_2(x), \cdots, \varphi_m(x)$ 如下：

$$\{1, x, x^2, \cdots, x^m\}, \{\sin x, \sin 2x, \sin 3x, \cdots, \sin mx\}, \{e^{\lambda_1 x}, e^{\lambda_2 x}, e^{\lambda_3 x}, \cdots, e^{\lambda_m x}\}$$

7.6.2　用最小二乘法求解矛盾方程组

求解线性方程组时，通常要求未知数的个数与方程式个数相等。若方程式的个数多于未知数的个数，方程无解，称为矛盾（超定）方程组。

$$\begin{cases} a_{11}x_1 + a_{12}x_2 + \cdots + a_{1m}x_m = b_1 \\ a_{21}x_1 + a_{22}x_2 + \cdots + a_{2m}x_m = b_2 \\ \quad\vdots \\ a_{n1}x_1 + a_{n2}x_2 + \cdots + a_{nm}x_m = b_n \end{cases} \tag{7.76}$$

该线性方程组在实验中对应于

$$\frac{a_{ij}}{\text{输入}} \Rightarrow \text{系统} \frac{x_j}{\text{输出}} \Rightarrow \text{测量结果}\, b_i \qquad (n\text{：测量次数})$$

即

$$\sum_{j=1}^{m} a_{ij}x_j = b_i \qquad (i = 1, 2, \cdots, n;\ m < n) \tag{7.77}$$

矛盾方程组无精确解，只能寻求某种意义下的近似解，这种近似解并非对精确解之近似，而是寻求各未知数的一组值，使方程组中各式能近似相等，这就是最小二乘法解矛盾方程组的基本思想。令

$$R_i = \sum_{j=1}^{m} a_{ij}x_j - b_i \qquad (i = 1, 2, \cdots, n) \tag{7.78}$$

按最小二乘法原则，求各个方程式误差平方和

$$Q = \sum_{i=1}^{n} R_i^2 = \sum_{i=1}^{n}\Big[\sum_{j=1}^{m} a_{ij}x_j - b_i\Big]^2 \tag{7.79}$$

若 $x_j(j = 1, 2, \cdots, m)$ 取值使误差平方和 Q 达到最小，则称这组值是矛盾方程组的最优近似解。

Q 可以看做是 m 个自变量 x_j 的二次函数，且连续。故存在一组数 $x_1, x_2, \cdots, x_m$，使 Q 达到最小（极值问题），即

$$\frac{\partial Q}{\partial x_k} = 0 \qquad (k = 1, 2, \cdots, m) \tag{7.80}$$

而

$$\begin{aligned} \frac{\partial Q}{\partial x_k} &= \sum_{i=1}^{n} 2\Big[\sum_{j=1}^{m} a_{ij}x_j - b_i\Big]a_{ik} \\ &= 2\sum_{i=1}^{n}\Big[\sum_{j=1}^{m} a_{ij}a_{ik}x_j - a_{ik}b_i\Big] \\ &= 2\sum_{j=1}^{m}\Big(\sum_{i=1}^{n} a_{ij}a_{ik}\Big)x_j - 2\sum_{i=1}^{n} a_{ik}b_i \end{aligned}$$

从而极值条件（7.80）变为

$$\sum_{j=1}^{m}\left(\sum_{i=1}^{n}a_{ij}a_{ik}\right)x_j = \sum_{i=1}^{n}a_{ik}b_i \qquad (k=1, 2, \cdots, m) \qquad (7.81)$$

这是 m 个未知量，m 个方程的线性方程组，它称为矛盾方程组(7.76)所对应的正规方程组。显然，(7.81)式的解是(7.76)式的最优近似解。记

$$\boldsymbol{A} = \begin{bmatrix} a_{11} & a_{12} & \cdots & a_{1m} \\ a_{21} & a_{22} & \cdots & a_{2m} \\ \vdots & \vdots & & \vdots \\ a_{n1} & a_{n2} & \cdots & a_{nm} \end{bmatrix}, \quad \boldsymbol{x} = (x_1, x_2, \cdots, x_m)^{\mathrm{T}}, \quad \boldsymbol{b} = (b_1, b_2, \cdots, b_n)^{\mathrm{T}}$$

则将(7.76)式可以写为矩阵形式，即

$$\boldsymbol{Ax} = \boldsymbol{b} \qquad (7.82)$$

令

$$\begin{cases} \sum_{i=1}^{n}a_{ij}a_{ik} = c_{kj} & (k, j=1, 2, \cdots, m) \\ \sum_{i=1}^{n}a_{ik}b_i = d_k & (k=1, 2, \cdots, m) \end{cases} \qquad (7.83)$$

(7.81)式可写为

$$\sum_{i=1}^{m}c_{ik}x_i = d_j \qquad (k=1, 2, \cdots, m) \qquad (7.84)$$

即

$$\boldsymbol{cx} = \boldsymbol{d} \qquad (7.85)$$

其中记

$$\boldsymbol{c} = \begin{bmatrix} c_{11} & c_{12} & \cdots & c_{1m} \\ c_{21} & c_{22} & \cdots & c_{2m} \\ \vdots & \vdots & & \vdots \\ c_{m1} & c_{m2} & \cdots & c_{mm} \end{bmatrix}, \quad \boldsymbol{d} = (d_1, d_2, \cdots, d_m)^{\mathrm{T}}$$

则有

$$\boldsymbol{c} = \boldsymbol{A}^{\mathrm{T}}\boldsymbol{A}, \quad \boldsymbol{d} = \boldsymbol{A}^{\mathrm{T}}\boldsymbol{b} \qquad (7.86)$$

$\boldsymbol{c} = \boldsymbol{A}^{\mathrm{T}}\boldsymbol{A}$ 为对称阵($c_{kj} = c_{jk}$)。(7.81)式又可写为

$$\boldsymbol{A}^{\mathrm{T}}\boldsymbol{Ax} = \boldsymbol{A}^{\mathrm{T}}\boldsymbol{b} \qquad (7.87)$$

因此用最小二乘法求解矛盾方程组的步骤为：

(1) 计算 $\boldsymbol{A}^{\mathrm{T}}\boldsymbol{A}$ 和 $\boldsymbol{A}^{\mathrm{T}}\boldsymbol{b}$，得正规方程组 $\boldsymbol{A}^{\mathrm{T}}\boldsymbol{Ax} = \boldsymbol{A}^{\mathrm{T}}\boldsymbol{b}$；

(2) 求解正规方程组，得到矛盾方程组的最优近似解。

【例 7.12】 用最小二乘法求矛盾方程组

$$\begin{cases} x_1 - x_2 = 1 \\ -x_1 + x_2 = 2 \\ 2x_1 - 2x_2 = 3 \\ -3x_1 + x_2 = 4 \end{cases}$$

的最优近似解。

解 由题知

$$A = \begin{bmatrix} 1 & -1 \\ -1 & 1 \\ 2 & -2 \\ -3 & 1 \end{bmatrix}, \quad b = \begin{bmatrix} 1 \\ 2 \\ 3 \\ 4 \end{bmatrix}$$

因此有

$$A^{\mathrm{T}}A = \begin{bmatrix} 15 & -9 \\ -9 & 7 \end{bmatrix}, \quad A^{\mathrm{T}}b = \begin{bmatrix} -7 \\ -1 \end{bmatrix}$$

解正规方程组

$$\begin{cases} 15x_1 - 9x_2 = -7 \\ -9x_1 + 7x_2 = -1 \end{cases}$$

得 $x_1 = -\dfrac{29}{12}$, $x_2 = -\dfrac{39}{12}$。

7.6.3　用多项式作最小二乘曲线拟合

取基函数为

$$\varphi_0(x) = 1, \ \varphi_1(x) = x, \ \varphi_2(x) = x^2, \cdots, \varphi_m(x) = x^m$$

则拟合多项式为

$$P(x) = a_0 + a_1 x + a_2 x^2 + \cdots + a_m x^m \quad (m < n-1) \tag{7.88}$$

而 $a_0, a_1, \cdots, a_m$ 为待定系数。根据最小二乘的定义，即要通过给定的数据 $(x_i, y_i)(i=1, 2, \cdots, n)$，确定系数 a_j，使得在各个点上误差的平方和为最小。将 n 个数据点代入多项式 $P(x)$，就可以得到一个具有 $m+1$ 个未知数 a_j 的 n 个方程的矛盾方程组

$$\begin{cases} a_0 + a_1 x_1 + a_2 x_1^2 + \cdots + a_m x_1^m = y_1 \\ a_0 + a_1 x_2 + a_2 x_2^2 + \cdots + a_m x_2^m = y_2 \\ \quad\vdots \\ a_0 + a_1 x_n + a_2 x_n^2 + \cdots + a_m x_n^m = y_n \end{cases} \tag{7.89}$$

记 $\boldsymbol{\alpha} = (a_0, a_1, \cdots, a_m)^{\mathrm{T}}$, $\boldsymbol{y} = (y_1, y_2, \cdots, y_n)^{\mathrm{T}}$，系数矩阵

$$A = \begin{bmatrix} 1 & x_1 & x_1^2 & \cdots & x_1^m \\ 1 & x_2 & x_2^2 & \cdots & x_2^m \\ \vdots & \vdots & \vdots & & \vdots \\ 1 & x_n & x_n^2 & \cdots & x_n^m \end{bmatrix}$$

即有

$$A\boldsymbol{\alpha} = \boldsymbol{y}$$

它对应的正规方程组为

$$A^{\mathrm{T}}A\boldsymbol{\alpha} = A^{\mathrm{T}}\boldsymbol{y} \tag{7.90}$$

这是关于 $m+1$ 个未知量 $a_j (j=0, 1, 2, \cdots, m)$ 的线性方程组，只要 $|A^{\mathrm{T}}A| \neq 0$，则可求得式(7.89)的唯一的一组最优近似解，使

$$Q = \sum_{i=1}^{n} \left[\sum_{j=0}^{m} a_i x_i^j - y_i \right]^2$$

取极小值，从而求得所给数据的最小二乘拟合多项式。由于

$$
\boldsymbol{A}^{\mathrm{T}}\boldsymbol{A}=
\begin{bmatrix}
1 & 1 & 1 & \cdots & 1 \\
x_1 & x_2 & x_3 & \cdots & x_n \\
x_1^2 & x_2^2 & x_3^2 & \cdots & x_n^2 \\
\vdots & \vdots & \vdots & & \vdots \\
x_1^m & x_2^m & x_3^m & \cdots & x_n^m
\end{bmatrix}
\begin{bmatrix}
1 & x_1 & x_1^2 & \cdots & x_1^m \\
1 & x_2 & x_2^2 & \cdots & x_2^m \\
1 & x_3 & x_3^2 & \cdots & x_3^m \\
\vdots & \vdots & \vdots & & \vdots \\
1 & x_n & x_n^2 & \cdots & x_n^m
\end{bmatrix}
$$

$$
=
\begin{bmatrix}
n & \sum\limits_{i=1}^{n} x_i & \sum\limits_{i=1}^{n} x_i^2 & \cdots & \sum\limits_{i=1}^{n} x_i^m \\
\sum\limits_{i=1}^{n} x_i & \sum\limits_{i=1}^{n} x_i^2 & \sum\limits_{i=1}^{n} x_i^3 & \cdots & \sum\limits_{i=1}^{n} x_i^{m+1} \\
\vdots & \vdots & \vdots & & \vdots \\
\sum\limits_{i=1}^{n} x_i^m & \sum\limits_{i=1}^{n} x_i^{m+1} & \sum\limits_{i=1}^{n} x_i^{m+2} & \cdots & \sum\limits_{i=1}^{n} x_i^{2m}
\end{bmatrix}
\quad （对称正定）
$$

因此在计算正规方程组的系数矩阵时，只需计算

$$
n,\ \sum_{i=1}^{n} x_i,\ \sum_{i=1}^{n} x_i^2,\ \cdots,\ \sum_{i=1}^{n} x_i^m,\ \sum_{i=1}^{n} x_i^{m+1},\ \cdots,\ \sum_{i=1}^{n} x_i^{2m} \text{ 和 } \boldsymbol{A}^{\mathrm{T}}\boldsymbol{y}=
\begin{bmatrix}
\sum\limits_{i=1}^{n} y_i \\
\sum\limits_{i=1}^{n} y_i x_i \\
\sum\limits_{i=1}^{n} y_i x_i^2 \\
\vdots \\
\sum\limits_{i=1}^{n} y_i x_i^m
\end{bmatrix}
$$

以下为利用多项式作最小二乘数据拟合的具体步骤：

（1）计算正规方程组的系数矩阵和常数项各元素

$$
\sum_{i=1}^{n} x_i^0 = n,\ \sum_{i=1}^{n} x_i,\ \sum_{i=1}^{n} x_i^2,\ \cdots,\ \sum_{i=1}^{n} x_i^{2m}
$$

$$
\sum_{i=1}^{n} y_i,\ \sum_{i=1}^{n} y_i x_i,\ \sum_{i=1}^{n} y_i x_i^2,\ \cdots,\ \sum_{i=1}^{n} y_i x_i^m
$$

（2）利用迭代法求正规方程组的解 a_0，a_1，$\cdots$，a_m，进而获得拟合多项式

$$
P(x) = a_0 + a_1 x + a_2 x^2 + \cdots + a_m x^m
$$

【例 7.13】 通过实验获得如表 7.17 所示的数据。

表 7.17

x_i	1	2	3	4	6	7	8
y_i	2	3	6	7	5	3	2

用最小二乘法求多项式曲线，使与此数据相拟合。

解　取拟合多项式为

$$P(x) = a_0 + a_1 x + a_2 x^2$$

建立正规方程组后计算

$$n = 7, \sum_{i=1}^{7} x_i = 31, \sum_{i=1}^{7} x_i^2 = 179, \sum_{i=1}^{7} x_i^3 = 1171, \sum_{i=1}^{7} x_i^4 = 8147,$$

$$\sum_{i=1}^{7} y_i = 28, \sum_{i=1}^{7} y_i x_i = 121, \sum_{i=1}^{7} y_i x_i^2 = 635$$

所以可得正规方程组

$$\begin{cases} 7a_0 + 31a_1 + 179a_2 = 28 \\ 31a_0 + 179a_1 + 1171a_2 = 121 \\ 179a_0 + 1171a_1 + 8147a_2 = 635 \end{cases}$$

解得

$$a_0 = -1.3185, \ a_1 = 3.4321, \ a_2 = -0.3864$$

因此有

$$P(x) = -1.3185 + 3.4321x - 0.3864x^2$$

拟合曲线 $P(x)$ 可参见图 7.3。

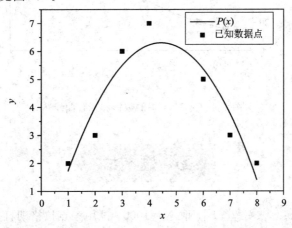

图 7.3　例 7.13 中的数据和拟合多项式曲线

【**例 7.14**】　在某电路实验中，测得电压 V 与电流 I 的一组数据如表 7.18 所示。

表 7.18

V_i	1	2	3	4	5	6	7	8
I_i	15.3	20.5	27.4	36.6	49.1	65.6	87.8	117.6

试用最小二乘法求最佳数据拟合函数。

解　将数据经过绘制，它近似为一条指数曲线。因此取 $I = ae^{bV}$（a, b 为待定常数）。两边取常用对数，即

$$\lg I = \lg a + bV \lg e$$

得到线性模型

$$u = A + BV$$

其中，$\lg I = u$，$\lg a = A$，$b \lg e = B$。经计算可以求得

$$n = 8, \quad \sum_{i=1}^{8} V_i = 36, \quad \sum_{i=1}^{8} V_i^2 = 204, \quad \sum_{i=1}^{8} u_i = 13.0197, \quad \sum_{i=1}^{8} V_i u_i = 63.9003$$

对应的正规方程组为

$$\begin{cases} 8A + 36B = 13.0197 \\ 36A + 204B = 63.9003 \end{cases}$$

解得 $A = 1.0584$，$B = 0.1265$。进而求得 $a = 11.4393$，$b = 0.2912$。故最佳拟合函数为

$$I = 11.4393 \mathrm{e}^{0.2912V}$$

拟合曲线可参见图 7.4。

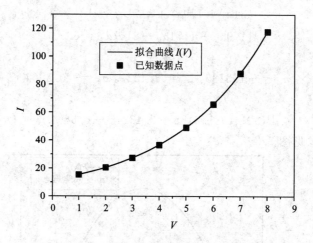

图 7.4　例 7.14 中的数据和拟合曲线

习　题　七

7.1　已知 $y = \cos x$，$x \in [0, 8]$，取 $N = 1000$。试用三点拉格朗日插值法编程计算 $x = \dfrac{\pi}{4}$、$\dfrac{\pi}{2}$、$\dfrac{3\pi}{4}$、$\dfrac{7\pi}{4}$ 的值，并与真值相比较。

7.2　给定如下数据表：

x_i	0.125	0.250	0.375	0.500	0.625	0.750
$f(x_i)$	0.796	0.773	0.744	0.704	0.656	0.602

用牛顿三次插值公式计算 $f(0.158)$ 和 $f(0.638)$。

7.3　下表是水的表面张力系数随温度变化的记录数据，试用三点拉格朗日插值法、牛顿插值法计算 13.2℃时的表面张力系数。

$T/℃$	0	5	10	15	20	25	30
$\mu/(10^{-3}\,\mathrm{N/m})$	75.64	74.92	74.22	73.49	72.75	71.97	71.18

7.4 已知 $f(x)$ 在两个节点处的函数值及导数值如下表,求 $f(x)$ 的三次 Hermite 插值多项式。

x	1	2
$f(x)$	2	3
$f'(x)$	1	-1

7.5 已知函数 $f(x)$ 在 3 个节点处的函数值及导数值如下表:

x	0	1	2
$f(x)$	1	2.718	2.389
$f'(x)$	1	2.718	2.389

求 5 次 Hermite 插值多项式 $H_5(x)$ 并计算 $f(1.5)$ 的近似值。

7.6 求 $f(x)=x^4$ 在 $[0,2]$ 上的分段三次 Hermite 插值,区间 $[0,2]$ 划分为 2 等分。

7.7 求三次样条插值函数 $S(x)$,已知 (x_i, y_i) 的值如下表:

x_i	0.25	0.30	0.39	0.45	0.53
$f(x_i)$	0.50000	0.5477	0.6245	0.6708	0.7280

边界条件为 $S''(0.25)=0$, $S''(0.53)=0$。

7.8 写出三点求导公式的误差 $(f'(x_i)-L_2'(x_i))$。

7.9 用三点公式和五点公式编程求解 $f(x)=\dfrac{1}{(1+x)^2}$ 在 $x=1.0$、1.1、1.2、1.3、1.4、1.5 处的一阶导数,并利用三次样条求导公式计算 $f''(1.25)$。$f(x)$ 值由下表给出:

x	1.0	1.1	1.2	1.3	1.4
$f(x)$	0.2500	0.2268	0.2066	0.1890	0.1736

7.10 利用三点公式编程计算 $f(x)=-\cot(x)$ 在 $x=0.04$ 的一阶导数,并与真值 $f'(0.04)$ 比较,讨论步长 h 的改变(选取)对误差的影响。(步长 h 可取 0.001、0.002、0.005、0.010、0.020、0.050、0.100)。

7.11 用最小二乘法求方程组

$$\begin{cases} 2x+4y=11 \\ 3x-5y=3 \\ x+2y=6 \\ 4x+2y=14 \end{cases}$$

的近似解。

7.12 编程计算 n 个数据点 $(x_i, y_i)(i=1,2,\cdots,n)$ 的 m 次多项式 $(m<n-1)$ 的最佳拟合曲线。(即采用最小二乘法求 $a_0, a_1, \cdots, a_m$。)

7.13 利用 7.12 题程序,计算例 7.13 中 $m=3$ 时的多项式拟合曲线。

7.14 设 y 和 x 间存在函数关系,对它们进行观测所获得数据如下:

x	0	1	2	3	4	5	6	7
y	7.82	7.93	7.98	7.99	7.92	7.91	7.80	7.71

试用最小二乘法寻求经验公式，以拟合以上数据。

7.15 在某次实验中，需要观察水分的渗透速度，测得时间 t 与水的重量 W 的数据如下：

t/s	1	2	4	8	16	32	64
W/g	4.22	4.02	3.85	4.59	3.44	3.02	2.59

设已知 t 与 W 之间的关系为 $W=At^s$，试用最小二乘法确定参数 A、s。

下　篇

计 算 物 理 学

数学物理方程，简称数理方程，是从物理问题导出的函数方程，主要是指偏微分方程，特别常见的是二阶线性偏微分方程。如果在一个微分方程中出现的未知函数只含一个自变量，这个方程就叫做常微分方程。如果一个微分方程中出现多元函数的偏导数，即函数自变量个数为两个或两个以上的微分方程为偏微分方程。偏微分方程的求解方法主要分为解析方法和数值方法两大类。分离变量法、积分变换法、行波法、格林函数法和保角变换法都是求边值问题解析解的方法。但是在许多实际问题中由于边界条件过于复杂而无法求得解析解，只可以用近似方法求出满足实际需要的近似程度的近似解，这就需要借助于有限差分方法、有限元方法、边界元方法和蒙特卡罗方法等数值法来求数值解。

第八章　有限差分方法

　　有限差分方法是把微分方程近似地用差分方程(代数方程)代替进行求解,是偏微分方程的一种近似数值解法,该方法数学概念直观,表达简单,是发展较早且比较成熟的一种数值方法。有限差分方法将求解域划分为差分网格,用有限个网格节点代替连续的求解域,以泰勒级数展开等方法,把求解区域内连续的场分布用网络节点上的离散的数值解来代替,从而建立以网格节点上的值为未知数的代数方程组。解此方程组就可以得到原问题在离散点上的近似解。本章主要介绍偏微分方程数值解法中的有限差分法。我们从介绍物理学中常见的几类偏微分方程出发,阐述有限差分方法解偏微分方程的基本原理,采用迭代方法具体求解一维、二维扩散方程及一维波动方程,并附上 FORTRAN 主要计算程序。

8.1　有关物理问题与数学物理方程

8.1.1　方程的导出

　　一个连续体,如气体、液体或固体,以及一个场,如电磁场、温度场等,其状态可用一时空函数 $u(x, y, z, t)$ 来描写。在这个连续体或场中发生的物理过程遵循特定的自然规律,其数学描述就是 u 随时空变化的方程,它们常以偏微分方程的形式出现。

　　1. 描述稳定过程的泊松方程(椭圆型方程)

　　例如在静电场中,其状态可用标势函数 $u(x, y, z)$ 来描写,根据高斯定理有

$$\nabla \cdot (\varepsilon \boldsymbol{E}) = \rho \tag{8.1}$$

其中,ε 为介质的介电常数,ρ 为自由电荷密度,$\nabla = \dfrac{\partial}{\partial x} + \dfrac{\partial}{\partial y} + \dfrac{\partial}{\partial z}$。而电场强度 $\boldsymbol{E}$ 又可以表示为 $\boldsymbol{E} = -\nabla u$,将其代入上式可得 $-\nabla \cdot (\varepsilon \nabla u) = \rho$。对于均匀介质,$\varepsilon$ 为常数,于是有

$$\nabla^2 u = -\frac{\rho}{\varepsilon} \tag{8.2}$$

该方程为静电场中的泊松方程,其中 ∇^2 表示 $\dfrac{\partial^2}{\partial x^2} + \dfrac{\partial^2}{\partial y^2} + \dfrac{\partial^2}{\partial z^2}$。$\nabla^2 u = 0$ 又称为拉普拉斯方程。而在静磁场中,同静电场类似,有

$$\nabla^2 \boldsymbol{A} = -\mu \boldsymbol{j} \tag{8.3}$$

　　该方程为静磁场中的泊松方程,其中 $\boldsymbol{A}$ 是磁矢势,μ 是介质的磁导率,$\boldsymbol{j}$ 为传导电流密度。

　　2. 描述输运过程的扩散方程(抛物型方程)

　　以物质输运为例,设 $\rho(x, y, z, t)$ 为某一流体的密度函数,由于它的不均匀而发生扩

散。按照扩散定律，物质的扩散流密度 $\boldsymbol{j}$ 正比于密度的梯度 $\nabla\rho$，两者反向，即有 $\boldsymbol{j}=-D\nabla\rho$，其中 D 为扩散系数。由质量守恒可导出连续性方程

$$\frac{\partial\rho}{\partial t}=-\nabla\cdot\boldsymbol{j}=\nabla\cdot(D\nabla\rho) \tag{8.4}$$

若 D 是均匀的，则有

$$\frac{\partial\rho}{\partial t}=D\nabla^2\rho \tag{8.5}$$

该方程为扩散方程。同样，在连续体中，由于温度 T 的不均匀而发生热传导，对于这种方程可用类似方程描写为

$$\frac{\partial T}{\partial t}=K\nabla^2 T \tag{8.6}$$

其中 K 为温度传导率（假设均匀），式(8.6)描述的方程即为热传导方程。

3. 描述振动传播过程的波动方程（双曲型方程）

对于交变电磁场，场强 $\boldsymbol{E}$、$\boldsymbol{B}$ 同场势 $\boldsymbol{A}$、u 的关系为

$$\boldsymbol{B}=\nabla\times\boldsymbol{A},\quad \boldsymbol{E}=-\nabla u-\frac{\partial\boldsymbol{A}}{\partial t} \tag{8.7}$$

将上式代入 Maxwell 方程，可以得到场势满足的波动方程

$$\begin{cases} \nabla^2\boldsymbol{A}-\dfrac{1}{c^2}\dfrac{\partial^2\boldsymbol{A}}{\partial t^2}=-\mu\boldsymbol{j} \\[2mm] \nabla^2 u-\dfrac{1}{c^2}\dfrac{\partial^2 u}{\partial t^2}=-\dfrac{1}{\varepsilon}\rho \end{cases} \tag{8.8}$$

其中 $c=1/\sqrt{\varepsilon\mu}$ 为波速。

对于在连续介质中机械振动的传播过程，有如下类似的波动方程

$$\nabla^2 u-\frac{1}{a^2}\frac{\partial^2 u}{\partial t^2}=-\frac{1}{r}f \tag{8.9}$$

其中，u 是介质的位移，r 是杨氏模量，a 是波速，f 是外力。

8.1.2 方程的分类

以上我们按照数理方程所描述的物理过程将它们分成三类，而在数学理论中，则按照这些方程的结构进行分类。二阶线性偏微分方程的一般形式可以写成（设自变量只有两个，即 x 和 y）

$$A\frac{\partial^2 u}{\partial x^2}+B\frac{\partial^2 u}{\partial x\partial y}+C\frac{\partial^2 u}{\partial y^2}=F\left(x,y,u,\frac{\partial u}{\partial x},\frac{\partial u}{\partial y}\right) \tag{8.10}$$

1. 椭圆型方程（$B^2-4AC<0$）

如二维泊松方程属于这一类型。事实上，在这种情况下，方程(8.2)和(8.3)可写成

$$\frac{\partial^2 u}{\partial x^2}+\frac{\partial^2 u}{\partial y^2}=f(x,y) \tag{8.11}$$

对比式(8.10)可知，$B=0$，$A=C=1$。

2. 抛物型方程（$B^2-4AC=0$）

如一维扩散方程或热传导方程属于这一类型，方程(8.5)和(8.6)可以写成

$$\frac{\partial^2 u}{\partial x^2} = \frac{\partial u}{\partial t} \tag{8.12}$$

对比式(8.10)可知，$B=C=0$，$A=1$。

3. 双曲型方程($B^2 - 4AC > 0$)

如一维波动方程属于这一类型，方程(8.8)和(8.9)可以写成

$$\frac{\partial^2 u}{\partial x^2} - \frac{\partial^2 u}{\partial t^2} = 0 \tag{8.13}$$

对比式(8.10)可知，$B=0$，$A=1$，$C=-1$。

8.1.3　边界条件和初始条件

从物理上讲，以上给出的数理方程仅适用于描写在一连续体或场的内部发生的物理过程。但仅靠这些方程还不足以完全确定物理过程的具体特征，因为物理过程的具体特征还与连续体或场的初始状态和边界受到的外界影响有关。

从数学上讲，一个偏微分方程会有无限多个解，偏微分方程加上边界条件和初始条件，才能构成一个定解问题。

1. 第一类边界条件

若 u 代表方程中的未知函数，用 Γ 表示方程适用区域 D 的边界。第一类边界条件为

$$u \big|_{\Gamma} = u_0(\boldsymbol{r}_b,\ t) \tag{8.14}$$

其中，$u_0(\boldsymbol{r}_b,\ t)$ 是定义在 Γ 上的已知函数，$\boldsymbol{r}_b$ 是相应边界点的位矢。在这种边界条件下边界上连续体或者场的状态是已知的。

2. 第二类边界条件

表达式为

$$\frac{\partial u}{\partial n} \bigg|_{\Gamma} = q_0(\boldsymbol{r}_b,\ t) \tag{8.15}$$

其中，n 表示 Γ 的外法线，$q_0(\boldsymbol{r}_b,\ t)$ 是定义在 Γ 上的已知函数。若 u 是电磁场的势，则 $\frac{\partial u}{\partial n}$ 代表场强；若 u 是密度(或温度、或位移)，则 $\frac{\partial u}{\partial n}$ 代表流量(或热流，或应力)。当 $q_0 = 0$ 时称为第二类齐次边界条件。

3. 第三类边界条件

表达式为

$$\left(a_0 u + b_0 \frac{\partial u}{\partial n}\right)\bigg|_{\Gamma} = c_0(\boldsymbol{r}_b,\ t) \tag{8.16}$$

其中 a_0、b_0 和 c_0 是定义在 Γ 上的已知函数。这一条件的物理情况较为复杂。对于热传导问题，它对应着连续体通过表面与外界发生辐射或对流等方式交换热量，表面热流 $\frac{\partial u}{\partial n}$ 正比于表面温度 u 与外界温度 u_0 之差，即 $\frac{\partial u}{\partial n} = k(u - u_0)$。

对于给定的物理问题，其边界条件可能是很复杂的。例如在区域 D 的一部分边界 Γ_1 上有第一类条件，一部分边界 Γ_2 上有第二类条件，而其余部分则满足第三类条件，或者是

上述三式不能表示的另外的条件，需要具体分析边界的物理情况，然后予以确切的数学描述。

4. 初始条件

与时间坐标 t 相联系，给出初始瞬间待求函数 u 在场域各处的值，即

$$u\mid_{t=0} = f_1(\boldsymbol{r}) \tag{8.17}$$

以及初始瞬间场域各处 u 对时间的变化率，即

$$\frac{\partial u}{\partial t}\bigg|_{t=0} = f_2(\boldsymbol{r}) \tag{8.18}$$

通常仅含初始条件的定解问题称为初值问题（柯西问题）；没有初始条件而只有边界条件的定解问题称为边值问题；既有初始条件又有边界条件的定解问题，则称为混合问题（也称初边值问题）。对于由拉普拉斯方程构成的第一、第二和第三类边值问题，常分别称为狄利克雷、诺伊曼和洛平问题。

数学物理方程有许多是线性方程，对于这一类特定的物理问题往往有特定的解析方法，如分离变量法、积分变换法、格林函数法等等。解有时能用各种初等函数和超越的特殊函数来表达，但这些只限于比较典型的情况。更多的实际物理问题只能用非线性方程或方程组来描述，其求解方法更为复杂，只有少数问题有解析解，这时需要借助计算机来求偏微分方程的数值解。变分解法、有限元法、有限差分法、边界元等方法是数值解法中应用广、精度较高的几种常见解法，其共同特点是将求解偏微分方程的问题转化为求解线性代数方程组的问题。

8.2 有限差分原理

8.2.1 差商公式

将微分方程中的微商用差商代替（离散化），是差分法求解偏微分方程的基础。设 u 是坐标 x 的函数，取 $\Delta x = h$ 等分坐标轴，结点坐标为 x_i，相应的有 $u_i(i=1,2,\cdots)$，则有泰勒展开

$$u_{i+1} = u_i + hu_i' + \frac{h^2}{2!}u_i'' + \frac{h^3}{3!}u_i''' + \cdots \tag{8.19}$$

$$u_{i-1} = u_i - hu_i' + \frac{h^2}{2!}u_i'' - \frac{h^3}{3!}u_i''' + \cdots \tag{8.20}$$

$$u_{i+2} = u_i + 2hu_i' + \frac{(2h)^2}{2!}u_i'' + \frac{(2h)^3}{3!}u_i''' + \cdots \tag{8.21}$$

$$u_{i-2} = u_i - 2hu_i' + \frac{(2h)^2}{2!}u_i'' - \frac{(2h)^3}{3!}u_i''' + \cdots \tag{8.22}$$

1. 误差为 $O(h)$ 的差商公式

由式(8.19)可得一阶向前差商公式

$$\frac{\mathrm{d}u_i}{\mathrm{d}x} = \frac{u_{i+1} - u_i}{h} + O(h) \tag{8.23}$$

由式(8.20)可得一阶向后差商公式

$$\frac{\mathrm{d}u_i}{\mathrm{d}x} = \frac{u_i - u_{i-1}}{h} + \mathrm{O}(h) \tag{8.24}$$

式(8.21)$-2\times$式(8.19)，可得二阶向前差商公式

$$\frac{\mathrm{d}^2 u_i}{\mathrm{d}x^2} = \frac{u_{i+2} - 2u_{i+1} + u_i}{h^2} + \mathrm{O}(h) \tag{8.25}$$

式(8.22)$-2\times$式(8.20)，可得二阶向后差商公式

$$\frac{\mathrm{d}^2 u_i}{\mathrm{d}x^2} = \frac{u_i - 2u_{i-1} + u_{i-2}}{h^2} + \mathrm{O}(h) \tag{8.26}$$

2. 误差为 $\mathrm{O}(h^2)$ 的差商公式

将式(8.25)代入式(8.19)，可得一阶向前差商公式

$$\frac{\mathrm{d}u_i}{\mathrm{d}x} = \frac{-u_{i+2} + 4u_{i+1} - 3u_i}{2h} + \mathrm{O}(h^2) \tag{8.27}$$

将式(8.26)代入式(8.20)，可得一阶向后差商公式

$$\frac{\mathrm{d}u_i}{\mathrm{d}x} = \frac{u_{i-2} - 4u_{i-1} + 3u_i}{2h} + \mathrm{O}(h^2) \tag{8.28}$$

[式(8.19)$-$式(8.20)]$/(2h)$，可得一阶中心差商公式

$$\frac{\mathrm{d}u_i}{\mathrm{d}x} = \frac{u_{i+1} - u_{i-1}}{2h} + \mathrm{O}(h^2) \tag{8.29}$$

[式(8.19)$+$式(8.20)]$/h^2$，可得二阶中心差商公式

$$\frac{\mathrm{d}^2 u_i}{\mathrm{d}x^2} = \frac{u_{i+1} - 2u_i + u_{i-1}}{h^2} + \mathrm{O}(h^2) \tag{8.30}$$

8.2.2　差分格式的收敛性和稳定性

用某种近似差商代替相应的微商，叫做一种差分格式。

所谓差分格式的收敛性，是指当步长 $h \to 0$ 时，差分方程的解是否收敛于微分方程的解。显然只有那些具有收敛性的差分格式才是所需要的。

所谓差分格式的稳定性，是指误差 Δu 在运算过程中不会失控，即累计误差是否会无限增加。任何初值扰动对差分数值解的影响随时间推移不再增加(强稳定)或在一段时间内有界(弱稳定)。

有关差分法的数学理论对上述收敛性和稳定性都作了详细讨论。以下仅作结论性说明，不予以数学证明。

8.3　矩形域中泊松方程的有限差分法

8.3.1　五点差分格式

在二维情况下，泊松方程形式为

$$\nabla^2 u = \frac{\partial^2 u}{\partial x^2} + \frac{\partial^2 u}{\partial y^2} = f(x, y) \tag{8.31}$$

若 $f(x, y) = 0$，则式(8.31)为拉普拉斯方程。

取 $\Delta x=\Delta y=h$ 的正方形网格覆盖 $x-y$ 平面（如图 8.1 所示），结点坐标为 (x_i, y_j) $(i=1, 2, \cdots, N; j=1, 2, \cdots, M)$。结点处的函数为 $u(x_i, y_j)=u_{ij}$。在 (i, j) 点，$\dfrac{\partial^2 u}{\partial x^2}$ 和 $\dfrac{\partial^2 u}{\partial y^2}$ 利用中心差商公式(8.30)，则式(8.31)变为

$$\nabla^2 u_{ij}=\frac{1}{h^2}[u_{i+1, j}+u_{i-1, j}+u_{i, j+1}+u_{i, j-1}-4u_{ij}]=f_{ij} \tag{8.32}$$

式(8.32)中涉及到五个点，即中央点 (i, j) 及周围四点，如图 8.1 所示。这种差分格式的误差为 $O(h^2)$。差分法的数学理论已经证明，由上述五点格式得到的差分方程，在给定的边界条件下具有唯一的解，且当 $h \to 0$ 时趋于微分方程的解。

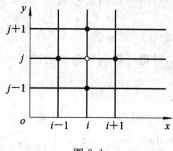

图 8.1

8.3.2 矩形域的拉普拉斯方程

$$\nabla^2 u=\frac{\partial^2 u}{\partial x^2}+\frac{\partial^2 u}{\partial y^2}=0 \tag{8.33}$$

【例 8.1】 用有限差分法求解拉普拉斯方程，边界条件如图 8.2 所示。

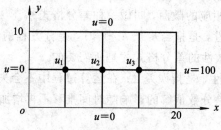

图 8.2

若取 $h=5$，如图 8.2 所示有三个内点，相应的 u 值记为 u_1、u_2、u_3。根据式(8.32)，可列出关于三个内点的差分方程组

$$\begin{cases} -4u_1+u_2=0 \\ u_1-4u_2+u_3=0 \\ u_2-4u_3+100=0 \end{cases}$$

它的矩阵形式为

$$\begin{bmatrix} -4 & 1 & 0 \\ 1 & -4 & 0 \\ 0 & 1 & -4 \end{bmatrix} \begin{bmatrix} u_1 \\ u_2 \\ u_3 \end{bmatrix} = \begin{bmatrix} 0 \\ 0 \\ -100 \end{bmatrix}$$

解得 $\begin{cases} u_1 = 1.786 \\ u_2 = 7.143 \\ u_3 = 26.786 \end{cases}$ 。若取 $h=2.5$，精度会提高，当然计算量会增大。有限差分法计算结果与

本题精确解的比较如表 8.1 所示。

表 8.1　有限差分法计算结果与精确解的比较

	$h=5$	$h=2.5$	精确解
u_1	1.786	1.289	1.0943
u_2	7.413	6.019	5.4885
u_3	26.786	26.289	26.0944

8.4　差分方程的迭代解法

根据(8.32)式可以得到泊松方程的差分方程组

$$\nabla^2 u_{ij} = \frac{1}{h^2}(u_{i+1,j} + u_{i-1,j} + u_{i,j+1} + u_{i,j-1} - 4u_{ij}) = f_{ij} \tag{8.34}$$

该方程组中方程个数等于网格结点数，并且每个方程的左边最多有五项。故该方程组的系数矩阵具有大型、稀疏和带状的特点。为节省内存和机时，一般不采用消元法，而是采用迭代法，包括如下三种方法。

（1）同步法。

将式(8.34)化为

$$u_{ij}^{k+1} = \frac{1}{4}(u_{i,j-1} + u_{i-1,j} + u_{i,j+1} + u_{i+1,j} - h^2 f_{ij})^k \tag{8.35}$$

上式中右边的 u 用第 k 步的值，则左边得到第 $k+1$ 步的值。这种迭代方法称为同步法，它需要两套内存，一套存第 k 步的值，一套存第 $k+1$ 步的值，收敛较慢。

（2）异步法。

由于 u 的计算是按照 i、j 由小到大进行的，迭代到某一步在计算新的 u_{ij} 时，新的 $u_{i,j-1}$ 和 $u_{i-1,j}$ 已被算出，所以式(8.35)可以改写为

$$u_{ij}^{k+1} = \frac{1}{4}(u_{i,j-1}^{k+1} + u_{i-1,j}^{k+1} + u_{i,j+1}^k + u_{i+1,j}^k - h^2 f_{ij}) \tag{8.36}$$

这种迭代方法称为异步法，它只需一套内存，收敛较快。

（3）逐次超松弛迭代法（SOR 法）。

在异步法的基础上，加权平均，得到 SOR 法。引入超松弛因子 ω，将式(8.36)改写为

$$u_{ij}^{k+1} = \frac{\omega}{4}(u_{i,j-1}^{k+1} + u_{i-1,j}^{k+1} + u_{i,j+1}^k + u_{i+1,j}^k - h^2 f_{ij}) + (1-\omega)u_{ij}^k \tag{8.37}$$

当 $\omega=1$ 时，式(8.37)就是式(8.36)。当在 $\omega \in (1,2)$ 内取一适当值时，可获得较快的收敛速度。如在例 8.1 中，当 $h=2.5$ 并要求 $|u^{(k+1)} - u^{(k)}| < 10^{-3}$ 时，取不同的 ω 值，所需的迭代次数 k 也不同，如表 8.2 所示。

表 8.2

ω	1.0	1.1	1.2	1.3	1.4	1.5	1.6
k	20	15	13	12	15	18	23

从表 8.2 可以看出，ω 值的选取对迭代次数 k 影响较大。显然，并非 ω 越大或越小时，迭代次数 k 越小。那么如何选取最佳的 ω 值使得迭代次数 k 越小呢？通常采用如下方法：

（1）对于矩形区域，常数边界条件下超松弛因子 ω 常取为

$$\omega = 2 - \sqrt{2}\pi\left(\frac{1}{n^2} + \frac{1}{m^2}\right)^{1/2} \qquad (n, m \gg 1) \qquad (经验公式)$$

其中，$n+1$、$m+1$ 分别为 x 轴和 y 轴上的等分结点数。而对于正方形区域，ω 取为

$$\omega = \frac{2}{1 + \sin\left(\dfrac{\pi}{n}\right)}$$

其中 $n+1$ 为每边上的等分结点数。

（2）在 $(1, 2)$ 内，依次取几个 ω 值，用少数几步迭代，找出最佳值。

SOR 法迭代过程中除了超松弛因子 ω 的选取外，关于初值的选取也很重要。事实上，关于上述各种迭代法的收敛性问题，可以证明，当 $h \to 0$ 或 $k \to \infty$ 时，差分方程的解将趋近于微分方程的解。收敛性与初值无关，但收敛速度与初值有关。关于初值的选取问题，若 $f(x, y) = 0$，可取 $u|_\Gamma$ 平均值为初始值，或任取初值。若 $f(x, y) \neq 0$，可取 $u = 0$ 为初值。

另外，关于收敛的判别方法，可事先指定出误差的范围 ε，当 $\max|u_{ij}^{(k+1)} - u_{ij}^{(k)}| \leqslant \varepsilon$ 时，迭代终止。

采用有限差分方法求解偏微分方程时，还需注意对边界条件的处理。对于规则矩形边界而言，研究区域的网格结点落在边界上，第一类边界条件显然无需再做处理，而对于第二、三类边界条件，可采用以下差分格式。根据以下第三类边界条件

$$au + b\frac{\partial u}{\partial n}\bigg|_\Gamma = c(x, y) \tag{8.38}$$

为找到误差为 $O(h^2)$ 的边界条件的差分式，在图 8.3 所示的 x_d 和 y_d 处用式（8.27）中的一阶向前差商代替该处的 $\partial u/\partial n$，而在 x_u 和 y_u 处用式（8.28）中的一阶向后差商代替该处的 $\partial u/\partial n$，解出边界值，其结果为

$$\begin{cases} u_{1j} = \dfrac{2hc(x_1, y_j) + 4bu_{2j} - bu_{3j}}{2ha + 3b} \\[3mm] u_{i1} = \dfrac{2hc(x_i, y_1) + 4bu_{i2} - bu_{i3}}{2ha + 3b} \\[3mm] u_{nj} = \dfrac{2hc(x_n, y_j) + 4bu_{n-1, j} - bu_{n-2, j}}{2ha + 3b} \\[3mm] u_{im} = \dfrac{2hc(x_i, y_m) + 4bu_{i, m-1} - bu_{i, m-2}}{2ha + 3b} \end{cases} \tag{8.39}$$

一般情况下，a 和 b 是 x、y 的函数，上式应作相应变化。显然，当 $a = 0$ 时，上式即为第二类边界条件的差分格式。

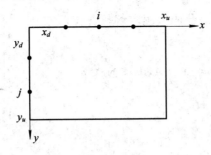

图 8.3

通常边界是不规则的，边界条件处理方法如下：对于第一类边界条件 $u|_\Gamma = u_0$，Γ 为边界。若结点在边界上，直接代入。若结点不在边界上，采用不对称网格方法，如图 8.4 所示，边界与网格线交点为 D 和 B，对于泊松方程，则有

$$\frac{\partial^2 u}{\partial x^2} = \frac{hu_B + a_1 u_A - (h + a_1)u_P}{\frac{1}{2}ha_1(h + a_1)} = \frac{2}{\alpha h^2}\left[\frac{u_B}{1+\alpha} + \frac{\alpha u_A}{1+\alpha} - 2u_P\right] \tag{8.40}$$

$$\frac{\partial^2 u}{\partial y^2} = \frac{2}{\beta h^2}\left[\frac{u_D}{1+\beta} + \frac{\beta u_C}{1+\beta} - 2u_P\right] \tag{8.41}$$

其中，$\alpha = \dfrac{a_1}{h}$，$\beta = \dfrac{a_2}{h}$。此时泊松方程在边界上的差分格式为

$$\frac{u_A}{1+\alpha} + \frac{u_B}{\alpha(1+\alpha)} + \frac{u_C}{1+\beta} + \frac{u_D}{\beta(1+\beta)} - \left(\frac{1}{\alpha} + \frac{1}{\beta}\right)u_P = \frac{1}{2}h^2 f_P \tag{8.42}$$

对于第二类边界条件 $\dfrac{\partial u}{\partial n}\Big|_\Gamma = u_0$，若结点在边界上（如图 8.5 所示），则有

$$\frac{\partial u}{\partial n} = \nabla u \cdot \boldsymbol{n} = \frac{\partial u}{\partial x}\boldsymbol{i} \cdot \boldsymbol{n} + \frac{\partial u}{\partial y}\boldsymbol{j} \cdot \boldsymbol{n} = -\frac{\partial u}{\partial x}\cos\alpha - \frac{\partial u}{\partial y}\cos\beta \tag{8.43}$$

其中，$\dfrac{\partial u}{\partial x} = \dfrac{u_B - u_P}{h}$，$\dfrac{\partial u}{\partial y} = \dfrac{u_D - u_P}{h}$。其差分格式为

$$(u_B - u_P)\cos\alpha + (u_D - u_P)\cos\beta = -hu_0 \tag{8.44}$$

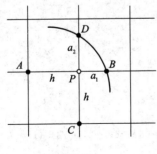

图 8.4

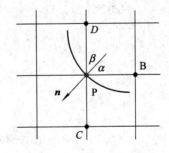

图 8.5

若结点不在边界上，过 P 点向边界作垂线，交边界于 P'。用 P' 的法向单位矢 $\boldsymbol{n}$ 做为 P 的法向矢，实质上是把 P 近似为 P'，差分格式处理同式(8.44)。

对于第三类边界条件 $\left(au + b\dfrac{\partial u}{\partial n}\right)\Big|_\Gamma = u_0$ 的处理方法是前两类边界条件处理方法的组合。

【例 8.2】 试采用有限差分法编程求解拉普拉斯方程在网格结点处的值。

$$\begin{cases} \dfrac{\partial^2 u}{\partial x^2}+\dfrac{\partial^2 u}{\partial y^2}=0 \qquad (0<x<4,\ 0<y<3) \\[2mm] u\mid_{x=0}=y(y-3),\ u\mid_{x=4}=0 \\[2mm] u\mid_{y=0}=\sin\dfrac{\pi}{4}x,\ u\mid_{y=3}=0 \end{cases}$$

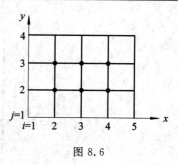

图 8.6

如图 8.6 所示，取 $h=1$，$\omega=1.25$，迭代终止误差为 $\varepsilon=10^{-4}$。

计算程序：

```
            program main
            integer i,j
            real x(5),y(4),u(5,4),t,p,q
            real,parameter::w=1.25,eps=1e-4,h=1,pi=3.1415926  ! w, eps 分别表示 ω 和 ε
            open(1,file='example.dat')
            do i=1,5                                          !输入边界条件
                x(i)=(i-1)*h
                u(i,1)=sin(pi*x(i)/4)
                u(i,4)=0.0
            enddo
            do j=1,4
                y(j)=(j-1)*h
                u(1,j)=y(j)*(y(j)-3)
                u(5,j)=0.0
            enddo
            do i=2,4                                          !SOR 法赋初值
            do j=2,3
            u(i,j)=0.0
            enddo
            enddo
   10       p=0.0
            do i=2,4
            do j=2,3
                t=u(i,j)
                u(i,j)=w*(u(i,j-1)+u(i-1,j)+u(i,j+1)+u(i+1,j))/4+(1-w)*u(i,j)
                q=abs(u(i,j)-t)
                if(q.gt.p) p=q                                !p 为每次迭代的最大误差
            enddo
            enddo
            if(p.gt.eps) goto 10
            do i=1,5                                          !输出结果
            do j=1,4
```

```
            write( * , * ) i,j,u(i,j)
            write(1, * ) i,j,u(i,j)
         enddo
         enddo
      end
```

计算结果：

i	j	u(i,j)
1	1	0.000000e+00
1	2	−2.000000
1	3	−2.000000
1	4	0.000000e+00
2	1	7.071068e−01
2	2	−4.403373e−01
2	3	−6.375487e−01
2	4	0.000000e+00
3	1	1.000000
3	2	1.690345e−01
3	3	−1.098504e−01
3	4	0.000000e+00
4	1	7.071069e−01
4	2	2.263135e−01
4	3	2.911735e−02
4	4	0.000000e+00
5	1	0.000000e+00
5	2	0.000000e+00
5	3	0.000000e+00
5	4	0.000000e+00

8.5　非矩形边界区域泊松方程的有限差分法

8.5.1　圆形域中泊松方程的有限差分解

1. 泊松方程的差分格式

这里仍以二维泊松方程为例，该方程表示为

$$\nabla^2 u = f(r, \varphi) \qquad (0 < r < r_0, \ 0 \leqslant \varphi \leqslant 2\pi) \tag{8.45}$$

该方程在极坐标系下可以写为

$$\frac{\partial^2 u}{\partial r^2} + \frac{1}{r} \frac{\partial u}{\partial r} + \frac{1}{r^2} \frac{\partial^2 u}{\partial \varphi^2} = f(r, \varphi) \tag{8.46}$$

用一组等角线和等距离同心圆分割区域,将半径 $N-1$ 等分,圆周 $M-1$ 等分(如图 8.7 所示),即有

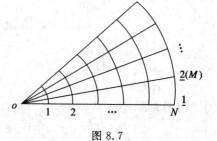

图 8.7

$$\begin{cases} \Delta r = h = \dfrac{r_0}{N-1} \\ \Delta \varphi = \dfrac{2\pi}{M-1} \end{cases} \qquad (8.47)$$

因此有结点坐标

$$\begin{cases} r_i = (i-1)h & (i=1, 2, \cdots, N) \\ \varphi_j = (j-1)\Delta\varphi & (j=1, 2, \cdots, M) \end{cases} \qquad (8.48)$$

用误差为 $O(\Delta r^2)$ 和 $O(\Delta \varphi^2)$ 的中心差商代替(8.46)式中的微商,可以得到泊松方程的差分格式为

$$\alpha_0 (u_{i, j-1} + u_{i, j+1}) + \alpha_1 u_{i-1, j} + \alpha_2 u_{i+1, j} - 2(1+\alpha_0) u_{ij} = h^2 f(r_i, \varphi_j) \qquad (8.49)$$

其中,$\alpha_0 = [\Delta\varphi(i-1)]^{-2}$,$\alpha_1 = 1-(2i-2)^{-1}$,$\alpha_2 = 1+(2i-2)^{-1}$。

2. 周期性条件

$$u(r, \varphi) = u(r, \varphi+2\pi) \qquad (8.50)$$

即满足 $u_{i1} = u_{iM}$,$u_{i2} = u_{i, M+1}$。

3. 圆心处差分格式

方程(8.49)不适合于圆心($i=1$)。如图 8.8 所示,利用直角坐标系下的五点差分格式,有

$$\nabla^2 u_0 \approx \frac{1}{h^2}(u_1 + u_2 + u_3 + u_4 - 4u_0) \qquad (8.51)$$

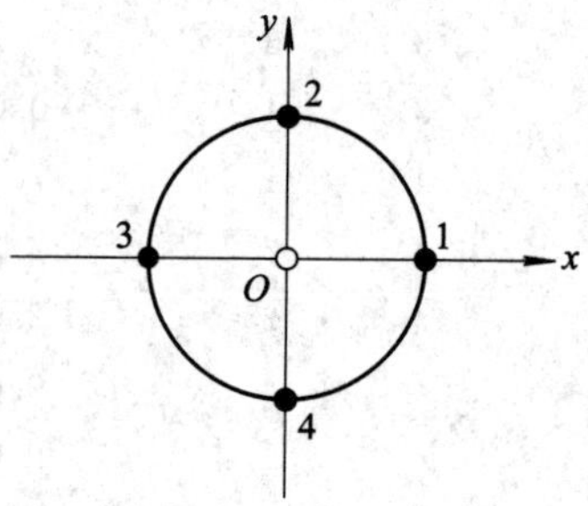

在一般情况下,可将上式写为

$$\nabla^2 u_0 = \frac{4}{h^2}(\bar{u} - u_0) \qquad (8.52)$$

其中 $\bar{u}$ 是半径为 h 的圆周上各结点的平均值,即

$$\bar{u} = \frac{1}{M-1} \sum_{j=2}^{M} u_{2j} \qquad (8.53)$$

图 8.8

4. 边界条件的差分格式

$$\left(au + b \frac{\partial u}{\partial r}\right)\bigg|_{r=r_0} = c(\varphi) \qquad (8.54)$$

用误差为 $O(h^2)$ 的一阶向后差商代替 $\dfrac{\partial u}{\partial r}\Big|_{r=r_0}$,则有

$$u_{nj} = \frac{2hc_j + 4bu_{n-1, j} - bu_{n-2, j}}{2ha + 3b} \qquad (8.55)$$

【例 8.3】 同轴线内导线半径为 a,外导线半径为 b,两导线间填充均匀介质,相对介电常数为 ε_r,两导线间电位差为 V_0,求同轴线介质间的电势分布。

对于内外导线间的电场分析,可理想化为二维场问题,其间电势函数 $u(r, \varphi)$ 应满足拉普拉斯方程,极坐标下拉普拉斯方程形式为

$$\nabla^2 u = \frac{\partial^2 u}{\partial r^2} + \frac{1}{r} \frac{\partial u}{\partial r} + \frac{1}{r^2} \frac{\partial^2 u}{\partial \varphi^2} = 0$$

根据有限差分原理，同样作五点中心差商，其离散结点如图 8.9 所示。

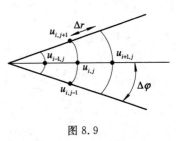

$$\nabla^2 u = \frac{u_{i+1,j} - 2u_{i,j} + u_{i-1,j}}{(\Delta r)^2} + \frac{1}{(i-1) \times \Delta r} \frac{u_{i+1,j} - u_{i-1,j}}{2\Delta r}$$

$$+ \frac{1}{[(i-1) \times \Delta r]^2} \frac{u_{i,j+1} - 2u_{i,j} + u_{i,j-1}}{(\Delta \varphi)^2}$$

$$= 0$$

图 8.9

对上式进行化简，可得

$$u_{i,j} = \frac{\alpha_0 (u_{i,j-1} + u_{i,j+1}) + \alpha_1 u_{i-1,j} + \alpha_2 u_{i+1,j}}{2 + 2\alpha_0}$$

引入超松弛因子，进行超松弛迭代

$$u_{i,j}^{k+1} = \omega \times \frac{\alpha_0 (u_{i,j-1}^{k+1} + u_{i,j+1}^{k+1}) + \alpha_1 u_{i-1,j}^{k+1} + \alpha_2 u_{i+1,j}^{k+1}}{2 + 2\alpha_0} + (1 - \omega) \times u_{i,j}^k$$

这里松弛因子 ω 的计算式，采用经验公式 $\omega = 2 - 2\sqrt{2}\sqrt{\frac{1}{q^2} + \frac{1}{p^2}}$，其中 p、q 分别为半径 r 方向上和角 φ 方向上的结点总数。

在利用上述迭代公式求得同轴线介质间的电势 u 分布后，可以利用

$$\boldsymbol{E} = -\nabla u = -\left(\hat{\boldsymbol{r}} \frac{\partial u}{\partial r} + \frac{\hat{\boldsymbol{\varphi}}}{r} \frac{\partial u}{\partial \varphi} \right)$$

求出电场。而根据电势 u 分布沿角度方向的对称性，电势 u 仅沿法向有变化，

$$\boldsymbol{E} = -\nabla u = -\hat{\boldsymbol{r}} \frac{\partial u}{\partial r} = -\hat{\boldsymbol{r}} \frac{du}{dr}$$

这里利用误差为 $O(\Delta r^2)$ 的一阶向前差商公式

$$\frac{du_i}{dx} = \frac{-u_{i+2} + 4u_{i+1} - 3u_i}{2\Delta r} + O(\Delta r^2)$$

就可以求出内表面的电场。利用

$$C_0 = \frac{q}{V_0} = \frac{\varepsilon}{V_0} \oint (\boldsymbol{n} \cdot \boldsymbol{E}) dl$$

和

$$Z_1 = \frac{\varepsilon Z}{C_0} \qquad \left(Z = \sqrt{\frac{\mu}{\varepsilon}} \text{ 为波阻抗} \right)$$

可以求出同轴线的特征阻抗，而同轴线的特征阻抗精确解为

$$Z_0 = \frac{1}{2\pi} \sqrt{\frac{\mu}{\varepsilon}} \ln \frac{b}{a}$$

本例计算中，取 $a = 4.0$ cm，$b = 6.909$ cm，$\Delta r = 0.1$ cm，$\Delta \varphi = \frac{\pi}{8}$，$V_0 = 18$ V。图 8.10 给出了采用有限差分方法的计算结果，即同轴线沿半径方向上的电势分布曲线，其中电势分布的解析解为 $u(r, \varphi) = \frac{V_0 \ln(b/r)}{\ln(b/a)}$。我们还分别计算了相对介电参数 ε_r 的值为 1、2、3、4、5 时的特征阻抗，表 8.3 中，Z_0、Z_1 分别表示特征阻抗的精确解和数值解。从图 8.10 和表 8.3 中可以看出数值解和精确解误差较小，从而说明了有限差分方法的可行性。

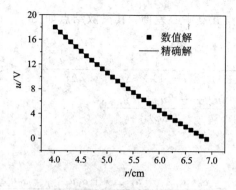

图 8.10 同轴线电势沿径向分布结果

表 8.3 特征阻抗数值解与精确解对比及误差

ε_r	1	2	3	4	5
Z_1	32.691	23.116	18.874	16.345	14.620
Z_0	32.704	23.125	18.881	16.352	14.626
$\Delta Z_1/Z_0$	0.039%	0.040%	0.037%	0.043%	0.041%

8.5.2 轴对称场区域泊松方程的有限差分解

采用柱坐标系 (r, ϕ, z)。由于是轴对称场，$u(r, z)$ 与 ϕ 无关。在柱坐标系中泊松方程为

$$\nabla^2 u = \frac{\partial^2 u}{\partial r^2} + \frac{1}{r}\frac{\partial u}{\partial r} + \frac{\partial^2 u}{\partial z^2} = f(r, z) \quad (8.56)$$

取 $\Delta x = \Delta z = h$，用正方形网格覆盖 $r-z$ 平面（如图 8.11 所示），有

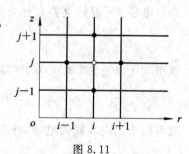

图 8.11

$$\begin{cases} r_i = (i-1)h & (i = 1, 2, \cdots, N) \\ z_j = (j-1)h & (j = 1, 2, \cdots, M) \end{cases} \quad (8.57)$$

用误差为 $O(h^2)$ 的中心差商代替微商，且 $u(r_i, z_j) = u_{ij}$，则有

$$\nabla^2 u_{ij} \approx \frac{1}{h^2}(\alpha_1 u_{i-1, j} + u_{i, j-1} + \alpha_2 u_{i+1, j} + u_{i, j+1} - 4u_{ij}) = f(r_i, \varphi_j) \quad (8.58)$$

其中，$\alpha_1 = [1 - 1/(2i-2)]$，$\alpha_2 = [1 + 1/(2i-2)](i = 2, 3, \cdots, N-1; j = 2, 3, \cdots, M-1)$。上式不适用于轴上各点 $(i=1)$。应用罗毕达法则有

$$\lim_{r \to 0} \frac{1}{r}\frac{\partial u}{\partial r} = \frac{\partial^2 u}{\partial r^2}\bigg|_{r=0} \quad (8.59)$$

将上式代入式(8.56)，所以在轴上有

$$\nabla^2 u = 2\frac{\partial^2 u}{\partial r^2} + \frac{\partial^2 u}{\partial z^2} \quad (8.60)$$

轴上的差分公式可以写为

$$\nabla^2 u_{1j} \approx \frac{1}{h^2}(4u_{2j} + u_{1, j-1} + u_{1, j+1} - 6u_{1j}) \quad (8.61)$$

对于其他形状的边界,可用网格边界近似代替实际边界,或者用插值近似方法,但由于程序编制过于复杂,通常不采用差分法,而是利用有限元方法或边界元方法。

8.6 一维扩散方程的有限差分法

8.6.1 隐式六点差分格式(C - N 格式)

以下介绍一维扩散方程或热传导方程的有限差分解法。考虑一维扩散方程的定解问题

$$\begin{cases} \dfrac{\partial u(x,\ t)}{\partial t} = D \dfrac{\partial^2 u(x,\ t)}{\partial x^2} & (0 \leqslant x \leqslant a_0,\ 0 < t < t_{\max}) \\[2mm] u(x,\ t)\mid_{t=0} = u_0(x) \\[2mm] a_1 u + b_1 \dfrac{\partial u}{\partial n} = c_1 & (x = 0) \\[2mm] a_2 u + b_2 \dfrac{\partial u}{\partial n} = c_2 & (x = a_0) \end{cases} \tag{8.62}$$

取 $\Delta x = h$,$\Delta t = \tau$ 进行离散化,如图 8.12 所示,结点坐标为

$$\begin{cases} x_i = (i-1)h & (i = 1,\ 2,\ \cdots,\ N) \\[2mm] t_k = k\tau & (k = 1,\ 2,\ \cdots,\ k_{\max}) \end{cases} \tag{8.63}$$

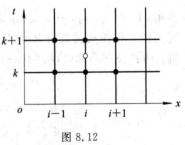

图 8.12

结点处的函数为 $u(x_i,\ t_k) = u_i^k$。在 $\left(i,\ k+\dfrac{1}{2}\right)$ 点,$\dfrac{\partial u}{\partial t}$ 用中心差商,$\dfrac{\partial^2 u}{\partial x^2}$ 用 $(i,\ k)$ 和 $(i,\ k+1)$ 两点的中心差商的平均值代替,则式(8.62)中的偏微分方程变为

$$\frac{1}{\tau}(u_i^{k+1} - u_i^k) = \frac{D}{2h^2}\big[(u_{i+1} - 2u_i + u_{i-1})^k + (u_{i+1} - 2u_i + u_{i-1})^{k+1}\big] \tag{8.64}$$

引入 $P = \tau D/h^2$,$P_1 = \dfrac{1}{P} + 1$,$P_2 = \dfrac{1}{P} - 1$,将上式中的含 $u^{(k+1)}$ 项移至等号左边,将含 $u^{(k)}$ 项移至等号右边,式(8.64)变为

$$(-u_{i-1} + 2P_1 u_i - u_{i+1})^{k+1} = (u_{i-1} + 2P_2 u_i + u_{i+1})^k \tag{8.65}$$

上式表明由 k 时的 u 值可求得 $k+1$ 时的 u 值,但要解联立方程组,所以这种差分格式是隐式的。整个方程涉及到六个结点处的 u 值,所以称为隐式六点差分格式,又称为 Crank-Nicolson格式,简称 C - N 格式,误差为 $\mathrm{O}(\tau^2) + \mathrm{O}(h^2)$,是无条件稳定的。

8.6.2 边界条件的差分格式

由式(8.62)知,一维扩散方程的边界条件为

$$\begin{cases} a_1 u + b_1 \dfrac{\partial u}{\partial n} = c_1 & (x = 0) \\[2mm] a_2 u + b_2 \dfrac{\partial u}{\partial n} = c_2 & (x = a_0) \end{cases} \tag{8.66}$$

在 x 轴上设置两个虚格点 $i=0$ 和 $i=N+1$(见图 8.13)。

用中心差商代替式(8.66)中的 $\dfrac{\partial u}{\partial n}$，则得

$$\begin{cases} a_1 u_1 + \dfrac{b_1}{2h}(u_0 - u_2) = c_1 \\[3mm] a_2 u_n + \dfrac{b_2}{2h}(u_{n+1} - u_{n-1}) = c_2 \end{cases} \tag{8.67}$$

由式(8.67)解出 u_0 和 u_{n+1}，分别代入 $i=1$ 和 $i=N$ 的式(8.65)，得到

$$(b_1 P_1 + ha_1)u_1 - b_1 u_2 = (b_1 P_2 - ha_1)u_1 + b_1 u_2 + 2hc_1 \tag{8.68(a)}$$

$$-b_2 u_{N-1} + (b_2 P_1 + ha_2)u_N = b_2 u_{N-1} + (b_2 P_2 - ha_2)u_N + 2hc_2 \tag{8.68(b)}$$

8.6.3　差分方程组及其求解

把式(8.65)和式(8.68(a))、(8.68(b))结合起来，构成差分方程组，其形式为

$$AU = R \tag{8.69}$$

其中，$U = (u_1, u_2, \cdots, u_n)$ 是未知量组成的矢量。系数矩阵 A 是三对角的，而 R 是由前一时刻的 u 值组成的矢量 $R = (R_1, R_2, \cdots, R_n)$。该方程组可利用 5.3 节中的追赶法进行求解。由式(8.65)和式(8.68(a))、(8.68(b))可知

$$\begin{cases} R_1 = (b_1 P_2 - ha_1)u_1 + b_1 u_2 + 2hc_1 \\[2mm] R_i = u_{i-1} + 2P_2 u_i + u_{i+1} \qquad i = 2, 3, \cdots, N-1 \\[2mm] R_N = b_2 u_{N-1} + (b_2 P_2 - ha_2)u_N + 2hc_2 \end{cases} \tag{8.70}$$

$$A = \begin{bmatrix} b_1 P_1 + ha_1 & -b_1 & & & & \\ -1 & 2P_1 & -1 & & & \\ & -1 & 2P_1 & -1 & & \\ \cdots & \cdots & \cdots & \cdots & \cdots & \\ \vdots & \vdots & \vdots & \vdots & \vdots & \\ & & & -1 & 2P_1 & -1 \\ & & & & -b_2 & b_2 P_1 + ha_2 \end{bmatrix} \tag{8.71}$$

对于三对角矩阵 A，用 a_{i2} 表示对角元，用 a_{i1} 表示左旁元，用 a_{i3} 表示右旁元，则差分方程组的矩阵形式为

$$\begin{bmatrix} a_{12} & a_{13} & \cdots & & \\ \cdots & & \cdots & & \\ \cdots & a_{i1} & a_{i2} & a_{i3} & \\ \cdots & & \cdots & & \\ \vdots & & \vdots & & \\ & & & a_{N1} & a_{N2} \end{bmatrix} \begin{bmatrix} u_1 \\ u_2 \\ \vdots \\ \vdots \\ \vdots \\ u_N \end{bmatrix} = \begin{bmatrix} R_1 \\ R_2 \\ \vdots \\ \vdots \\ \vdots \\ R_N \end{bmatrix} \tag{8.72}$$

利用高斯消元法，消去左旁元可得

$$
\begin{bmatrix}
a_{12} & a_{13} & \cdots & & \\
\cdots & & \cdots & & \\
\cdots & & a_{i2}' & a_{i3} & \\
\cdots & & \cdots & & \\
\vdots & & \vdots & & \\
& & & & a_{N2}'
\end{bmatrix}
\begin{bmatrix}
u_1 \\
u_2 \\
\vdots \\
\vdots \\
\vdots \\
u_N
\end{bmatrix}
=
\begin{bmatrix}
R_1 \\
R_2' \\
\vdots \\
\vdots \\
\vdots \\
R_N'
\end{bmatrix}
\tag{8.73}
$$

其中

$$
\begin{cases}
a_{i2}' = a_{i2} - \dfrac{a_{i1} * a_{i-1,3}}{a_{i-1,2}'} \\[3mm]
R_i' = R_i - \dfrac{a_{i1} R_{i-1}'}{a_{i-1,2}'}
\end{cases}
\quad (i = 2, 3, \cdots, N)
\tag{8.74}
$$

由(8.73)式的最后一个方程可以解出 $u_n = R_n'/a_{n2}'$，再用回代法可以解出

$$
u_i = \frac{R_i' - a_{i3} u_{i+1}}{a_{i2}'} \quad (i = N-1, N-2, \cdots, 1)
\tag{8.75}
$$

8.6.4 计算程序

1. 主程序流图

dimension x(N), u(N), R(N), A(N,3)

(1) 输入 D, a_0, a_1, a_2, b_1, b_2, c_1, c_2, t_{max}, h, τ。

$$
P = \frac{\tau D}{h^2}, \quad P_1 = \frac{1}{P} + 1, \quad P_2 = \frac{1}{P} - 1, \quad N = 1 + \frac{a_0}{h}, \quad k_{max} = \frac{t_{max}}{\tau}
$$

输入结点坐标 $x_i = (i-1)h (i=1, 2, \cdots, N)$

输入初值 $u_i(x, 0) = u_0(x_i)$

(2) 调用计算原始和消元后的系数矩阵 $\boldsymbol{A}$。

call coef (N, a_1, b_1, a_2, b_2, h, P_1, A)

(3)　　　do 50 k=1, k_{max}

　　　　　t=k * tao　　　　! tao 对应于 τ

　　　　　R(1)=(b_1 * P_2 - h * a_1) * u(1) + b_1 * u(2) + 2 * h * c_1

　　　　　R(N)=(b_2 * P_2 - h * a_2) * u(N) + b_2 * u(N-1) + 2 * h * c_2

　　　　　do 30 i=2, N-1

　　30　　　R(i)=u(i-1)+2 * P_2 * u(i)+u(i+1)

(4) 消元法解方程 $\boldsymbol{AU} = \boldsymbol{R}$。

　　　　　call solve(N,A,R)

　　　　　do 40 i=1,N

　　　　　x(i)=(i-1) * h

　　　　　u(i)=R(i)

　　40　　write(* , *) t,x(i),u(i)

　　50　　continue

　　　　　end

2. 子程序

（1）系数矩阵（原始的和消元后的）子程序。

```
subroutine coef (N, a₁, b₁, a₂, b₂, h, P₁, A)
dimension A(N, 3)
A(1, 2)＝P₁ * b₁＋h * a₁
A(1, 3)＝－b₁
A(N, 2)＝P₁ * b₂＋h * a₂
A(N,1)＝－b₂
do 10 i＝2, N－1
A(i, 1)＝－1, A(i, 2)＝2 * P₁
10    A(i, 3)＝－1
do 20 i＝2, N
20    A(i, 2)＝A(i, 2)－A(i, 1) * A(i−1, 3)/A(i−1, 2)
return
end
```

（2）消元法解三对角系数矩阵方程的子程序。

```
subroutine solve (N, A, R)
dimension A(N, 3), R(N)
do 10 i＝2, N
10    R(i)＝R(i)−A(i, 1) * R(i−1)/ A(i−1, 2)
R(N)＝R(N)/A(N, 2)
do 20 i1＝1, N−1
I＝N−i1
20    R(i)＝(R(i)−A(i, 3) * R(i+1))/A(i, 2)
return
end
```

8.7　二维扩散方程的有限差分法

8.7.1　交替方向隐式差分格式（ADI 格式）

考虑以下二维扩散方程的定解问题

$$\begin{cases} \dfrac{\partial u}{\partial t} = D\left(\dfrac{\partial^2 u}{\partial x^2} + \dfrac{\partial^2 u}{\partial y^2}\right) & (0 < x < a_0,\ 0 < y < b_0,\ 0 < t < t_{max}) \\ u(x,\ y,\ 0) = u_0(x,\ y) \end{cases} \tag{8.76}$$

边界条件见后。

求解（8.76）方程的要点是把二维问题化为一维问题，并使差分方程组的系数矩阵变为三对角形式。

取 $\Delta x = \Delta y = h$ 的正方形网格覆盖 $x-y$ 平面，并取 $\Delta t = \tau$。结点坐标为

$$\begin{cases} x_i = (i-1)h & (i = 1, 2, \cdots, N) \\ y_i = (i-1)h & (j = 1, 2, \cdots, M) \\ t_k = k\tau & (k = 1, 2, \cdots, k_{max}) \end{cases} \tag{8.77}$$

结点处的函数为 $u(x_i, y_j, t_k) = u_{ij}^k$。

在 $(i, j, k+1/2)$ 点，$\dfrac{\partial u}{\partial t}$ 用中心差商，$\dfrac{\partial^2 u}{\partial x^2}$ 用 $k+1$ 时的中心差商，而 $\dfrac{\partial^2 u}{\partial y^2}$ 用 k 时的中心差商代替，则式(8.76)中的偏微分方程变为

$$\frac{1}{\tau}(u_{ij}^{k+1} - u_{ij}^k) = \frac{D}{h^2}\left[(u_{i+1,j} - 2u_{ij} + u_{i-1,j})^{k+1} + (u_{i,j+1} - 2u_{ij} + u_{i,j-1})^k\right] \quad (8.78(a))$$

这种时间上的不一致引起的偏差，可用下一个时刻的偏差来补偿。

在 $(i, j, k+3/2)$ 点，$\dfrac{\partial u}{\partial t}$ 用中心差商，$\dfrac{\partial^2 u}{\partial x^2}$ 用 $k+1$ 时的中心差商，而 $\dfrac{\partial^2 u}{\partial y^2}$ 用 $k+2$ 时的中心差商代替，则式(8.76)变为

$$\frac{1}{\tau}(u_{ij}^{k+2} - u_{ij}^{k+1}) = \frac{D}{h^2}\left[(u_{i+1,j} - 2u_{ij} + u_{i-1,j})^{k+1} + (u_{i,j+1} - 2u_{ij} + u_{i,j-1})^{k+2}\right]$$

$$(8.78(b))$$

与 8.6 节类似，引入 $P = \tau D/h^2$，$P_1 = \dfrac{1}{P} + 1$，$P_2 = \dfrac{1}{P} - 1$。经整理，式(8.78(a))和式(8.78(b))分别变为

$$(-u_{i-1,j} + 2P_1 u_{ij} - u_{i+1,j})^{k+1} = (u_{i,j-1} + 2P_2 u_{ij} + u_{i,j+1})^k \quad (8.79(a))$$

$$(-u_{i,j-1} + 2P_1 u_{ij} - u_{i,j+1})^{k+2} = (u_{i-1,j} + 2P_2 u_{ij} + u_{i+1,j})^{k+1} \quad (8.79(b))$$

比较可知，式(8.79(a))和(8.79(b))的形式与式(8.65)相同，所以求解方法也相同。应注意，k 为奇数时用式(8.79(b))沿 y 方向算，k 为偶数时用式(8.79(a))沿 x 方向计算，并且只输出后一结果，以便减少因为时间上的不一致引起的偏差。这种格式称为交替方向隐式格式，简称 ADI 格式。显然，其误差为 $O(\tau^2) + O(h^2)$，并且可以证明是无条件稳定的。

8.7.2　边界条件的差分格式

式(8.76)中的偏微分方程满足如下边界条件

$$\left[au + b\frac{\partial u}{\partial n} = c(y, t)\right] \quad \text{①②边界} \quad (8.80(a))$$

$$\left[au + b\frac{\partial u}{\partial n} = c(x, t)\right] \quad \text{③④边界} \quad (8.80(b))$$

如图 8.14 所示。

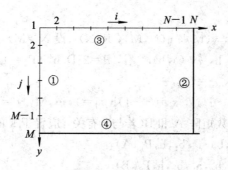

图 8.14　边界条件

可以用两种方法给出误差为 $O(h^2)$ 的边界条件差分式。一种方法设置虚结点，用中心差商代替 $\dfrac{\partial u}{\partial n}$，可得虚结点处的 u。沿 y 方向在边界①、②上有

$$b_1 u_{0j} = 2hc_1(y_j,\ t) - 2ha_1 u_{1j} + b_1 u_{2j} \qquad (8.81(a))$$

$$b_2 u_{n+1,\ j} = 2hc_2(y_j,\ t) - 2ha_2 u_{nj} + b_2 u_{n-1,\ j} \qquad (8.81(b))$$

沿 x 方向在边界③、④上有

$$b_3 u_{i0} = 2hc_3(x_i,\ t) - 2ha_3 u_{i1} + b_3 u_{i2} \qquad (8.81(c))$$

$$b_4 u_{i,\ m+1} = 2hc_4(x_i,\ t) - 2ha_4 u_{im} + b_4 u_{i,\ m-1} \qquad (8.81(d))$$

另一种方法是分别用向前和向后代替①、②和③、④边界处的 $\dfrac{\partial u}{\partial n}$，可得边界点处 u（见式(8.39)）

$$u_{1j} = \frac{2hc_1(y_j,\ t) + 4b_1 u_{2j} - b_1 u_{3j}}{2ha_1 + 3b_1} \qquad (8.82(a))$$

$$u_{nj} = \frac{2hc_2(y_j,\ t) + 4b_2 u_{n-1,\ j} - b_2 u_{n-2,\ j}}{2ha_2 + 3b_2} \qquad (8.82(b))$$

$$u_{i1} = \frac{2hc_3(x_i,\ t) + 4b_3 u_{i2} - b_3 u_{i3}}{2ha_3 + 3b_3} \qquad (8.82(c))$$

$$u_{im} = \frac{2hc_4(x_i,\ t) + 4b_4 u_{i,\ m-1} - b_4 u_{i,\ m-2}}{2ha_4 + 3b_4} \qquad (8.82(d))$$

将式(8.81(c))、(8.81(d))与(8.79(b))结合起来，消去 u_{i0} 和 $u_{i,\ m+1}$，可得到沿 y 方向计算的方程组。对于给定的 i，其矩阵式为

$$\boldsymbol{A u_y = R}$$

其中，$u_y(j)=u_{ij}(j=1,\ 2,\ \cdots,\ m)$，$R(j)=u_{i-1,\ j}+2P_2 u_{ij}+u_{i+1,\ j}$。而 $R(1) \leftarrow R(1)b_3 + 2hc_3(x_i,\ t)$，$R(M) \leftarrow R(M)b_4 + 2hc_4(x_i,\ t)$。

系数矩阵 $\boldsymbol{A}$ 具有三角形式：$A(1,\ 2)=b_3 P_1 + ha_3$，$A(1,\ 3)=-b_3$，$A(M,\ 2)=b_4 P_1 + ha_4$，$A(M,\ 1)=-b_4$，$A(j,\ 1)=-1$，$A(j,\ 2)=P_1$，$A(j,\ 3)=-1(j=2,\ \cdots,\ M-1)$。

在沿 y 方向计算时，是对每个给定的 $i(i=2,\ \cdots,\ N-1)$ 逐列进行的。至于 $i=1$ 和 N 这两列边界的 u 值，利用式(8.82(a))、(8.82(b))进行计算。对于沿 x 方向的计算，有类似的情况。

8.7.3　计算程序流图

计算程序流程为

　　dimension x(N)，y(M)，u(N,M)，R(N)（设 N＞M），A(N,3)，B(M,3)

输入 D，a_0，b_0，t_{max}，h，τ，$(a,b)_{1,2,3,4}$，$P=2\tau D/h^2$，$P_1=1/P+1$，$P_2=1/P-1$，$N=1+a_0/h$，$M=1+b_0/h$，$k_{max}=t_{max}/\tau$。

结点坐标与初值 $i=1,\cdots,N$，$x_i=(i-1)h$；$j=1,\cdots,M$，$y_j=(j-1)h$；$u_{ij}=u_0(x_i,y_j)$。

原始的和消元后的系数矩阵 A 和 B（若与 t 有关，应置于 k 的循环之外）

　　call　coef(N,a_1,b_1,a_2,b_2,h,P_1,A)

　　call　coef(M,a_3,b_3,a_4,b_4,h,P_2,B)

　　do 8　k=1，k_{max}，2

沿 y 方向算。t＝k * τ

    do ② i＝2，N－1

    do ① j＝1，M

① $R_j＝u_{i-1,j}＋2 * P_2 * u_{ij}＋u_{i+1,j}$

    $R_1＝R_1 * b_3＋2 * h * c_3(x_i,t)$

    $R_m＝R_m * b_4＋2 * h * c_4(x_i,t)$

    call solve(M,B,R)

    do ② j＝1,M

② $V_{ij}＝R_j$

边界值①和②上的 u 值为

    do ③ j＝1，M

    $V_{1j}＝[2 * h * c_1(y_j,t)＋4 * b_1 * V_{2j}－b_1 * V_{3j}]/(2 * h * a_1＋3 * b_1)$

③ $V_{nj}＝[2 * h * c_2(y_j,t)＋4 * b_2 * V_{n-1,j}－b_2 * V_{n-2,j}]/(2 * h * a_2＋3 * b_2)$

沿 x 方向算。t＝t＋τ

    do ⑤ j＝2，M－1

    do ④ i＝1，N

④ $R_i＝V_{ij-1}＋2 * P_2 * V_{ij}＋V_{ij+1}$

    $R_1＝R_1 * b_1＋2 * h * c_1(y_j,t)$

    $R_n＝R_n * b_2＋2 * h * c_2(y_j,t)$

    call solve(N,A,R)

    do ⑤ i＝1，N

⑤ $u_{ij}＝R_i$

边界③和④上的 u 值为

    do ⑥ i＝1，N

    $u_{i1}＝[2 * h * c_3(x_i,t)＋4 * b_3 * u_{i2}－b_3 * u_{i3}]/(2ha_3＋3b_3)$

⑥ $u_{im}＝[2 * h * c_4(x_i,t)＋4 * b_4 * u_{i,m-1}－b_4 * u_{i,m-2}]/(2 * h * a_4＋3 * b_4)$

8 输出 t，u

需要说明的是，子程序 coef 和 solve 与 8.6 节的相同。

8.7.4 二维显式格式

对于式(8.76)，在$(i，j，k)$点，$\dfrac{\partial u}{\partial t}$用向前差商，$\dfrac{\partial^2 u}{\partial x^2}$和$\dfrac{\partial^2 u}{\partial y^2}$用中心差商代替，则可以

得到

$$\frac{1}{\tau}(u_{ij}^{k+1}－u_{ij}^k)＝\frac{D}{h^2}[(u_{i+1,j}－2u_{ij}＋u_{i-1,j})＋(u_{i,j+1}－2u_{ij}＋u_{i,j-1})]^k \qquad (8.83)$$

引入 $P＝\tau D/h^2$，可把式(8.83)化为

$$(u_{ij})^{k+1}＝\{(1－4P)u_{ij}＋P(u_{i-1,j}＋u_{i+1,j}＋u_{i,j-1}＋u_{i,j+1})\}^k \qquad (8.84)$$

利用式(8.84)可由 k 时的 u 直接求 k＋1 时的 u，不必解联立方程，故称显式格式。误差为
$O(\tau)＋O(h^2)$。显式格式虽然简单，但它的稳定性是有条件的，要求

$$P \leqslant \frac{1}{4} \tag{8.85}$$

此外，在设计程序时需用两套 u 的数组，一套存 k 时刻的，另一套存 $k+1$ 时刻的。

对于边界条件式(8.80)，将 $\frac{\partial u}{\partial n}$ 用误差 $O(h)$ 的向前(①、③边界)或向后(②、④边界)差商代替，就得到边界条件的差分式。

计算程序流程为

  dimension x(N), y(M), u(N,M), V(N)

输入 D, a_0, b_0, t_{max}, h, P, $(a,b,c)_{1,2,3,4}$, $\tau = h^2 P/D$, N=1+ a_0/h, M=1+ b_0/h, $k_{max} = t_{max}/\tau$。

结点坐标与初值 i=1,…,N, x_i=(i-1)h; j=1,…,M, y_j=(j-1)h, u_{ij}=u_0(x_i,y_j)

时间演化

  do 40 k=1, k_{max}
  t=k * τ
  do 10 i=2, N-1
  do 10 j=2, M-1
10   V_{ij}=(1-P) * u_{ij}+P * ($u_{i,j-1}$+$u_{i,j+1}$+$u_{i-1,j}$+$u_{i+1,j}$)
  do 20 i=2, N-1
  do 20 j=2, M-1
20   u_{ij}=V_{ij}

边界值

  do 25 j=1, M
  u_{1j}=(b_1 * u_{2j}+h * c_1)/(h * a_1+b_1)   ①边界
25   u_{nj}=(b_2 * $u_{n-1,j}$+h * c_2)/(h * a_2+b_2)   ②边界
  do 30 i=1, N
  u_{i1}=(b_3 * u_{i2}+h * c_3)/(h * a_3+b_3)   ③边界
30   u_{im}=(b_4 * $u_{i,m-1}$+h * c_4)/(h * a_4+b_4)   ④边界
40   输出 t, u

8.8　一维波动方程的有限差分法

8.8.1　显式差分格式

考虑如下一维波动方程的定解问题

$$\begin{cases} \dfrac{\partial^2 u}{\partial t^2} - c^2 \dfrac{\partial^2 u}{\partial x^2} = f(x, t) & 0 \leqslant x \leqslant a_0, 0 < t < t_{max} \\[2mm] u(x, t)\big|_{t=0} = R_1(x), \quad \dfrac{\partial u(x, t)}{\partial t}\bigg|_{t=0} = R_2(x) \\[2mm] a_1 u + b_1 \dfrac{\partial u}{\partial n} = c_1 & x = 0 \\[2mm] a_2 u + b_2 \dfrac{\partial u}{\partial n} = c_2 & x = a_0 \end{cases}$$

$$\tag{8.86}$$

取 $\Delta x = h$，$\Delta t = \tau$ 进行离散化，节点坐标为

$$\begin{cases} x_i = (i-1)h & (i = 1, 2, \cdots, N) \\ t_k = k\tau & (k = 1, 2, \cdots, k_{max}) \end{cases} \tag{8.87}$$

节点处的函数为 $u(x_i, t_k) = u_i^k$。在 (i, k) 点，$\dfrac{\partial^2 u}{\partial t^2}$、$\dfrac{\partial^2 u}{\partial x^2}$ 用中心差商代替，则式(8.86)中的偏微分方程变为

$$\frac{1}{\tau^2}(u_i^{k+1} - 2u_i^k + u_i^{k-1}) - \frac{c^2}{h^2}(u_{i+1} - 2u_i + u_{i-1})^k = f_i^k \tag{8.88}$$

引入 $P = (\tau c/h)^2$，上式变为

$$u_i^{k+1} = 2(1-P)u_i^k + P(u_{i+1}^k + u_{i-1}^k) + \tau^2 f_i^k - u_i^{k-1} \tag{8.89}$$

由 $k-1$ 和 k 时刻的 u 可直接求 $k+1$ 时刻的 u，不必解联立方程组，故这种差分方程格式是显式的。误差为 $O(\tau^2) + O(h^2)$，可以证明，当 $P < 1$ 时，这种格式是收敛和稳定的。

8.8.2 初值、边界条件的差分格式

初值条件用前向差商代替 $\dfrac{\partial u(x, 0)}{\partial t}$，有

$$\frac{\partial u(x, 0)}{\partial t} \approx \frac{1}{\tau}(u_i^1 - u_i^0) \tag{8.90}$$

初始条件变为

$$u_i^0 = R_1(x_i), \quad u_i^1 = R_1(x_i) + \tau R_2(x_i) \tag{8.91}$$

边界条件可以参照 8.4 节中的处理方法，类似于式(8.39)可得边界条件的差分式

$$\begin{cases} u_1 = \dfrac{2hc_1 + 4b_1 u_2 - b_1 u_3}{2ha_1 + 3b_1} \\ u_n = \dfrac{2hc_2 + 4b_2 u_{n-1} - b_2 u_{n-2}}{2ha_2 + 3b_2} \end{cases} \tag{8.92}$$

8.8.3 计算程序流程

计算程序流程为

    dimension x(N), u(N), V(N), W(N), R₁(N), R₂(N)

输入 c, a_0, h, τ, t_{max}, $(a,b,c)_{1,2}$, $P = (\tau c/h)^2$, $N = 1 + a_0/h$, $k_{max} = t_{max}/\tau$, $\tau_2 = \tau^2$。

结点坐标与初值

        do 10 i=1,N

        x(i)=(i-1)*h, W(i)=R₁(xᵢ)　(k=0)

  10   u(i)= R₁(xᵢ)+ *R₂(xᵢ)　(k=1)

        t=τ 输出 t, x, u

        do 40 k=2, k_max

        t=k*τ, t₁=t−τ

        do 20 i=2,N−1

  20   V(i)=2*(1−P)*u(i)+P*(u(i+1)+u(i−1))+τ₂*f(x(i),t₁)−W(i)

通过用 V 表示的边界条件(8.92)式给出 V(1) 和 V(N)。

```
        do 30 i=1,N
        W(i)=u(i)      (为下一步准备)
30      u(i)=V(i)
40      输出 t, u
```

对于二维和三维波动方程，可采用交替方向的方法来处理。

【例 8.4】 计算一维波动方程

$$\begin{cases} \dfrac{\partial^2 y}{\partial t^2} = \dfrac{\partial^2 y}{\partial x^2} & (0 < x < 1,\ t > 0) \\[2mm] \left. \begin{array}{l} y(x,\ 0) = \sin\pi x \\[2mm] \dfrac{\partial y(x,\ 0)}{\partial t} = x(1-x) \end{array} \right\} & (0 \leqslant x \leqslant l;\ l=1) \\[2mm] y(0,\ t) = y(1,\ t) = 0 & (t>0) \end{cases}$$

对于一维波动方程 $\dfrac{1}{v^2}\dfrac{\partial^2 y}{\partial t^2} = \dfrac{\partial^2 y}{\partial x^2}$，可采取如下差分格式

$$\frac{\partial^2 y}{\partial x^2} = \frac{y_{i+1}^k - 2y_i^k + y_{i-1}^k}{h^2}, \qquad \frac{\partial^2 y}{\partial t^2} = \frac{y_i^{k+1} - 2y_i^k + y_i^{k-1}}{\tau^2}$$

由 $\dfrac{1}{v^2}\dfrac{\partial^2 y}{\partial t^2} = \dfrac{\partial^2 y}{\partial x^2}$，将上式代入并整理后，得

$$y_i^{k+1} = 2(1-\alpha^2)y_i^k + \alpha^2(y_{i+1}^k + y_{i-1}^k) - y_i^{k-1}$$

其中，$\alpha = \dfrac{\tau v}{h}$。

(1) 取 $\alpha=1$，$h=0.2$，计算 $k=2,3,4,5$ 层的值；

(2) 取 $\alpha=1$，$h=0.05$，分别用两种差分格式计算 $k=2,3,\cdots,20$ 层的近似值。

解 (1) 由 $\alpha=1$，$h=0.2$ 及 $v=1$ 得 $\tau=\alpha\dfrac{h}{v}=0.2$。由 $l=1$，得 $N=\dfrac{l}{h}=5$。按差分格式有

$$\begin{cases} y_i^{k+1} = y_{i+1}^k + y_{i-1}^k - y_i^{k-1} & i=2,3,4,5;\ k=2,3,4 \\[2mm] y_i^1 = \sin(i-1)h\pi & i=2,3,4,5 \\[2mm] y_i^2 = \sin(i-1)h\pi + (i-1)h\tau(1-(i-1)h) & i=2,3,4,5 \\[2mm] y_1^k = y_6^k = 0 \end{cases}$$

当 $k=1$ 时，有

$$y_{1,1} = 0 \qquad y_{2,1} = \sin\frac{\pi}{5} \qquad y_{3,1} = \sin\frac{2\pi}{5}$$

$$y_{4,1} = \sin\frac{2\pi}{5} \qquad y_{5,1} = \sin\frac{4\pi}{5} \qquad y_{6,1} = \sin\pi$$

即

$$y_1^1 = 0 \qquad y_2^1 = 0.5878 \qquad y_3^1 = 0.9511$$

$$y_4^1 = 0.9511 \qquad y_5^1 = 0.5878 \qquad y_6^1 = 0$$

当 $k=2$ 时，有

$$y_1^2 = 0 \qquad y_2^2 = 0.6198 \qquad y_3^2 = 0.9991$$

$$y_4^2 = 0.9991 \qquad y_5^2 = 0.6198 \qquad y_6^2 = 0$$

当 $k=3$ 时，有

$y_1^3=0$　　　　　　$y_2^3=0.4113$　　　　　$y_3^3=0.6678$

$y_4^3=0.6678$　　　　$y_5^3=0.4113$　　　　　$y_6^3=0$

当 $k=4$ 时，有

$y_1^4=0$　　　　　　$y_2^4=0.0480$　　　　　$y_3^4=0.6678$

$y_4^4=0.6678$　　　　$y_5^4=0.0480$　　　　　$y_6^4=0$

当 $k=5$ 时，有

$y_1^5=0$　　　　　　　$y_2^5=-0.3313$　　　　$y_3^5=-0.5398$

$y_4^5=-0.5398$　　　　$y_5^5=-0.3313$　　　　$y_6^5=0$

计算程序如下：

```
real u(6,5),a,h,v,t
parameter pi=3.1415926
a=1.
h=0.2
v=1.
tao=a*h/v
do i=2,5
    u(i,1)=sin((i-1)*pi*h)
    u(i,2)=sin((i-1)*pi*h)+(i-1)*h*tao*(1-(i-1)*h)
end do
do j=1,5
    u(1,j)=0.
    u(6,j)=0.
end do
do j=2,4
do i=2,5
    u(i,j+1)=u(i+1,j)+u(i-1,j)-u(i,j-1)
end do
end do
do j=1,5
do i=1,6
write(*,*) u(i,j)
end do
end do
end
```

程序中 a、v、tao 分别对应于 α、v 和 τ。第(2)问在此不作解答，请读者自行推导，并参照第(1)问源程序编程。

习　题　八

8.1　试采用有限差分法编程求解例 8.2 并统计迭代次数，其中取 $h=0.1$，$\omega=1.25$，$\varepsilon=10^{-4}$。

8.2　试采用有限差分法编程求解泊松方程在网格结点处的值

$$\begin{cases} \dfrac{\partial^2 u}{\partial x^2} + \dfrac{\partial^2 u}{\partial y^2} = x\mathrm{e}^y & (0 < x < 2, 0 < y < 1) \\ u|_{x=0} = 0, \quad u|_{x=2} = 2\mathrm{e}^y \\ u|_{y=0} = x, \quad u|_{y=1} = \mathrm{e}^x \end{cases}$$

取 $h=0.2$，$\omega=1.25$，$\varepsilon=10^{-4}$，并与解析解 $u=x\mathrm{e}^y$ 作比较。

8.3　编程完成例 8.3 中同轴线电势沿径向的分布及特征阻抗计算。

8.4　试采用有限差分法编程求解单位圆域中泊松方程在网格结点处的值

$$\begin{cases} \nabla^2 u = -50r^2 \sin(2\phi) \\ u(1, \phi) = 0 \end{cases}$$

其中 $u(1, \phi)=0$ 表示半径为 1 的单位圆边界上 u 值为 1。取 $h=0.1$，$\omega=1.25$，$\varepsilon=10^{-5}$，$M=16$，并与解析解 $u=\dfrac{25}{6}r^2(1-r^2)\sin(2\phi)$ 作比较。

8.5　编程求解一维扩散方程的解

$$\begin{cases} \dfrac{\partial u}{\partial t} = D\dfrac{\partial^2 u}{\partial x^2} & (0 \leqslant x \leqslant a_0, 0 < t < t_{\max}) \\ u(x, t)\,|_{t=0} = \mathrm{e}^x \\ a_1 u + b_1 \dfrac{\partial u}{\partial n} = c_1 & (x = 0) \\ a_2 u + b_2 \dfrac{\partial u}{\partial n} = c_2 & (x = a_0) \end{cases}$$

取 $a_1=1$，$b_1=1$，$c_1=0$，$a_2=1$，$b_2=-1$，$c_2=0$，$a_0=1.0$，$t_{\max}=10$，$D=0.1$，$h=0.1$，$\tau=0.1$。输出 $t=1, 2, \cdots, 10$ 时刻的 x 和 $u(x)$，并与解析解 $u=\exp(x+0.1t)$ 作比较。

8.6　用 ADI 格式编程求解二维扩散方程

$$\begin{cases} \dfrac{\partial u}{\partial t} = D\left(\dfrac{\partial^2 u}{\partial x^2} + \dfrac{\partial^2 u}{\partial y^2}\right) & (0 < x < 0.1, 0 < y < 0.7, 0 < t < 1) \\ u(x, y, 0) = \mathrm{e}^{x+y} \\ u + \dfrac{\partial u}{\partial n}\Big|_{x=0} = 0, \quad u - \dfrac{\partial u}{\partial n}\Big|_{x=0.1} = 0 \\ u + \dfrac{\partial u}{\partial n}\Big|_{y=0} = \mathrm{e}^{x+t}, \quad u - \dfrac{\partial u}{\partial n}\Big|_{x=0.1} = \mathrm{e}^{x+t+0.7} \end{cases}$$

取 $h=0.01$，$\tau=0.05$，输出 $t=1$ 时的 $u(x, y)$ 结果并与解析解 $u(x, y, t)=\mathrm{e}^{x+y+t}$ 作比较。

8.7　编程计算例 8.4 题，取 $\alpha=1$，$h=0.05$，计算 $k=2, 3, \cdots, 20$ 的近似值。

第九章　泛函与变分法

　　泛函是指一个量或一个函数其值依赖于一个或多个函数，即以整个函数为变量的值，泛函可以通过未知函数的积分和它的导数来构造。因此泛函的定义域是可选用的函数组成的集合，而不是单个变量空间的一个区域。对泛函的分析研究是现代数学的一个重要分支，其最基础的理论从变分问题，积分方程和理论物理的研究中发展起来，并且推动了其他不少分析和应用学科的发展，在微分方程、积分方程、计算数学、概率论、函数论、量子物理、控制论、连续介质力学、最优化理论等许多学科中都有重要的应用。变分法是处理函数的函数的数学领域，变分法最终寻求的是极值函数，它们使得泛函取得极大或极小值。物理学中泛函极值问题的提出促进了变分学的建立和发展，而变分学的理论成果则不断渗透到物理学中。通过求解一个相应的泛函的极值函数而得到偏微分方程边值问题的解，这种理论和方法通常称为偏微分方程中的变分原理，简称变分方法。本章从泛函与变分基本概念出发，讨论泛函极值，通过求解一类边值问题简单介绍该方法的理论及其应用。

9.1　泛函与变分的基本概念

9.1.1　泛函的定义

　　【例 9.1】　设 C 为定义在 $[a,b]$ 上满足条件 $y(a)=y_1$，$y(b)=y_2$ 的一切可微函数 $y(x)$ 的集合。用 L 表示这样一段曲线的长（如图 9.1 所示），$L=L[y(x)]$。

　　问题：沿哪一条路径路程最短？

　　【例 9.2】　质点在重力作用下沿着一条光滑的从点 A 到点 B 的曲线运动，时间 T 取决于曲线形状（见图 9.2），即 $T=T[y(x)]$。

　　问题：沿哪一条路径质点下落所用时间最短？（该问题又称为捷线问题。）

　　定义 9.1　设 C 是函数的集合，B 是实数集合。如果对 C 中的任一元素 $y(x)$，在 B 中都有一个元素 J 与之对应，则称 J 为 $y(x)$ 的泛函，记为 $J[y(x)]$。

　　以上泛函定义可理解为泛函是"函数"的"函数"，即自变量为函数，而不是变量。回到例 9.1，利用曲线积分知识

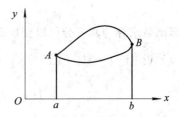

图 9.1　路径取极小值问题

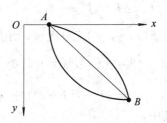

图 9.2　捷线问题

可知曲线上任一小段线元长度为

$$ds = \sqrt{1+y'^2}\,dx$$

因此曲线总长度为

$$L = \int_{(A)}^{(B)} \sqrt{1+y'^2}\,dx = J[y(x)]$$

回到例 9.2，根据能量守恒原理，质点下落高度为 y 后的速度 $v=\sqrt{2gy}$，此时取

$$dT = \frac{ds}{v} = \sqrt{\frac{1+y'^2}{2gy}}\,dx$$

故质点从点 A 到点 B 运动的时间为

$$T = \int_{(A)}^{(B)} \sqrt{\frac{1+y'^2}{2gy}}\,dx = J[y(x)]$$

定义最简泛函为

$$J[y(x)] = \int_a^b F(x,\ y,\ y')\,dx \tag{9.1}$$

其中 $F(x, y, y')$称为泛函的“核函数”。

9.1.2 函数的变分和泛函的变分

定义 9.2 设 $y(x)$是泛函 $J=J[y(x)]$定义域内任意函数，如果 $y(x)$变化为新函数 $Y(x)$，只要 $Y(x)$属于泛函 J 的容许函数类，则 $Y(x)$与 $y(x)$之差称为函数 $y(x)$的变分。即函数 $y(x)$与另外一函数 $Y(x)$之差 $\delta y=Y(x)-y(x)$称为函数 $y(x)$的变分，如图 9.3 所示。

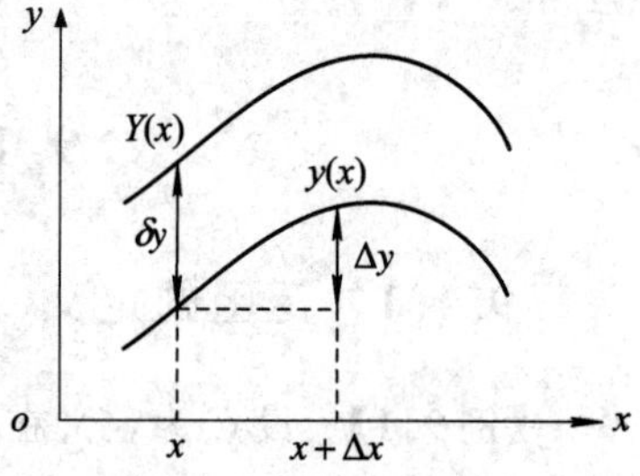

图 9.3 函数的变分

变分 δy 是 x 的函数，它和函数增量 Δy 的区别在于 δy 反映整个函数的改变，而 Δy 是同一函数因 x 取不同值而产生的差异。δy 有如下性质，若 $y(x)$和 $\delta y=Y(x)-y(x)$ 都可以求导，则有

$$(\delta y)' = [Y(x)-y(x)]' = Y'(x)-y'(x) = \delta(y') \tag{9.2}$$

即函数求导与求变分可以交换次序。

设 $J(y) = \int_{x_0}^{x_1} F(x,\ y,\ y')\,dx$，则有

$$J(y+\delta y) = \int_{x_0}^{x_1} F(x,\ y+\delta y,\ y'+\delta y')\,dx$$

因此有

$$\Delta J = J(y+\delta y) - J(y) = \int_{x_0}^{x_1} [F(x,\ y+\delta y,\ y'+\delta y') - F(x,\ y,\ y')]\,dx$$

若 $F(x, y, y')$充分光滑，则上式变为

$$\begin{aligned}\Delta J &= \int_{x_0}^{x_1} \left\{[F_y\delta y + F_{y'}\delta y'] + \frac{1}{2!}[F_{yy}(\delta y)^2 + 2F_{yy'}\delta y\delta y' + F_{y'y'}(\delta y')^2] + \cdots\right\}dx \\ &= \delta J + \delta^2 J + \delta^3 J + \cdots\end{aligned}$$

其中，

$$\delta J = \int_{x_0}^{x_1} (F_y\delta y + F_{y'}\delta y')\,dx \tag{9.3}$$

$$\delta^2 J = \frac{1}{2} \int_{x_0}^{x_1} \left[F_{yy}(\delta y)^2 + 2 F_{yy'} \delta y \delta y' + F_{y'y'}(\delta y')^2 \right] \mathrm{d}x \tag{9.4}$$

式(9.3)和式(9.4)中的 δJ 和 $\delta^2 J$ 分别称为泛函的一阶变分和二阶变分。泛函的极值条件是一阶变分为零，即

$$\delta J[J(y)] = 0 \tag{9.5}$$

这是泛函取极值的必要条件。

9.2　最简泛函的极值问题

9.2.1　最简泛函的欧拉方程

我们称满足(9.1)式的泛函为最简泛函，即核函数 F 只包含自变量 x、未知函数 $y(x)$ 及导数 $y'(x)$。

对于最简泛函 $J(y) = \int_{x_0}^{x_1} F(x, y, y') \mathrm{d}x$，其变分运算可以与积分、微分运算交换次序，即

$$\begin{cases} \delta J = \delta \int_{x_0}^{x_1} F(x, y, y') \mathrm{d}x = \int_{x_0}^{x_1} \left[\delta F(x, y, y') \right] \mathrm{d}x \\ \delta\left(\dfrac{\mathrm{d}y}{\mathrm{d}x} \right) = \mathrm{d}\left(\dfrac{\delta y}{\mathrm{d}x} \right) \end{cases} \tag{9.6}$$

又由于

$$\delta F = \frac{\partial F}{\partial y} \delta y + \frac{\partial F}{\partial y'} \delta y' \tag{9.7}$$

所以有

$$\delta J = \int_{x_0}^{x_1} \left(\frac{\partial F}{\partial y} \delta y + \frac{\partial F}{\partial y'} \delta y' \right) \mathrm{d}x \qquad (\text{与}(9.3)\text{式等价})$$

$$= \int_{x_0}^{x_1} \left(\frac{\partial F}{\partial y} \delta y \right) \mathrm{d}x + \left(\frac{\partial F}{\partial y'} \delta y \right) \Big|_{x_0}^{x_1} - \int_{x_0}^{x_1} \frac{\mathrm{d}}{\mathrm{d}x} \left(\frac{\partial F}{\partial y'} \right) \delta y \, \mathrm{d}x$$

$$= \int_{x_0}^{x_1} \left[\frac{\partial F}{\partial y} - \frac{\mathrm{d}}{\mathrm{d}x} \left(\frac{\partial F}{\partial y'} \right) \right] \delta y \, \mathrm{d}x + \left(\frac{\partial F}{\partial y'} \delta y \right) \Big|_{x_0}^{x_1}$$

$$= 0$$

对于简单的变分问题，边界(两端)固定，$\delta y |_{x=x_0, x_1} = 0$，而 δy 不恒为零。因此根据上式有

$$\frac{\partial F}{\partial y} - \frac{\mathrm{d}}{\mathrm{d}x} \left(\frac{\partial F}{\partial y'} \right) = 0 \tag{9.8}$$

上式称为关于最简泛函 $J(y) = \int_{x_0}^{x_1} F(x, y, y') \mathrm{d}x$ 的欧拉方程，它等价于泛函取极值的必要条件。欧拉方程的解对应于最简泛函的极值函数，我们的重点是放在求极值函数 $y(x)$，而不是 $J(y)$ 的极值到底是多少。可以看出，泛函的极值问题可以通过变分运算产生一个常微分方程和相应的边界条件，或者说泛函的极值问题可以等价为在一定的边界条件下求解微分方程的问题。

【例 9.3】　对于满足如下边界条件的静电场中的泊松方程

$$
\begin{cases}
\dfrac{\partial^2 u}{\partial x^2} + \dfrac{\partial^2 u}{\partial y^2} = f(x, y) & (x, y \in D) \\[2mm]
u(x, y)\mid_{\Gamma_1} = u_0(x, y) & (x, y \in \Gamma_1) \\[2mm]
\dfrac{\partial u}{\partial n}\bigg|_{\Gamma_2} = q(x, y) & (x, y \in \Gamma_2)
\end{cases}
\tag{9.9}
$$

其解等价于以下泛函

$$
\begin{cases}
J(u) = \dfrac{1}{2}\iint_D \left[\left(\dfrac{\partial u}{\partial x}\right)^2 + \left(\dfrac{\partial u}{\partial y}\right)^2 \right]\mathrm{d}x\mathrm{d}y + \iint_D f(x, y)u\,\mathrm{d}x\mathrm{d}x - \int_{\Gamma_2} qu\,\mathrm{d}s = \min \\[3mm]
u(x, y)\mid_{\Gamma_1} = u_0(x, y)
\end{cases}
\tag{9.10}
$$

所对应的极值函数。

需要说明的是，式(9.10)中的泛函并非最简泛函，而是属于以下类型的泛函，即

$$
J(u) = \int_{x_0}^{x_1} F(x, y, u, u_x, u_y)\mathrm{d}x\mathrm{d}y
\tag{9.11}
$$

【例 9.4】　求最简泛函

$$
J(y) = \int_0^1 (y'^2 + xy)\mathrm{d}x
$$

满足 $y\mid_{x=0} = 0$，$y\mid_{x=1} = 1$ 的极值函数。

解　因为核函数为

$$
F(x, y, y') = y'^2 + xy
$$

欧拉方程为

$$
F_y - \frac{\mathrm{d}}{\mathrm{d}x}F_{y'} = x - \frac{\mathrm{d}}{\mathrm{d}x}(2y') = x - 2y'' = 0
$$

求解该微分方程可得

$$
y = \frac{1}{12}x^3 + c_1 x + c_2
$$

根据边界条件有 $c_1 = \dfrac{11}{12}$，$c_2 = 0$。故满足边界条件的极值函数为

$$
y = \frac{1}{12}x^3 + \frac{11}{12}x
$$

【例 9.5】　例 9.1 中的泛函 $L = \displaystyle\int_{(A)}^{(B)} \sqrt{1+y'^2}\,\mathrm{d}x = J[y(x)]$，试问沿何路径路程最短？

解　显然，例中的泛函属最简泛函，其核函数为

$$
F(x, y, y') = \sqrt{1+y'^2}
$$

欧拉方程为

$$
F_y - \frac{\mathrm{d}}{\mathrm{d}x}F_{y'} = 0 - \frac{\mathrm{d}}{\mathrm{d}x}\left(\frac{y'}{\sqrt{1+y'^2}}\right) = 0
$$

因此有 $\dfrac{y'}{\sqrt{1+y'^2}} = c$，即 $y'^2 = \dfrac{c^2}{1-c^2}$，故 $y' = c_1$ 解函数为

$$y = c_1 x + c_2$$

待定常数 c_1 和 c_2 可由边界条件 $y(a)=y_1$，$y(b)=y_2$ 确定。可见两点之间直线段是最短的。

【例 9.6】 例 9.2 中的泛函 $T = \int_{(A)}^{(B)} \sqrt{\dfrac{1+y'^2}{2gy}}\, \mathrm{d}x = J[y(x)]$，试问沿何路径路程 T 最小?

解　题中核函数为 $F(x, y, y') = \sqrt{\dfrac{1+y'^2}{2gy}}$，因此有

$$\frac{\partial F}{\partial y} = \frac{-\sqrt{1+y'^2}}{2\sqrt{2g}y^{3/2}}, \quad \frac{\partial F}{\partial y'} = \frac{y'}{\sqrt{2gy}\sqrt{1+y'^2}}$$

欧拉方程为

$$F_y - \frac{\mathrm{d}}{\mathrm{d}x}F_{y'} = \frac{-\sqrt{1+y'^2}}{2\sqrt{2g}y^{3/2}} - \frac{\mathrm{d}}{\mathrm{d}x}\left(\frac{y'}{\sqrt{2gy}\sqrt{1+y'^2}}\right) = 0$$

经化简后，有

$$\frac{\sqrt{1+y'^2}}{y^{3/2}} + 2y'\frac{\mathrm{d}}{\mathrm{d}y}\left(\frac{y'}{\sqrt{y}\sqrt{1+y'^2}}\right) = 0$$

可以推出

$$\frac{\mathrm{d}y}{y} = -\frac{2y'\mathrm{d}y'}{1+y'^2}$$

两边分别积分后得

$$\ln(1+y'^2) = \ln c_1 - \ln y$$

即

$$y'^2 = \frac{c_1 - y}{y}$$

可以求得

$$\frac{\mathrm{d}y}{\mathrm{d}x} = \frac{\sqrt{c_1 - y}}{\sqrt{y}}$$

因此

$$\frac{\sqrt{y}\,\mathrm{d}y}{\sqrt{c_1 - y}} = \mathrm{d}x$$

以 $y = c_1 \sin^2\dfrac{\theta}{2}$ 代入上式，有

$$\mathrm{d}x = c_1 \sin^2\frac{\theta}{2}\mathrm{d}\theta = \frac{c_1}{2}(1-\cos\theta)\mathrm{d}\theta$$

因此有

$$x = \frac{c_1}{2}(\theta - \sin\theta) + c_2$$

所以极值函数为

$$\begin{cases} x = \dfrac{c_1}{2}(\theta - \sin\theta) + c_2 \\ y = c_1 \sin^2 \dfrac{\theta}{2} \end{cases}$$

c_1、c_2 可由 A、B 两点的位置坐标来确定。

9.2.2　欧拉方程的其他解法

从例 9.6 可以看出，采用直接积分法求解欧拉方程，有时计算是比较复杂的。事实上，当最简泛函中的核函数 $F(x, y, y')$ 具有一定特点时，可以较方便地求出欧拉方程的解。对于欧拉方程

$$\frac{\partial F}{\partial y} - \frac{\mathrm{d}}{\mathrm{d}x}\left(\frac{\partial F}{\partial y'}\right) = 0$$

(1) 如果 F 中不含 y'，即 $F = F(x, y)$，则由 $F_y - \dfrac{\mathrm{d}}{\mathrm{d}x}F_{y'} = 0$ 可得 $F_y = 0$，由此可以确定隐函数 $y(x)$，但它一般不满足边界条件要求，极值函数不存在。

(2) 如果 F 中不显含 y，即 $F = F(x, y')$，则由 $\dfrac{\mathrm{d}}{\mathrm{d}x}F_{y'} = 0$ 可得 $F_{y'} = c$，因此有 $y' = \phi(x, c)$，即

$$y = \int \phi(x, c)\,\mathrm{d}x \tag{9.12}$$

(3) 如果 F 中不显含 x，即 $F = F(y, y')$，则因

$$\frac{\mathrm{d}}{\mathrm{d}x}(y'F_{y'} - F) = y''F_{y'} + y'\frac{\mathrm{d}}{\mathrm{d}x}F_{y'} - y''F_{y'} - y'F_y$$

$$= y'\left(\frac{\mathrm{d}}{\mathrm{d}x}F_{y'} - F_y\right) = 0$$

可得

$$y'F_{y'} - F = c_1 \tag{9.13}$$

由此可以推出 $y' = \phi(y, c_1)$，即

$$x = \int \frac{\mathrm{d}y}{\phi(y, c_1)} + c_2 \tag{9.14}$$

【例 9.7】　再解例 9.6 中的捷线问题。

$$T = \int_{(A)}^{(B)} \sqrt{\frac{1 + y'^2}{2gy}}\,\mathrm{d}x = J[y(x)]$$

解　由于核函数中不显含 x，根据式（9.13）有，

$$y'F_{y'} - F = \frac{-1}{\sqrt{y(1 + y'^2)}} = \frac{1}{c_1}$$

令 $y = \dfrac{1}{2}c_1^2(1 - \cos t)$，则有

$$y' = \sqrt{\frac{c_1^2 - y}{y}} = \cot \frac{t}{2}$$

可得

$$x = \int \frac{dy}{y'} = \int \tan \frac{t}{2} \cdot \frac{dy}{dt} dt$$

$$= \int \tan \frac{t}{2} \cdot \frac{d\left[\frac{1}{2} c_1^2 (1 - \cos t)\right]}{dt} dt$$

$$= \int \left(\tan \frac{t}{2} \cdot c_1^2 \sin \frac{t}{2} \cos \frac{t}{2}\right) dt$$

$$= c_1^2 \int \sin^2 \frac{t}{2} dt$$

$$= c_2 + \frac{1}{2} c_1^2 (t - \sin t)$$

这与例 9.6 中得到的结果是一致的。

【例 9.8】 最小旋转面问题：在以点 $A(x_0, y_0)$、$B(x_1, y_1)$（设 $x_1 > x_0$、$y_0 > 0$、$y_1 > 0$）为端点的所有光滑曲线中（见图 9.4），求一条曲线使它绕 ox 轴旋转时所得旋转面的面积最小。

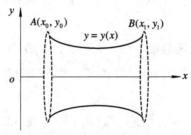

图 9.4

解 以 $y = y(x)$ 表示任意一条可取曲线，在其上取一线元 ds，该线元绕 ox 轴旋转周长设为 r，旋转面积则为 $r\, ds$。于是整个曲线绕 ox 轴旋转时所得旋转面的面积为

$$S[y(x)] = \int_{x_0}^{x_1} r \cdot ds = \int_{x_0}^{x_1} 2\pi y \cdot \sqrt{1 + y'^2}\, dx$$

由于上式积分核函数中不显含 x，根据式（9.13）有

$$y' F_{y'} - F = -\frac{y(y')^2}{\sqrt{1 + y'^2}} - y\sqrt{1 + y'^2} = \frac{-y}{\sqrt{1 + y'^2}} = -\frac{1}{c_1}$$

可得极值曲线满足方程

$$y = \frac{1}{c_1} \text{ch}(c_1 x + c_2)$$

其中 c_1、c_2 的值由点 $A(x_0, y_0)$、$B(x_1, y_1)$ 的位置决定。

9.2.3 瑞利—里兹法求解泛函的极值问题

前面介绍了如何通过欧拉方程求解泛函极值的问题，但在许多情况下，欧拉方程的求解是比较困难的，这里介绍求解泛函极值问题的一种直接解法——瑞利—里兹法。瑞利—里兹法的基本步骤如下：

（1）选定一组具有相对完备性的基函数 $\{w_0, w_1, w_2, \cdots, w_n, \cdots\}$，作一线性组合 $y = \sum_{i=1}^{n} \alpha_i \omega_i$，其中 α_i 为待定系数。

（2）将含有 n 个待定系数的函数 y 作为近似的极值函数，代入泛函，则 $J[y]$ 变成了含 n 个变量 α_1，α_2，α_3，$\cdots$，α_n 的函数，即 $J[y]=I(\alpha_1,\alpha_2,\alpha_3,\cdots,\alpha_n)$。

（3）为了使 $J[y]$ 取极值，按多元函数取极值的必要条件，有

$$\frac{\partial I}{\partial \alpha_i}=0 \qquad (i=1,2,3,\cdots,n)$$

联立以上方程组，求出 α_1，α_2，α_3，$\cdots$，α_n，再代入 $y=\sum\limits_{i=1}^{n}\alpha_i w_i$ 便可得到极值函数的近似式。

（4）再将含有 $n+1$ 个待定系数的函数作为近似的极值函数，代入上述（2）、（3）两步，重复这个过程就可以得到一个泛函的极小化序列，此极小化序列相应的泛函值的极限才是泛函的真实极值，而一般只要连续几次所得结果极其接近，就认为最后得到的函数 $y=\sum\limits_{i=1}^{n}\alpha_i w_i$ 为泛函极值函数的近似式。

【例 9.9】 求解泛函 $J(y)=\displaystyle\int_0^1 (y'^2-y^2+4xy)\mathrm{d}x$ 的极值函数 $y=f(x)$。已知 $y(0)=y(1)=0$。

解 为满足边界条件，取函数系 $\{x(1-x),\ x^2(1-x),\ \cdots\}$。设解函数为

$$y=\alpha_1 x(1-x)+\alpha_2 x^2(1-x)$$

将上式代入到泛函可得

$$J(y)=\int_0^1 \Big\{ [\alpha_1(1-2x)+\alpha_2(2x-3x^2)]^2-[\alpha_1(x-x^2)+\alpha_2(x^2-x^3)]^2$$

$$+4x[\alpha_1(x-x^2)+\alpha_2(x^2-x^3)]\Big\}\mathrm{d}x$$

$$=I(\alpha_1,\alpha_2)$$

令 $\dfrac{\partial I}{\partial \alpha_1}=0$，$\dfrac{\partial I}{\partial \alpha_2}=0$，可以推出 $\alpha_1=-\dfrac{142}{369}$，$\alpha_2=-\dfrac{14}{41}$。故极值函数数值解为（见图 9.5）

$$y=-2x(1-x)\left(\frac{71}{369}+\frac{7}{41}x\right)$$

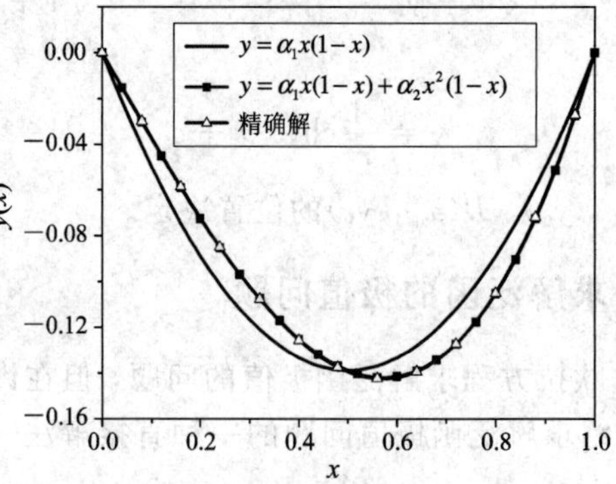

图 9.5

而精确解利用欧拉方程有

$$y''+y-2x=0$$

满足 $y(0)=y(1)=0$ 的曲线为

$$y = 2x - \frac{2\sin x}{\sin 1}$$

若取解函数为 $y = \alpha_1 x(1-x)$，则 $y = -\frac{5}{9}x(1-x)$。

由图 9.5 可见，当 $n=1$ 时，

$$y = \alpha_1 x(1-x) = -\frac{5}{9}x(1-x)$$

与精确解存在较大误差，而当 $n=2$ 时，

$$y = \alpha_1 x(1-x) + \alpha_2 x^2(1-x) = -2x(1-x)\left(\frac{71}{369} + \frac{7}{41}x\right)$$

与精确解符合很好，因此我们就认为 $y = -2x(1-x)\left(\frac{71}{369} + \frac{7}{41}x\right)$ 为泛函极值函数的近似式。

利用瑞利—里兹法的关键问题是选择合适的基函数。常用的基函数有幂函数 $\{1,\ x,\ x^2,\ x^3,\ \cdots\}$，三角函数 $\{1,\ \cos x,\ \sin x,\ \cos 2x,\ \sin 2x,\ \cdots\}$，或者这些函数的某种组合。例如例题 9.9 中，泛函所允许的函数 $y(0)=y(1)=0$，则可选取幂函数的重新组合 $\{x(1-x),\ x^2(1-x),\ \cdots\}$ 作为基函数，因为它既满足边界条件又满足相对完备性。

9.3　其他类型泛函的极值问题

9.3.1　依赖于多个函数的泛函

该泛函的一般形式为

$$J[y_1,\ y_2,\ \cdots,\ y_m] = \int_{x_0}^{x_1} F(x,\ y_1,\ y_2,\ \cdots,\ y_m,\ y_1',\ y_2',\ \cdots,\ y_m')\,\mathrm{d}x \qquad (9.15)$$

对应的欧拉方程为

$$F_{y_i} - \frac{\mathrm{d}}{\mathrm{d}x}F_{y_i'} = 0 \qquad (i = 1,\ 2,\ \cdots,\ m) \qquad (9.16)$$

例如关于两个函数 $y(x)$、$z(x)$ 的泛函

$$J[y,\ z] = \int_{x_0}^{x_1} F(x,\ y,\ z,\ y',\ z')\mathrm{d}x \qquad (9.17)$$

有

$$\delta J = \int_{x_0}^{x_1} (F_y\delta y + F_{y'}\delta y' + F_z\delta z + F_{z'}\delta z')\mathrm{d}x = 0$$

对应的欧拉方程组为

$$\begin{cases} F_y - \dfrac{\mathrm{d}}{\mathrm{d}x}F_{y'} = 0 \\[2mm] F_z - \dfrac{\mathrm{d}}{\mathrm{d}x}F_{z'} = 0 \end{cases} \qquad (9.18)$$

【**例 9.10**】　求泛函 $J(y,\ z) = \displaystyle\int_0^{\frac{\pi}{2}} (y'^2 + z'^2 + 2yz)\mathrm{d}x$，且满足边界条件 $y|_{x=0} = 0$，

$y|_{x=\frac{\pi}{2}} = -1$，$z|_{x=0} = 0$，$z|_{x=\frac{\pi}{2}} = 1$ 的极值函数。

解 根据式(9.17)和式(9.18)可知该泛函所对应的欧拉方程组为

$$\begin{cases} y'' - z = 0 \\ z'' - y = 0 \end{cases}$$

消去 z 可得

$$y^{(4)} - y = 0$$

其通解为

$$\begin{cases} y(x) = c_1 e^x + c_2 e^{-x} + c_3 \cos x + c_4 \sin x \\ z(x) = y''(x) = c_1 e^x + c_2 e^{-x} - c_3 \cos x - c_4 \sin x \end{cases}$$

代入边界条件，解出 $c_1 = c_2 = 0$，$c_3 = 0$，$c_4 = -1$。故极值函数为

$$\begin{cases} y = -\sin x \\ z = \sin x \end{cases} \quad x \in \left[0, \frac{\pi}{2}\right]$$

【例 9.11】 在不均匀的各向同性介质中，介质的折射率为 $n(x, y, z)$，光传播速度为 $c/n(x, y, z)$，c 为真空中的光速。试求光从点 $A(x_0, y_0, z_0)$ 到点 $B(x_1, y_1, z_1)$ 的传播路线。

解 设过点 $A(x_0, y_0, z_0)$ 和点 $B(x_1, y_1, z_1)$ 的任意光滑曲线 Γ 为 $y = y(x)$，$z = z(x)$（$x_0 \leqslant x \leqslant x_1$）。根据费马原理，光是沿由点 A 到点 B 所需时间最短的路线行进的。光沿曲线 Γ 从点 A 传播到点 B 所需时间为

$$T[y, z] = \int_{\Gamma} \frac{\mathrm{d}s}{V} = \int_{x_0}^{x_1} \frac{1}{c} n(x, y, z) \sqrt{1 + y'^2 + z'^2} \, \mathrm{d}x$$

使 T 取极小值的函数 $y(x)$、$z(x)$ 必定满足方程组

$$\begin{cases} \sqrt{1 + y'^2 + z'^2} \, \dfrac{\partial n}{\partial y} - \dfrac{\mathrm{d}}{\mathrm{d}x} \left(\dfrac{ny'}{\sqrt{1 + y'^2 + z'^2}} \right) = 0 \\ \sqrt{1 + y'^2 + z'^2} \, \dfrac{\partial n}{\partial z} - \dfrac{\mathrm{d}}{\mathrm{d}x} \left(\dfrac{nz'}{\sqrt{1 + y'^2 + z'^2}} \right) = 0 \end{cases}$$

所求光的传播路线是该方程组在满足边界条件

$$\begin{cases} y(x_0) = y_0, \quad y(x_1) = y_1 \\ z(x_0) = z_0, \quad z(x_1) = z_1 \end{cases}$$

下的解。

9.3.2 依赖于函数的高阶导数的泛函

该泛函的一般形式为

$$J(y) = \int_{x_0}^{x_1} F(x, y, y', y'', \cdots, y^{(m)}) \mathrm{d}x \tag{9.19}$$

对应的欧拉方程为

$$F_y - \frac{\mathrm{d}}{\mathrm{d}x} F_{y'} + \frac{\mathrm{d}^2}{\mathrm{d}x^2} F_{y''} - \cdots + (-1)^m \frac{\mathrm{d}^m}{\mathrm{d}x^m} F_{y^{(m)}} = 0 \tag{9.20}$$

例如对于 $m = 2$，有

$$F_y - \frac{\mathrm{d}}{\mathrm{d}x} F_{y'} + \frac{\mathrm{d}^2}{\mathrm{d}x^2} F_{y''} = 0 \tag{9.21}$$

【**例 9.12**】 求泛函 $J(u) = \dfrac{1}{2} \displaystyle\int_0^{\frac{\pi}{4}} (u''^2 - 4u'^2) \mathrm{d}x$ 满足边界条件 $u\big|_{x=0} = u\big|_{x=\frac{\pi}{4}} = 0$，$u'\big|_{x=0} = -1$，$u'\big|_{x=\frac{\pi}{4}} = 1$ 的极值函数。

解 根据式(9.21)可知该泛函所对应的欧拉方程为

$$u^{(4)} + 4u'' = 0$$

该微分方程的通解为

$$u(x) = c_1 \cos 2x + c_2 \sin 2x + c_3 x + c_4$$

代入边界条件可得极值函数为

$$u(x) = \frac{1}{2}(1 - \cos 2x - \sin 2x)$$

9.3.3 依赖于多元函数的泛函

该泛函的一般形式为

$$J[u(x, y)] = \iint\limits_{D} F(x, y, u, p, q) \mathrm{d}x\mathrm{d}y \tag{9.22}$$

式中 $p = \dfrac{\partial u}{\partial x}$，$q = \dfrac{\partial u}{\partial y}$。该泛函对应的欧拉方程为

$$F_u - \frac{\partial}{\partial x} F_p - \frac{\partial}{\partial y} F_q = 0 \tag{9.23}$$

若

$$J[u_1(x, y), u_2(x, y)] = \iint\limits_{D} F(x, y, u_1, u_2, p_1, p_2, q_1, q_2) \mathrm{d}x\mathrm{d}y \tag{9.24}$$

式中 $p_1 = \dfrac{\partial u_1}{\partial x}$，$q_1 = \dfrac{\partial u_1}{\partial y}$；$p_2 = \dfrac{\partial u_2}{\partial x}$，$q_2 = \dfrac{\partial u_2}{\partial y}$。对应的欧拉方程为

$$\begin{cases} F_{u_1} - \dfrac{\partial}{\partial x} F_{p_1} - \dfrac{\partial}{\partial y} F_{q_1} = 0 \\[2mm] F_{u_2} - \dfrac{\partial}{\partial x} F_{p_2} - \dfrac{\partial}{\partial y} F_{q_2} = 0 \end{cases} \tag{9.25}$$

例 9.3 中的泛函 $J[u(x, y)]$ 即为依赖于多元函数的泛函。该泛函对应的欧拉方程直接求解较为困难，有时采用第十章介绍的有限元方法进行求解。

【**例 9.13**】 考虑拉普拉斯方程的第三类边值问题

$$\begin{cases} \dfrac{\partial^2 u}{\partial x^2} + \dfrac{\partial^2 u}{\partial y^2} = 0 \\[2mm] \dfrac{\partial u}{\partial n} + \sigma u \big|_{\Gamma} = \gamma \end{cases} \tag{9.26}$$

该定解问题对应的泛函为

$$J(u) = \frac{1}{2} \iint\limits_{\Omega} \left[\left(\frac{\partial u}{\partial x} \right)^2 + \left(\frac{\partial u}{\partial y} \right)^2 \right] \mathrm{d}x\mathrm{d}y + \int_{\Gamma} \left(\frac{1}{2} \sigma u^2 - \gamma u \right) \mathrm{d}s \tag{9.27}$$

求解泛函极值解函数为对应拉普拉斯方程在以上边界条件下的解。同样泛函 $J[u(x, y)]$ 即为依赖于多元函数的泛函。

9.4 泛函和变分法用于微分方程边值问题

考虑斯特姆-刘维型方程

$$Ly = \lambda \rho(x)y \tag{9.28}$$

设本征值为 $\lambda_1 \leqslant \lambda_2 \leqslant \lambda_3 \leqslant \cdots$，对应的本征函数为 $y_1(x)$，$y_2(x)$，$y_3(x)$，$\cdots$，它们构成完备正交系，对于每一个本征函数有

$$Ly_n(x) = \lambda_n \rho(x)y_n(x) \tag{9.29}$$

其中

$$\int_a^b y_m(x)y_n(x)\rho(x)\mathrm{d}x = \delta_{\min} \tag{9.30}$$

对于任意的 $f(x)$，若有连续的一阶导数和分段连续二阶导数且满足本征问题中的边界条件，则 $f(x)$ 可以展开为

$$f(x) = \sum_{n=1}^{\infty} c_n y_n(x) \tag{9.31}$$

其中展开系数 c_n 为

$$c_n = \int_a^b f(x)y_n(x)\rho(x)\mathrm{d}x \tag{9.32}$$

若 $f(x)$ 也是归一化的，即 $\int_a^b [f(x)]^2 \mathrm{d}x = 1$。将 $f(x) = \sum_{n=1}^{\infty} c_n y_n(x)$ 代入归一化条件，则有 $\sum_{n=1}^{\infty} c_n^2 = 1$。现设想一泛函 $J[f(x)] = \int_a^b f(x)Lf(x)\mathrm{d}x$，将(9.31)式代入，它可以进一步表示为

$$
\begin{aligned}
J[f(x)] &= \int_a^b \sum_{m=1}^{\infty} c_m y_m(x) L\Big(\sum_{n=1}^{\infty} c_n y_n(x)\Big)\mathrm{d}x \\
&= \sum_{m=1}^{\infty}\sum_{n=1}^{\infty} c_m c_n \int_a^b y_m(x)Ly_n(x)\mathrm{d}x \\
&= \sum_{m=1}^{\infty}\sum_{n=1}^{\infty} c_m c_n \int_a^b y_m(x)\lambda_n\rho(x)y_n(x)\mathrm{d}x \\
&= \sum_{m=1}^{\infty}\sum_{n=1}^{\infty} c_m c_n \lambda_n \int_a^b y_m(x)y_n(x)\rho(x)\mathrm{d}x \\
&= \sum_{m=1}^{\infty}\sum_{n=1}^{\infty} c_m c_n \lambda_n \delta_{mn} \\
&= \sum_{n=1}^{\infty} c_n^2 \lambda_n \geqslant \lambda_1 \sum_{n-1}^{\infty} c_n^2 \\
&= \lambda_1
\end{aligned}
$$

这表明如果 λ_1 是 $J[f(x)] = \int_a^b f(x)Lf(x)\mathrm{d}x$ 的一个本征值，则必是最小值，即

$$J(y_1) = \int_a^b y_1 Ly_1 \mathrm{d}x = \int_a^b y_1 \lambda_1 \rho y_1 \mathrm{d}x = \lambda_1$$

这是泛函 $J[f(x)] = \int_a^b f(x) L f(x) \mathrm{d}x$ 在条件 $\int_a^b [f(x)]^2 \mathrm{d}x = 1$ 的一个条件极值问题。

【例 9.14】 求微分方程 $y'' + \lambda y = 0$ 在满足边界条件 $y(0) = 0$、$y(1) = 0$ 时的最小本征值和相应的本征函数（设 y 已归一）。

解　本问题的解析解为

$$y_n(x) = \sqrt{2}\, \sin \frac{n\pi x}{\rho}, \quad \lambda_n = \frac{n^2\pi^2}{\rho^2} \quad (n = 1, 2, 3, \cdots)$$

由微分方程可知

$$-\frac{\mathrm{d}^2}{\mathrm{d}x^2} y = \lambda y$$

其中算子 $L = -\dfrac{\mathrm{d}^2}{\mathrm{d}x^2}$。考虑如下泛函

$$J[f(x)] = \int_0^1 f(x) \left(-\frac{\mathrm{d}^2}{\mathrm{d}x^2} \right) f(x) \mathrm{d}x = -[f(x)f'(x)]\Big|_0^1 + \int_0^1 [f'(x)]^2 \mathrm{d}x$$

$$= \int_0^1 [f'(x)]^2 \mathrm{d}x$$

利用瑞利－里兹法有

$$y(x) = x(x-1)(a_0 + a_1 x) = a_0 x(x-1) + a_1 x^2(x-1)$$

代入泛函有

$$J(y) = \int_0^1 [3a_1 x^2 + 2(a_0 - a_1)x - a_0]^2 \mathrm{d}x = \frac{1}{3}\left(a_0^2 + a_0 a_1 + \frac{2}{5} a_1^2 \right)$$

根据归一化条件 $\int_0^1 y^2 \mathrm{d}x = 1$ 又有

$$\frac{1}{30}\left(a_0^2 + a_0 a_1 + \frac{2}{7} a_1^2 \right) = 1$$

在该条件下求极值可采用拉格朗日数乘法，但根据上式，本题可用

$$a_0^2 + a_0 a_1 = 30 - \frac{2}{7} a_1^2$$

因此有

$$J[y(x)] = \frac{1}{3}\left(30 - \frac{2}{7} a_1^2 + \frac{2}{5} a_1^2 \right) = \frac{2}{3}\left(15 + \frac{2}{35} a_1^2 \right)$$

所以在 $a_1 = 0$ 时，$J[y(x)]$ 最小值为 10，而 $a_0 = \pm\sqrt{30}$，因此本征函数为

$$y(x) = \pm\sqrt{30}\, x(x-1)$$

事实上，在许多泛函的极值问题中，变量函数 $y(x)$ 还受到一些附加条件的限制，其中最重要的一种是以积分的形式出现，如对最简泛函而言，还有条件

$$\int_{x_0}^{x_1} G(x, y, y') \mathrm{d}x = l \tag{9.33}$$

这类问题属于泛函的条件极值问题。采用欧拉方程法求解时可参照求解函数条件极值问题的拉格朗日数乘法，即将附加条件(9.33)乘以参数 λ，加到泛函的变分问题中后得到

$$\delta \int_{x_0}^{x_1} [F(x, y, y') + \lambda G(x, y, y')] \mathrm{d}x = 0 \tag{9.34}$$

因此问题转化为不带条件的由上式所表示的变分问题。其对应的欧拉方程为

$$\frac{\partial F}{\partial y} + \lambda \frac{\partial G}{\partial y} - \frac{\mathrm{d}}{\mathrm{d}x}\left(\frac{\partial F}{\partial y'} + \lambda \frac{\partial G}{\partial y'}\right) = 0 \tag{9.35}$$

这是一个关于 $y(x)$ 的二阶常微分方程，其通解中包含 λ 和两个积分常数，它们可由边界条件和(9.33)式来决定。其他类型的泛函条件极值问题同样可以采用拉格朗日数乘法进行求解。

【例 9.15】 求解 Helmholtz(亥姆霍兹)方程

$$\begin{cases} \nabla^2 u = -\lambda u \\ u\mid_S = 0 \end{cases} \tag{9.36}$$

其中 $\iiint\limits_{V} u^2 \, \mathrm{d}V = 1$。

设想一个泛函

$$J[W(x, y, z)] = \iiint W \nabla^2 W \, \mathrm{d}V$$

对应的欧拉方程为

$$\frac{\partial F}{\partial W} - \frac{\partial}{\partial x}\left(\frac{\partial F}{\partial W_x}\right) - \frac{\partial}{\partial y}\left(\frac{\partial F}{\partial W_y}\right) - \frac{\partial}{\partial z}\left(\frac{\partial F}{\partial W_z}\right) = 0$$

先运用格林第一公式和边界条件将泛函化为

$$J[W] = \oiint\limits_{S} W \frac{\partial W}{\partial n} \, \mathrm{d}S - \iiint (\nabla W)^2 \, \mathrm{d}V = -\iiint (\nabla W)^2 \, \mathrm{d}V$$

求该泛函在条件 $\iiint\limits_{V} W^2 \, \mathrm{d}V = 1$ 下的极值问题。考虑

$$\delta \iiint [\lambda W^2 - (\nabla W)^2] \, \mathrm{d}V = 0$$

有

$$2\lambda W + \frac{\partial}{\partial x}(2W_x) + \frac{\partial}{\partial y}(2W_y) + \frac{\partial}{\partial z}(2W_z) = 0$$

即

$$\nabla^2 W + \lambda W = 0$$

显然原定解问题是泛函 $J[W(x, y, z)] = \iiint W \nabla^2 W \, \mathrm{d}V$ 在 $\iiint\limits_{V} W^2 \, \mathrm{d}V = 1$ 条件下的变分问题。

以下求解圆域 $\rho \leqslant a$ 上的二维 Helmholtz 方程

$$\begin{cases} \nabla^2 u + \lambda u = 0 \\ u\mid_{\rho=a} = 0 \end{cases}$$

显然该问题等价于 $\delta J(u) = \delta \oiint\limits_{\rho=a} [\lambda u^2 - (\nabla u)^2] \mathrm{d}s = 0$ 的变分问题，即为求解泛函

$J(u) = \oiint\limits_{\rho=a} [\lambda u^2 - (\nabla u)^2] \mathrm{d}s$ 的极值函数。

由于在边界上有 $u\mid_{\rho=a} = 0$，因此令

$$u = c_1(a^2 - \rho^2) + c_2(a^2 - \rho^2)^2$$

代入泛函后有

$$J = \int_0^a \int_0^{2\pi} \left[\lambda u^2 - \left(\frac{\partial u}{\partial \rho} \right)^2 - \left(\frac{1}{\rho} \frac{\partial u}{\partial \phi} \right)^2 \right] \rho \mathrm{d}\phi \mathrm{d}\rho$$

对于圆域而言有 $\frac{\partial u}{\partial \phi} = 0$，故

$$J = 2\pi \int_0^a \left[\lambda u^2 - \left(\frac{\partial u}{\partial \rho} \right)^2 \right] \rho \mathrm{d}\rho$$

$$= \pi \int_0^a \left\{ c_1^2 \left[4\rho^2 - \lambda^2 (a^2 - \rho^2)^2 \right] + c_1 c_2 \left[16\rho^2 (a^2 - \rho^2) - 2\lambda (a^2 - \rho^2)^3 \right] \right.$$

$$\left. + c_2^2 \left[16\rho^2 (a^2 - \rho^2)^2 - \lambda (a^2 - \rho^2)^4 \right] \right\} \mathrm{d}(\rho^2)$$

$$= \pi \left[c_1^2 \left(2a^4 - \frac{1}{3} a^6 \lambda \right) + c_1 c_2 \left(\frac{8}{3} a^6 - \frac{1}{2} a^8 \lambda \right) + c_2^2 \left(\frac{4}{3} a^8 - \frac{1}{3} a^{10} \lambda \right) \right]$$

由极值条件 $\frac{\partial J}{\partial c_1} = 0$，$\frac{\partial J}{\partial c_2} = 0$，可以得到

$$\begin{cases} \left(4 - \frac{2}{3} a^2 \lambda \right) c_1 + \left(\frac{8}{3} a^2 - \frac{1}{2} a^4 \lambda \right) c_2 = 0 \\ \left(\frac{8}{3} - \frac{1}{2} a^2 \lambda \right) c_1 + \left(\frac{8}{3} a^2 - \frac{2}{5} a^4 \lambda \right) c_2 = 0 \end{cases}$$

该方程组有非零解的充要条件是系数行列式等于零，于是有

$$\lambda = \frac{5.7841}{a^2}, \qquad \frac{c_2}{c_1} = \frac{0.638}{a^2}$$

取 $c_1 = a^2$，所以有解

$$u = a^2 (a^2 - \rho^2) + 0.638 (a^2 - \rho^2)^2$$

【例 9.16】 求以下边值问题

$$\begin{cases} \dfrac{\partial^2 u}{\partial x^2} + \dfrac{\partial^2 u}{\partial y^2} = f(x, y) & (x, y \in D) \\ u(x, y) \big|_c = 0 \end{cases}$$

的解，其中区域 D：$0 < x < a$，$0 < y < b$。

解 该问题对应的变分问题为

$$\begin{cases} J[u(x, y)] = \iint\limits_D \left[\left(\dfrac{\partial u}{\partial x} \right)^2 + \left(\dfrac{\partial u}{\partial y} \right)^2 + 2fu \right] \mathrm{d}x \mathrm{d}y \\ u(x, y) \big|_c = 0 \end{cases}$$

取坐标函数系为 $\sin \dfrac{j\pi x}{a} \sin \dfrac{i\pi y}{b} (i, j = 1, 2, \cdots)$。设 u 的近似解有如下形式

$$u_{nm} = \sum_{i=1}^n \sum_{j=1}^m \alpha_{ij} \sin \frac{i\pi x}{a} \sin \frac{j\pi y}{b}$$

假定 $f(x, y)$ 可在区域 D 上展开为二重级数

$$f(x, y) = \sum_{i=1}^\infty \sum_{j=1}^\infty \beta_{ij} \sin \frac{i\pi x}{a} \sin \frac{j\pi y}{b}$$

将以上两式代入泛函，有

$$J[u_{nm}] = \int_0^a \int_0^b \left[\left(\frac{\partial u_{nm}}{\partial x} \right)^2 + \left(\frac{\partial u_{nm}}{\partial y} \right)^2 + 2u_{nm} \sum_{i=1}^{\infty} \sum_{j=1}^{\infty} \beta_{ij} \sin \frac{i\pi x}{a} \sin \frac{j\pi y}{b} \right] \mathrm{d}x\mathrm{d}y$$

$$= \frac{\pi^2 ab}{4} \sum_{i=1}^{n} \sum_{j=1}^{m} \left(\frac{i^2}{a^2} + \frac{j^2}{b^2} \right) \alpha_{ij}^2 + \frac{ab}{2} \sum_{i=1}^{n} \sum_{j=1}^{m} \alpha_{ij}\beta_{ij}$$

上面的计算中利用了三角函数正交性公式

$$\int_0^a \int_0^b \sin \frac{i\pi x}{a} \sin \frac{j\pi y}{b} \sin \frac{m\pi x}{a} \sin \frac{n\pi y}{b} \mathrm{d}x\mathrm{d}y = \begin{cases} \dfrac{ab}{4} & (m=i,\ n=j) \\[2mm] 0 & \text{(其他)} \end{cases}$$

再利用 $\dfrac{\partial J[u_{nm}]}{\partial \alpha_{ij}} = 0 (i=1,2,\cdots,n;\ j=1,2,\cdots,m)$，可得

$$\alpha_{ij} \left(\frac{i^2}{a^2} + \frac{j^2}{b^2} \right) \pi^2 + \beta_{ij} = 0$$

即

$$\alpha_{ij} = - \frac{\beta_{ij}}{\pi^2 \left(\dfrac{i^2}{a^2} + \dfrac{j^2}{b^2} \right)}$$

因此所求近似解为

$$u_{nm} = - \frac{1}{\pi^2} \sum_{i=1}^{n} \sum_{j=1}^{m} \frac{\beta_{ij}}{\dfrac{i^2}{a^2} + \dfrac{j^2}{b^2}} \sin \frac{i\pi x}{a} \sin \frac{j\pi y}{b}$$

当 n、m 趋向于 ∞ 时，该结果与分离变量法结果是一致的。

习 题 九

9.1　求下列泛函的极值函数。

(1) $J = \displaystyle\int_{x_0}^{x_1} (y^2 + y'^2 + 2ye^x)\, \mathrm{d}x$；

(2) $J = \displaystyle\int_{x_0}^{x_1} (y^2 - y'^2 - 2y\sin x)\, \mathrm{d}x$；

(3) $J = \displaystyle\int_{x_0}^{x_1} (2xy^2 + 3x^2y^2y')\, \mathrm{d}x$；

(4) $J = \displaystyle\int_{x_0}^{x_1} (2yz - 2y^2 + y'^2 - z'^2)\, \mathrm{d}x$。

9.2　在质点力学中，系统的作用量表示为

$$S = \int_{t_1}^{t_2} L(t,\ q,\ q')\mathrm{d}t$$

是 $q(t)$ 的泛函，其中 $q(t)$ 和 $q'(t)$ 分别为广义坐标和广义速度，L 为拉格朗日函数。已知

(1) 自由质点的拉氏函数为

$$L = -mc^2 \sqrt{1 - \frac{v^2}{c^2}}$$

(2) 在势能场 $U(r)$ 中运动的质点的拉氏函数为

$$L = \frac{mv^2}{2} - U(r)$$

分别求它们的作用量 S 有极值的必要条件。

9.3　试确定 $y = y(x)$，使泛函

$$J = \int_0^1 (y'^2 - y^2 - 2xy)\,\mathrm{d}x$$

取极小值。其中 $y(0) = 0$，而 $y(1)$ 可以变化。（要求：采用欧拉方程法及里兹法分别求精确解和近似解并作比较。采用瑞利－里兹法时分别取 $y = a_0 x + a_1 x^2$ 和 $y = b_0 x + b_1 x^2 + b_2 x^3$ 作为近似解。）

9.4　用瑞利－里兹法求解本征值问题

$$\begin{cases} y'' + \lambda y = 0 \\ y'(0) = 0, \quad y'(1) = 0 \end{cases}$$

的最小本征值及相应的本征函数。取解函数为 $y(x) = (x^2 - 1)(c_0 x^2 + c_1)$。

9.5　求方程 $\dfrac{\partial^2 u}{\partial x^2} + \dfrac{\partial^2 u}{\partial y^2} = -1$ 在正方形 $-a \leqslant x \leqslant a$，$-a \leqslant y \leqslant a$ 内的近似解，在正方形边界上 $u = 0$。（取解函数 $u(x, y) = c(x^2 - a^2)(y^2 - a^2)$）

第十章　有限元方法

有限元方法是基于变分原理的一种离散化方法，它一般是将所要求解的边值问题转化为相应的变分问题，即泛函求极值问题。而剖分逼近是有限元离散化的手段，它先把问题的整体区域剖分为有限个基本块（称为"单元"），然后通过单元上的插值逼近，得到一个结构简单的函数集（称为"有限元空间"），它一般是泛函 $J(y)$ 容许函数集 y 的子集。有限元方法就是在这个有限元空间中寻找 $J(y)$ 的极小值作为近似解。利用剖分插值，可将离散化变分问题转换为普通多元函数的极值问题，即最终归结为一组多元的代数方程组，解之即得待求边值问题的数值解。有限元方法已经在电气工程领域成为各类电磁场、电磁波工程定量分析与优化设计的主导数值计算方法，并且已构成各种先进、实用计算软件包的基础。本章在泛函与变分法的基础上，重点介绍泊松方程的有限元解法，其公式推导及编程思路都做了详细说明，并附上 FORTRAN 程序以供读者参考。

10.1　有关物理问题的变分原理

从第九章中的有关例题可以看出，我们通过求解一个相应的泛函的极小函数而得到偏微分方程边值问题的解，这种理论通常叫做偏微分方程中的变分原理，简称变分方法。变分法在理论物理中非常重要，例如在拉格朗日力学中，可以把变分法用到动力学上。首先，拉格朗日引进广义坐标 $q_1, q_2, \cdots, q_n$，并假定动能 T 和位势 V 是广义坐标的函数，且 $T+V$ 是常量，即能量守恒定律成立，令 $L=T-V$，则拉格朗日的最小作用原理是指真实的运动使 L 在运动区间的积分取极小值。通过欧拉方程，拉格朗日建立运动方程，从而可以推出力学中的主要定律。

【例 10.1】　一个力学体系的特性可以用拉格朗日函数 $L(q, q', t)$ 来描写，在时刻 t_1 和 t_2 之间体系按照积分

$$S = \int_{t_1}^{t_2} L(q, q', t)\mathrm{d}t \tag{10.1}$$

取最小值的方式运动。

事实上，在力学中可由 $\delta S=0$ 导出体系的运动方程。式(10.1)中 S 的称为最小作用量。这个变分原理称做最小作用量原理，最小作用量原理在量子力学中也有广泛的应用。

【例 10.2】　光学中的变分原理是费马原理，即光从点 A 到点 B 的传播路径是使光程

$$L = \int_A^B n\mathrm{d}s \tag{10.2}$$

取极值,其中 n 为介质的折射率。由 $\delta L=0$ 可以导出几何光学的折射定律和反射定律。

【例 10.3】 在电磁学中,麦克斯韦方程组是电磁场的基本方程,它可以通过相应的变分原理导出。电磁场的拉格朗日函数为体积分

$$L = \int \left[\frac{1}{2} (\varepsilon E^2 - \mu H^2) + \boldsymbol{j} \cdot \boldsymbol{A} - \rho u \right] \mathrm{d}\tau \tag{10.3}$$

其中,ε 和 μ 为介质的介电常数和磁导率;$\boldsymbol{E}$ 和 $\boldsymbol{H}$ 为电场和磁场强度;ρ 和 $\boldsymbol{j}$ 为电荷和电流密度;u 和 $\boldsymbol{A}$ 为标势和磁矢势;$\mathrm{d}\tau = \mathrm{d}x\mathrm{d}y\mathrm{d}z$ 为体积元。电磁场的作用量为时间积分

$$S = \int_{t_1}^{t_2} L \mathrm{d}t \tag{10.4}$$

电磁场的方程使作用量取极值,即 $\delta S=0$。

【例 10.4】 对于静电场中的泊松方程,在满足第一类边界条件下,有下列方程

$$\begin{cases} \dfrac{\partial^2 u}{\partial x^2} + \dfrac{\partial^2 u}{\partial y^2} = f(x, y) & x, y \in D \\ u(x, y)\,|_\Gamma = u_0(x, y) & x, y \in \Gamma \end{cases} \tag{10.5}$$

其等价的变分问题为求解泛函

$$\begin{cases} J(u) = \iint\limits_D \left\{ \dfrac{1}{2} \left[\left(\dfrac{\partial u}{\partial x} \right)^2 + \left(\dfrac{\partial u}{\partial y} \right)^2 \right] + fu \right\} \mathrm{d}x\mathrm{d}y \\ u(x, y)\,|_\Gamma = u_0(x, y) & x, y \in \Gamma \end{cases} \tag{10.6}$$

的极值解函数问题。可见第一类边界条件无论在变分问题或偏微分方程边值问题中,都必须作为定解条件列出,其解必须在满足这个边界条件的函数类中去寻求,这类边界条件又称为强加强条件,相应的变分问题称为条件变分问题。

而对于满足第二或第三类边界条件的泊松方程

$$\begin{cases} \dfrac{\partial^2 u}{\partial x^2} + \dfrac{\partial^2 u}{\partial y^2} = f \\ \dfrac{\partial u}{\partial n} + \sigma u\,|_\Gamma = \gamma \end{cases} \tag{10.7}$$

与它等价的变分问题变为求解泛函

$$J(u) = \iint\limits_\Omega \left\{ \frac{1}{2} \left[\left(\frac{\partial u}{\partial x} \right)^2 + \left(\frac{\partial u}{\partial y} \right)^2 \right] + fu \right\} \mathrm{d}x\mathrm{d}y + \int_\Gamma \left(\frac{1}{2} \sigma u^2 - \gamma u \right) \mathrm{d}s \tag{10.8}$$

的极值解函数问题,使得 $\delta J(u)=0$。上式中 $\sigma=0$ 对应于第二类边界条件下的泛函。由此可见,边界条件在变分问题中被包含在泛函达到极值的要求之中,不必单独列出,常称此类边界条件为自然边界条件。

10.2　泊松方程的有限元方法

10.2.1　静电场中二维泊松方程的有限元方法

下面我们讨论二维泊松方程的定解问题(区域和边界如图 10.1 所示)。

$$\begin{cases} \dfrac{\partial^2 u}{\partial x^2} + \dfrac{\partial^2 u}{\partial y^2} = f(x, y) & (x, y \in D) \quad (10.9) \\[3mm] u(x, y)\big|_{\Gamma_1} = u_0(x, y) & (x, y \in \Gamma_1) \quad (10.10) \\[3mm] \dfrac{\partial u}{\partial n}\bigg|_{\Gamma_2} = q(x, y) & (x, y \in \Gamma_2) \quad (10.11) \end{cases}$$

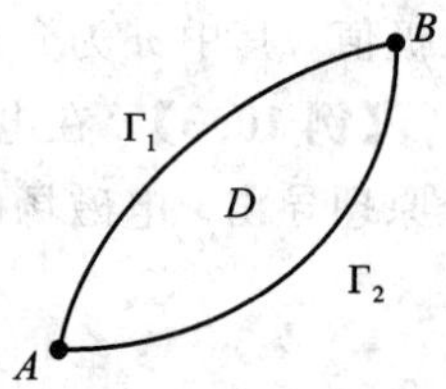

图 10.1

求解的任务是在满足边界条件(10.10)和(10.11)下，解偏微分方程(10.9)，从而求出区域 D 中和边界 Γ_2 上的 $u(x, y)$。以下给出了一个满足条件(10.9)～(10.11)时静电场中泊松方程定解问题具体实例。

【例 10.5】 在阴极射线管中，存在空间自由电荷。如图 10.2 所示，在边界 Γ_1 上，即阴、阳两极上，u 是已知的；在边界 Γ_2 上，即左、右两侧边，q 是已知的。若空间电荷密度 $\rho(x, y)$ 已知，则

$$\nabla^2 u = -\frac{\rho(x, y)}{\varepsilon_0} = f(x, y)$$

求解阴极射线管中及边界 Γ_2 上的电势 $u(x, y)$。

解 设有如下泛函

$$J(u) = \iint_D \left[\frac{1}{2}(\nabla u)^2 + fu \right] d\sigma - \int_{\Gamma_2} qu\, ds \quad (10.12)$$

图 10.2　阴极射线管

其中，$d\sigma = dxdy$，ds 为线元。对式(10.12)求变分，由于有

$$\begin{aligned} \delta(\nabla u)^2 &= \delta[\nabla u \cdot \nabla u] \\ &= \delta(\nabla u) \cdot \nabla u + \nabla u \cdot \delta(\nabla u) \\ &= 2\nabla u \cdot \delta(\nabla u) \\ &= 2\nabla u \cdot \nabla(\delta u) \end{aligned} \quad (10.13)$$

对式(10.12)两端求变分并利用式(10.13)可得

$$\delta J(u) = \iint_D (\nabla u \cdot \nabla + f)\delta u\, d\sigma - \int_{\Gamma_2} q\delta u\, ds \quad (10.14)$$

对于上式中的积分 $\iint_D \nabla u \cdot \nabla(\delta u)d\sigma$，可以利用格林公式

$$\iint_D \nabla u_1 \cdot \nabla u_2\, d\sigma = \oint_\Gamma \frac{\partial u_1}{\partial n} u_2\, ds - \iint_D (\nabla^2 u_1) u_2\, d\sigma \quad (10.15)$$

因此有

$$\iint_D \nabla u \cdot \nabla(\delta u)d\sigma = \oint_\Gamma \frac{\partial u}{\partial n}\delta u\, ds - \iint_D \nabla^2 u\delta u\, d\sigma = \int_{\Gamma_2} \frac{\partial u}{\partial n}\delta u\, ds - \iint_D \nabla^2 u\delta u\, d\sigma \quad (10.16)$$

上式推导中，因为 $\Gamma = \Gamma_1 + \Gamma_2$，在 Γ_1 上根据(10.10)式有 $\delta u = \delta u_0 = 0$。将上式代入到式(10.14)可得

$$\delta J(u) = \iint_D (f - \nabla^2 u)\delta u\, d\sigma + \int_{\Gamma_2} \left(\frac{\partial u}{\partial n} - q\right)\delta u\, ds \quad (10.17)$$

显然上式中等号右边两个积分中的被积函数若均等于零，则它们分别对应于二维泊松方程定解问题中的式(10.9)和式(10.11)。因此由式(10.17)可知，若 u 满足式(10.9)～

(10.11)，则 $\delta J(u)=0$。反之，也可以证明，若 u 满足式(10.10)和 $\delta J(u)=0$，则 u 满足式(10.9)和式(10.11)。由以上讨论可知式(10.9)～(10.11)所表示的定解问题的解等价于式(10.12)在满足式(10.10)条件下的条件极值解，即

$$\left.\begin{array}{l} \delta J(u)=0 \\ u\mid_{\Gamma_1}=u_0 \end{array}\right\} \Leftrightarrow \left\{\begin{array}{l} \nabla^2 u=f \\ \dfrac{\partial u}{\partial n}\bigg|_{\Gamma_2}=q, \quad u\mid_{\Gamma_1}=u_0 \end{array}\right.$$

因此我们可以通过求解变分方程 $\delta J(u)/\delta u=0$ 来求出泊松方程的解 u。计算步骤通常可以分为以下两步：① 计算 $J(u)$；② 导出方程并 $\delta J(u)/\delta u=0$，求出 u。

10.2.2 有限元方法的具体实施

采用有限元方法求解泊松方程的解通常分为以下六个步骤。

1. 将求解区域 D 剖分成许多小单元

如图 10.3 所示，对区域 D 作网格剖分，通常采用互不重叠的三角形剖分和四边形剖分(这里我们选用三角形剖分)。剖分时应注意以下几点：

(1) 不能把一个三角形的顶点取为另一相邻三角形的内点。

(2) 避免钝角(理论分析表明，钝角带来的误差较大)。

(3) 不要使一个三角形跨越不同的介质。

(4) 规定每个三角形最多只有一个边在 Γ_2 上(使得计算更加便利)。

另外，剖分时尽量考虑减少几何误差，使得三角形单元可覆盖更多的区域 D。

由于三角形单元的三个顶点取为网格的结点，那么同有限差分法一样，只要计算结点的 u 值。由于有限元法不必采用正交网格，所以结点的配置是相当任意的。需要说明的是，采用三角形单元划分时，如果单元无限缩小，有限元近似解则将收敛于精确解。实践证明剖分三角形不可过于狭长，三角形三边之比越接近 1，计算得到的数值质量越高。

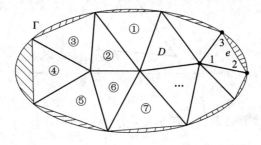

图 10.3

在完成区域剖分后，应对每个三角形单元进行编号，如图 10.3 所示 $e=$①，②，③，…，e_0。对于每个三角形的三个顶点按逆时针方向编号为 1、2、3，三个顶点坐标分别为 (x_1, y_1)、(x_2, y_2)、(x_3, y_3)。设第 e 个单元的泛函积分为 $J_e(u)$。因此整体泛函积分式(10.8)近似为各单元泛函之和，即

$$J(u) \approx \sum_{e=1}^{e_0} J_e(u) \tag{10.18}$$

其最终任务是求出各个三角形顶点处的 u 值。

2. 线性插值函数的构造

假设在每个三角形单元内 $u(x, y)$ 是 x、y 的线性函数,这是一种线性近似。为了表示这种线性近似,引入如下三个线性函数作为基本函数,即

$$N_j(x, y) = \frac{1}{2d}(a_j + b_j x + c_j y) \tag{10.19}$$

具体可以写为

$$\begin{cases} N_1(x, y) = \frac{1}{2d}(a_1 + b_1 x + c_1 y) \\[2mm] N_2(x, y) = \frac{1}{2d}(a_2 + b_2 x + c_2 y) \\[2mm] N_3(x, y) = \frac{1}{2d}(a_3 + b_3 x + c_3 y) \end{cases}$$

其中,$(a, b, c)_j$ 是九个待定常数;d 是三角形单元的面积,它可以表示为

$$d = \frac{1}{2} \begin{vmatrix} 1 & x_1 & y_1 \\ 1 & x_2 & y_2 \\ 1 & x_3 & y_3 \end{vmatrix} \tag{10.20}$$

我们在每个三角形单元内构造变分问题解 $u(x, y)$ 的线性插值函数。对于单元 e(见图 10.4),假设有

$$u(x, y) = \sum_{j=1}^{3} u_j N_j(x, y)$$

$$= \frac{1}{2d} \big[(a_1 + b_1 x + c_1 y)u_1 + (a_2 + b_2 x + c_2 y)u_2 + (a_3 + b_3 x + c_3 y)u_3 \big]$$

$$\tag{10.21}$$

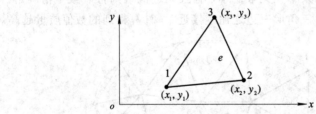

图 10.4

根据上式,对于三个顶点而言,有 $u(x_i, y_i) = u_i$,即

$$\begin{cases} \sum_{j=1}^{3} u_j N_j(x_1, y_1) = u_1 \\[2mm] \sum_{j=1}^{3} u_j N_j(x_2, y_2) = u_2 \qquad (i = 1, 2, 3) \\[2mm] \sum_{j=1}^{3} u_j N_j(x_3, y_3) = u_3 \end{cases} \tag{10.22}$$

可以得出

$$N_j(x_i, y_i) = \delta_{ij} = \begin{cases} 0 & (i \neq j) \\ 1 & (i = j) \end{cases}$$

结合式(10.22)中的各式，均可以得到三个方程，因此由整个(10.22)式可以得到关于$(a,b,c)_j$的九个线性方程。例如从式(10.22)中的第一式可以得到

$$\begin{cases} \dfrac{1}{2d}(a_1+b_1x_1+c_1y_1)u_1 = u_1 \\[2mm] \dfrac{1}{2d}(a_2+b_2x_1+c_2y_1)u_2 = 0 \\[2mm] \dfrac{1}{2d}(a_3+b_3x_1+c_3y_1)u_3 = 0 \end{cases} \tag{10.23}$$

通过求解线性方程组可以定出$(a,b,c)_j$，即

$$\begin{cases} a_1 = x_2y_3 - x_3y_2,\ b_1 = y_2 - y_3,\ c_1 = x_3 - x_2 \\ a_2 = x_3y_1 - x_1y_3,\ b_2 = y_3 - y_1,\ c_2 = x_1 - x_3 \\ a_3 = x_1y_2 - x_2y_1,\ b_3 = y_1 - y_2,\ c_3 = x_2 - x_1 \end{cases} \tag{10.24}$$

结合式(10.20)，三角形单元的面积可以写为

$$d = \frac{1}{2}(b_1c_2 - b_2c_1) \tag{10.25}$$

对于每个三角形单元来说，在式(10.21)中，未知量就剩下结点处的u_1、u_2、u_3，其余各量均为已知量。

3. 单元分析与单元矩阵

根据式(10.12)并结合区域三角形网格划分，针对式(10.9)～(10.11)中的泊松方程定解问题，对于任一三角形单元e(见图10.5)，(10.18)式中的单元泛函可以表示为

$$J_e(u) = \iint\limits_{\Delta e} \left[\frac{1}{2}(\nabla u)^2\right]\mathrm{d}\sigma + \iint\limits_{\Delta e} fu\,\mathrm{d}\sigma - \int\limits_{\Gamma_2 \cap e} qu\,\mathrm{d}s \tag{10.26}$$

将式(10.21)代入上式，有

$$\nabla u = \sum_{j=1}^{3} u_j \nabla N_j(x,y)$$

而

$$\nabla N_j(x,y) = \nabla\left[\frac{1}{2d}(a_j + b_jx + c_jy)\right] = \frac{1}{2d}(b_j\boldsymbol{i} + c_j\boldsymbol{j})$$

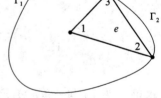

图 10.5

所以有

$$\begin{aligned} (\nabla u)^2 &= \sum_{i,j=1}^{3} u_i \nabla N_i(x,y) \cdot u_j \sum_{i,j=1}^{3} \nabla N_j(x,y) \\ &= \frac{1}{4d^2}\sum_{i,j=1}^{3} u_iu_j(b_i\boldsymbol{i} + c_i\boldsymbol{j}) \cdot (b_j\boldsymbol{i} + c_j\boldsymbol{j}) \\ &= \frac{1}{4d^2}\sum_{i,j=1}^{3} u_iu_j(b_ib_j + c_ic_j) \end{aligned} \tag{10.27}$$

由上式可见，$(\nabla u)^2$与x、y无关，将式(10.27)代入到式(10.26)右边中的第一项，积分可得

$$\begin{aligned} \iint\limits_{\Delta e}\left[\frac{1}{2}(\nabla u)^2\right]\mathrm{d}\sigma &= \frac{1}{2}(\nabla u)^2 d = \frac{1}{2}\frac{1}{4d}\sum_{i,j=1}^{3} u_iu_j(b_ib_j + c_ic_j) \\ &= \frac{1}{2}\sum_{i,j=1}^{3} z_{ij}u_iu_j \end{aligned} \tag{10.28(a)}$$

其中，$z_{ij} = \dfrac{1}{4d}(b_i b_j + c_i c_j)$，称为单元刚度矩阵，该矩阵是对称矩阵。式(10.26)等号右边中的第二项积分可以表示为

$$\iint\limits_{\Delta e} f u \, \mathrm{d}\sigma = \sum_{j=1}^{3} u_j \iint\limits_{\Delta e} f N_j(x, y) \, \mathrm{d}\sigma = -\sum_{j=1}^{3} r_{fj} u_j \qquad (10.28(b))$$

其中，$r_{fj} = -\iint\limits_{\Delta e} f N_j(x, y) \mathrm{d}\sigma$。式(10.26)等号右边中的第三项积分可以写为

$$\int\limits_{\Gamma_2 \cap e} q u \, \mathrm{d}s = \sum_{j=1}^{3} u_j \int\limits_{\Gamma_2 \cap e} q N_j(x, y) \, \mathrm{d}s = \sum_{j=1}^{3} r_{qj} u_j \qquad (10.28(c))$$

其中，$r_{qj} = \int\limits_{\Gamma_2 \cap e} q N_j(x, y) \mathrm{d}s$。将式(10.28(a))～(10.28(c))代入式(10.26)，有

$$J_e(u) = \frac{1}{2} \sum_{i,j=1}^{3} z_{ij} u_i u_j - \sum_{j=1}^{3} r_{fj} u_j - \sum_{j=1}^{3} r_{qj} u_j \qquad (10.29)$$

通常利用高斯求积法来计算式(10.28(b))和(10.28(c))中的 r_{fj} 和 r_{qj}，也可以采用一种较粗糙的近似求积方法。由于被积式中的

$$f \approx \bar{f} = \frac{1}{3}(f_1 + f_2 + f_3), \quad q \approx \bar{q} = \frac{1}{2}(q_2 + q_3)$$

因此有

$$r_{fj} = -\iint\limits_{\Delta e} f N_j(x, y) \mathrm{d}\sigma \approx -\bar{f} \iint\limits_{\Delta e} N_j(x, y) \mathrm{d}\sigma = -\frac{1}{3}\bar{f} \cdot d \qquad (j = 1, 2, 3)$$

$$(10.30(a))$$

$$r_{qj} = \int\limits_{\Gamma_2 \cap e} q N_j(x, y) \mathrm{d}s \approx \bar{q} \int\limits_{\Gamma_2 \cap e} N_j(x, y) \mathrm{d}s = \frac{1}{2}\bar{q} \cdot s_1 \qquad (j = 2, 3)$$

$$(10.30(b))$$

这里 s_1 为 Γ_2 与三角形单元 e 的交点，即顶点 2、3 之间的距离（如图 10.5 所示）

$$s_1 = \left[(x_2 - x_3)^2 + (y_2 - y_3)^2 \right]^{1/2}$$

【例 10.6】 求以下三角形单元（见图 10.6）的单元矩阵 $\mathbf{z}$ 和 $\mathbf{r}_f$，其中 $f = x + y$。

解　由图 10.6 可知，三角形三个顶点 1、2、3 的坐标分别为 $(0.5, 0.5)$、$(0, 0)$、$(1, 0)$。由于

$$z_{ij} = \frac{1}{4d}(b_i b_j + c_i c_j)$$

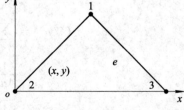

图 10.6

而根据式(10.24)，有

$$\begin{cases} b_1 = y_2 - y_3 = 0 - 0 = 0 \\ b_2 = y_3 - y_1 = 0 - 0.5 = -0.5 \\ b_3 = y_1 - y_2 = 0.5 - 0 = 0.5 \end{cases}, \quad \begin{cases} c_1 = x_3 - x_2 = 1 - 0 = 1 \\ c_2 = x_1 - x_3 = 0.5 - 1 = -0.5, \quad d = 0.25 \\ c_3 = x_2 - x_1 = 0 - 0.5 = -0.5 \end{cases}$$

因此有单元矩阵

$$z = \begin{bmatrix} 1 & -0.5 & -0.5 \\ -0.5 & 0.5 & 0 \\ -0.5 & 0 & 0.5 \end{bmatrix}$$

又由于 $f = x + y$，所以有

$$\bar{f} = \frac{1}{3}[(x_1 + y_1) + (x_2 + y_2) + (x_3 + y_3)] = \frac{1}{3}(1 + 0 + 1) = \frac{2}{3}$$

利用式(10.30(a))，有 $-r_{fj} = \frac{1}{3}\bar{f} \cdot d = \frac{1}{3} \times d \times \frac{2}{3} = \frac{1}{18}$。因此单元矩阵

$$-\boldsymbol{r}_f = \begin{bmatrix} \dfrac{1}{18} \\ \dfrac{1}{18} \\ \dfrac{1}{18} \end{bmatrix}$$

4. 建立顶点号与结点号的对应关系($V-n$ 关系)

为了将各单元的 $J_e(u)$ 按式(10.18)合成为总体的 $J(u)$，则需要给出各单元顶点编号与网格结点编号之间的对应关系。这里需要注意以下三个编号：

(1) 对三角形单元 e 进行单元编号，即 $e = 1$、2、$\cdots$、e_1、$e_1 + 1$、$e_1 + 2$、$\cdots$、e_0。编号时，要求先对有一条边在 Γ_2 上，且 $q \neq 0$ 的三角形单元进行编号，编号为 1、2、$\cdots$、e_1；其余三角形单元编号为 $e_1 + 1$、$e_1 + 2$、$\cdots$、e_0。

(2) 对各三角形单元顶点进行编号，即用 $V(e, i)$ 表示($e = 1, 2, \cdots, e_0$；$i = 1, 2, 3$)(按逆时针)，注意 Γ_2 边上的两个顶点号为 2、3。

(3) 对整个区域中的网格结点进行编号，即 $n = 1$、2、$\cdots$、n_1、$n_1 + 1$、$n_1 + 2$、$\cdots$、n_0。编号时，要求先对区域 D 内及边界 Γ_2 上的结点进行编号，编号为 1、2、$\cdots$、n_1；然后再对边界 Γ_1 上的结点进行编号，编号为 $n_1 + 1$、$n_1 + 2$、$\cdots$、n_0。

根据以上编号，可以建立顶点号与结点号的对应关系为 $V(e, i) = n$ 或 $V(e, j) = m$。

5. 综合集成和总体矩阵

将各单元的 $J_e(u)$ 按式(10.18)合成为总体的 $J(u)$，有

$$J(u) = \sum_{e=1}^{e_0} J_e(u) \xrightarrow[\text{对应}]{V-n} \frac{1}{2} \sum_{n, m=1}^{n_0} \boldsymbol{K}_{n, m} u_n u_m - \sum_{m=1}^{n_0} \boldsymbol{R}_{fm} u_m - \sum_{m \in \Gamma_2} \boldsymbol{R}_{qm} u_m \qquad (10.31)$$

其中，$\boldsymbol{K}$ 称为总体刚度矩阵，它与 $\boldsymbol{R}_f$、$\boldsymbol{R}_q$ 以及 u 都是由(10.29)式中的单元矩阵合成的。这样，$J(u)$ 就被离散化为二次多元函数 $J(u_1, \cdots, u_{n_1}, u_{n_1+1}, \cdots, u_{n_0})$，其中 $u_1, \cdots, u_{n_1}$ 为待求量，而 $u_{n_1+1}, \cdots, u_{n_0}$ 为边界上 Γ_1 的已知量。

因此泛函的极值函数(即泊松方程的解)对应于上式中的泛函变分为零的解，即令

$$\frac{\delta[J(u)]}{\delta u_l} = 0 \qquad (10.32)$$

根据变分原理有

$$\frac{\delta u_m}{\delta u_l} = \delta_{ml} = \begin{cases} 1 & (m = l) \\ 0 & (m \neq l) \end{cases} \qquad (10.33)$$

对式(10.31)等号中右边第一项取变分，得

$$\frac{\delta\left(\frac{1}{2}\sum\limits_{n,\,m=1}^{n_0} \boldsymbol{K}_{n,\,m}u_n u_m\right)}{\delta u_l} = \frac{1}{2}\sum_{n,\,m=1}^{n_0} \boldsymbol{K}_{n,\,m}(u_m\delta_{nl} + u_n\delta_{ml})$$

$$= \frac{1}{2}\left(\sum_{m=1}^{n_0} \boldsymbol{K}_{lm}u_m + \sum_{n=1}^{n_0} \boldsymbol{K}_{nl}u_n\right)$$

$$= \sum_{m=1}^{n_0} \boldsymbol{K}_{lm}u_m \tag{10.34}$$

上式的推导过程中用到了 $\boldsymbol{K}$ 是对称矩阵这一结论。将上式代入到式(10.32)中,可得

$$\frac{\delta[J(u)]}{\delta u_l} = \sum_{m=1}^{n_0} K_{lm}u_m - R_{fl} - R_{ql} = 0 \qquad (l = 1, 2, \cdots, n_1) \tag{10.35}$$

考虑到 Γ_1 上 u_{n_1+1},u_{n_1+2},$\cdots$,u_{n_0} 为已知,令

$$\sum_{m=n_1+1}^{n_0} K_{lm}u_m = -R_{ul} \qquad \text{(可计算出数值)} \tag{10.36}$$

根据式(10.35),则有

$$\sum_{m=1}^{n_1} K_{lm}u_m = R_{ul} + R_{fl} + R_{ql} \qquad (l = 1, 2, \cdots, n_1) \tag{10.37}$$

上式就是未知量 u_1,u_2,$\cdots$,u_{n_1} 所满足的线性方程组,并称为有限元方程。其中

$$K_{lm} = \sum_{e=1}^{e_0}\sum_{i,\,j=1}^{3} z(e,\,i,\,j) \left|\begin{array}{l} V(e,\,i) = l \leqslant n_1 \\ V(e,\,j) = m \leqslant n_1 \end{array}\right. \in D,\,\Gamma_2 \tag{10.38(a)}$$

$$R_{fl} = \sum_{e=1}^{e_0}\sum_{i=1}^{3} r_f(e,\,i) \left|\begin{array}{l} \\ V(e,\,i) = l \leqslant n_1 \end{array}\right. \tag{10.38(b)}$$

$$R_{ql} = \sum_{e=1}^{e_0}\sum_{i=2}^{3} r_q(e,\,i) \left|\begin{array}{l} \\ V(e,\,i) = l \leqslant n_1 \in \Gamma_2 \end{array}\right. \tag{10.38(c)}$$

6. 有限元方程的求解

线性方程组(10.37)的系数矩阵 $\boldsymbol{K}$ 具有正定、对称、稀疏和带状的特征,可采用 SOR 法求解。为此,将式(10.37)中左边 $m=l$ 的那一项保留,其余各项移到右边,则得异步法公式

$$u_l = \frac{1}{K_{ll}}\Big[R_l - \sum_{\substack{m=1 \\ m \neq l}}^{n_1} K_{lm}u_m\Big] \qquad (l = 1, 2, \cdots, n_1) \tag{10.39}$$

引入超松弛因子 ω,按照 SOR 法,把异步法公式改写为

$$u_l = \frac{\omega}{K_{ll}}\Big[R_l - \sum_{\substack{m=1 \\ m \neq l}}^{n_1} K_{lm}u_m\Big] + (1-\omega)u_l \qquad (1 < \omega < 2;\ l = 1, 2, \cdots, n_1)$$

$$\tag{10.40}$$

【例 10.7】 如图 10.7 所示,D 为边长为 1 的正方形区域,已知泊松方程和边界条件满足

$$\begin{cases} \dfrac{\partial^2 u}{\partial x^2} + \dfrac{\partial^2 u}{\partial y^2} = xy & (x,\, y \in D) \\[2mm] u(x,\, y)\,|_{(4)} = 0.4,\quad u(x,\, y)\,|_{(5)} = 0.5 & (x,\, y \in \Gamma_1) \\[2mm] \dfrac{\partial u}{\partial n}\bigg|_{\Gamma_2} = x + y & (x,\, y \in \Gamma_2) \end{cases}$$

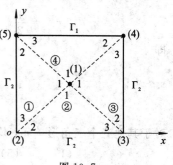

图 10.7

试求解区域中和边界 Γ_2 上的 u。

解 (1)区域剖分和单元、结点编号。

如图 10.7 所示,首先将区域划分为四个三角形单元,给每个三角形编号为①、②、③、④(注意按单元编号规则先编有一条边在 Γ_2 上的);每个三角形的三个顶点 1、2、3 按逆时针方向编号并注意 Γ_2 边上的两个顶点号为 2、3;网格结点(1)、(2)、(3)、(4)、(5)的编号顺序按先编 D 内及 Γ_2 上的进行。

(2)建立 $V-n$ 关系表。

V ╲ n ╲ e	①	②	③	④
$V(e,\,1)$	(1)	(1)	(1)	(1)
$V(e,\,2)$	(5)	(2)	(3)	(4)
$V(e,\,3)$	(2)	(3)	(4)	(5)

(3)建立单元矩阵。对于每个三角形,面积 $d = 0.25$。

对第①个三角形,有

$$\begin{cases} b_1 = y_2 - y_3 = 1 - 0 = 1 \\ b_2 = y_3 - y_1 = -0.5 \\ b_3 = y_1 - y_2 = 0.5 - 1 = -0.5 \end{cases}, \quad \begin{cases} c_1 = x_3 - x_2 = 0 - 0 = 0 \\ c_2 = x_1 - x_3 = 0.5 - 0 = 0.5 \\ c_3 = x_2 - x_1 = 0 - 0.5 = -0.5 \end{cases}$$

而 $z_{ij} = \dfrac{1}{4d}(b_i b_j + c_i c_j)$,因此有

$$z^{①} = \begin{bmatrix} 1 & -0.5 & -0.5 \\ -0.5 & 0.5 & 0 \\ -0.5 & 0 & 0.5 \end{bmatrix}$$

$$\overline{f}^{①} = \frac{1}{3}(x_1 y_1 + x_2 y_2 + x_3 y_3) = \frac{1}{3}(0.5^2 + 0 + 0) = \frac{1}{12}$$

因此有

$$-r_{fj}^{①} = \frac{1}{3}d \times \overline{f} = \frac{1}{3} \times 0.25 \times \frac{1}{12} \approx 0.007 \qquad (j = 1,\, 2,\, 3)$$

即

$$-r_f^{①} = \begin{bmatrix} 0.007 \\ 0.007 \\ 0.007 \end{bmatrix}$$

而

$$\overline{q}^{①} = \frac{1}{2}(x_2 + y_2 + x_3 + y_3) = \frac{1}{2}(0 + 1 + 0 + 0) = 0.5, \quad s_1 = 1$$

因此有

$$r_{qj}^{\textcircled{1}} = \frac{1}{2}s_1 \times \bar{q} = \frac{1}{2} \times 1 \times 0.5 = 0.25 \qquad (j = 2, 3)$$

即

$$\boldsymbol{r}_q^{\textcircled{1}} = \begin{bmatrix} 0 \\ 0.25 \\ 0.25 \end{bmatrix}$$

对于其他三个三角形单元，均可以得到类似以上的单元矩阵，经计算结果为

$$
\boldsymbol{z}^{\textcircled{1}} = \begin{matrix}
& (1) & (5) & (2) & \\
& \begin{bmatrix} 1 & -0.5 & -0.5 \\ -0.5 & 0.5 & 0 \\ -0.5 & 0 & 0.5 \end{bmatrix} & \begin{matrix} (1) \\ (5) \\ (2) \end{matrix}
\end{matrix}
\qquad
\boldsymbol{z}^{\textcircled{2}} = \begin{matrix}
& (1) & (2) & (3) & \\
& \begin{bmatrix} 1 & -0.5 & -0.5 \\ -0.5 & 0.5 & 0 \\ -0.5 & 0 & 0.5 \end{bmatrix} & \begin{matrix} (1) \\ (2) \\ (3) \end{matrix}
\end{matrix}
$$

$$
\boldsymbol{z}^{\textcircled{3}} = \begin{matrix}
& (1) & (3) & (4) & \\
& \begin{bmatrix} 1 & -0.5 & -0.5 \\ -0.5 & 0.5 & 0 \\ -0.5 & 0 & 0.5 \end{bmatrix} & \begin{matrix} (1) \\ (3) \\ (4) \end{matrix}
\end{matrix}
\qquad
\boldsymbol{z}^{\textcircled{4}} = \begin{matrix}
& (1) & (4) & (5) & \\
& \begin{bmatrix} 1 & -0.5 & -0.5 \\ -0.5 & 0.5 & 0 \\ -0.5 & 0 & 0.5 \end{bmatrix} & \begin{matrix} (1) \\ (4) \\ (5) \end{matrix}
\end{matrix}
$$

$$
-\boldsymbol{r}_f^{\textcircled{1}} = \begin{bmatrix} 0.007 \\ 0.007 \\ 0.007 \end{bmatrix} \begin{matrix} (1) \\ (5) \\ (2) \end{matrix}
\qquad
-\boldsymbol{r}_f^{\textcircled{2}} = \begin{bmatrix} 0.007 \\ 0.007 \\ 0.007 \end{bmatrix} \begin{matrix} (1) \\ (2) \\ (3) \end{matrix}
$$

$$
-\boldsymbol{r}_f^{\textcircled{3}} = \begin{bmatrix} 0.035 \\ 0.035 \\ 0.035 \end{bmatrix} \begin{matrix} (1) \\ (3) \\ (4) \end{matrix}
\qquad
-\boldsymbol{r}_f^{\textcircled{4}} = \begin{bmatrix} 0.035 \\ 0.035 \\ 0.035 \end{bmatrix} \begin{matrix} (1) \\ (4) \\ (5) \end{matrix}
$$

$$
\boldsymbol{r}_q^{\textcircled{1}} = \begin{bmatrix} 0 \\ 0.25 \\ 0.25 \end{bmatrix} \begin{matrix} (1) \\ (5) \\ (2) \end{matrix}
\quad
\boldsymbol{r}_q^{\textcircled{2}} = \begin{bmatrix} 0 \\ 0.25 \\ 0.25 \end{bmatrix} \begin{matrix} (1) \\ (2) \\ (3) \end{matrix}
\quad
\boldsymbol{r}_q^{\textcircled{3}} = \begin{bmatrix} 0 \\ 0.75 \\ 0.75 \end{bmatrix} \begin{matrix} (1) \\ (3) \\ (4) \end{matrix}
$$

（4）建立总体矩阵。按照 $V-n$ 对应关系表，根据式（10.38(a)）～（10.38(c)）及式（10.36），将单元矩阵合成为总体并得到总体矩阵

$$
\boldsymbol{K} = \begin{matrix}
& \overbrace{}^{\Gamma_1} \\
& \begin{bmatrix} 4 & -1 & -1 & -1 & -1 \\ -1 & 1 & 0 & 0 & 0 \\ -1 & 0 & 1 & 0 & 0 \\ -1 & 0 & 0 & 1 & 0 \\ -1 & 0 & 0 & 0 & 1 \end{bmatrix} \\
\Gamma_1 \{ &
\end{matrix}
\qquad
\boldsymbol{U} = \begin{bmatrix} u_1 \\ u_2 \\ u_3 \\ \hdashline u_4 \\ u_5 \end{bmatrix} \Big\} \Gamma_1
$$

$$
-\boldsymbol{R}_f = \begin{bmatrix} 0.084 \\ 0.014 \\ 0.042 \\ \hdashline 0.070 \\ 0.042 \end{bmatrix} \Big\} \Gamma_1
\qquad
\boldsymbol{R}_q = \begin{bmatrix} 0 \\ 0.5 \\ 1 \\ \hdashline 0.75 \\ 0.25 \end{bmatrix} \Big\} \Gamma_1
\qquad
\boldsymbol{R}_u = \begin{bmatrix} 0.9 \\ 0 \\ 0 \\ \hdashline -0.4 \\ -0.5 \end{bmatrix} \Big\} \Gamma_1
$$

所以有线性方程组

$$\boldsymbol{KU} = \begin{cases} 4u_1 - u_2 - u_3 - 0.9 = -0.084 \\ -u_1 + u_2 \quad\quad + 0 = 0.486 \\ -u_1 \quad\quad + u_3 \quad + 0 = 0.958 \\ -u_1 \quad\quad\quad + 0.4 = \\ -u_1 \quad\quad\quad + 0.5 = \end{cases}, \quad \boldsymbol{R} = \boldsymbol{R}_u + \boldsymbol{R}_q + \boldsymbol{R}_f = \begin{bmatrix} 0.816 \\ 0.486 \\ 0.958 \\ \hline 0.28 \\ -0.292 \end{bmatrix} \Big\} \Gamma_1$$

因此有

$$\boldsymbol{KU} = \begin{cases} 4u_1 - u_2 - u_3 = 0.816 \\ -u_1 + u_2 \quad\quad = 0.486 \\ -u_1 \quad\quad + u_3 = 0.958 \end{cases}$$

最终可以推出 $\begin{cases} u_1 = 1.130 \\ u_2 = 1.616 \\ u_3 = 2.088 \end{cases}$。

10.2.3　计算程序

下面我们讨论式(10.9)~(10.11)所满足的以下泊松方程定解问题

$$\begin{cases} \nabla^2 u = \dfrac{\partial^2 u}{\partial x^2} + \dfrac{\partial^2 u}{\partial y^2} = f(x, y) \quad\quad (x, y \in D) \\ u(x, y)\big|_{\Gamma_1} = u_0(x, y), \quad \dfrac{\partial u}{\partial n}\Big|_{\Gamma_2} = q(x, y) \end{cases}$$

在求解此问题时，我们首先按照规则将区域 D 剖分成有限个三角形单元，并进行编号，包括单元号 $e=1$、$\cdots$、e_1(有一个边在 Γ_2 上)、e_1+1、$\cdots$、e_0(其他)；各单元顶点编号 $V(e, i)(e=1, 2, \cdots, e_0; i=1, 2, 3)$(按逆时针)，注意 Γ_2 边上的两个顶点号为 2、3；网格结点编号 $n=1$、$\cdots$、n_1(D 内及 Γ_2 上)、n_1+1、$\cdots$、n_0(Γ_1 上)。然后建立顶点号与结点号的对应关系表 $V(e, i)=n$ 或 $V(e, j)=m$。

编程时应遵循以下顺序，即由输入信息、单元分析、综合集成到解有限元方程，最后输出计算结果。

主程序顺序如下：

(1) 输入信息。

```
integer e, e1, e0, v
real K
dimension xe(3), ye(3), rf(e0, 3), rq(e0, 3), z(e0, 3, 3),
          v(e0, 3), R(n1), K(n1, n1), x(n0), y(n0), u(n0)
```
(其中 xe(3)、ye(3) 为三角形单元顶点的横坐标和纵坐标)
```
data v/…/ (共有 3 * e0 个整数，按建立好的 V-n 关系，逐行打入数字 n)
data e0, e1, n0, n1/…/
```
结点坐标为 x(n)、y(n)，n=1，$\cdots$，n0，Γ_1 上的边值 u(n)=u0(xn, yn)，n=n1+1，$\cdots$，n0

（2）单元分析。

```
        do 11 e＝1, e0
```

计算 xe, ye, $\bar{f}$, $\bar{q}$

```
        f̄＝0, q̄＝0
        do 10 i＝1,3
        n＝v(e, i)
        xe(i)＝x(n)
        ye(i)＝y(n)
10      f̄＝f̄+f(xe, ye)/3
        if (e. gt. e1) goto 11
        q̄＝(q(xe(2), ye(2))＋ q(xe(3), ye(3)))/2.
```

计算 rf, rq, z

```
11      call element(e, e1, xe, ye, f̄, q̄, rf, rq, z)
```

（3）综合集成。

计算 K, R

```
        call asemble(e0, e1, n0, n1, v, rf, rq, z, u, K, R)
```

（4）解有限元方程（SOR 法，略）。

（5）输出结果（略）。

子程序如下：

（1）
```
        subroutine element(e, e1, xe, ye, f, q, rf, rq, z)    !计算单元矩阵 z、r_f、r_q
        integer e, e0, e1
        dimension xe(3), ye(3), b(3), c(3), rf(e0, 3), rq(e0, 3), z(e0, 3, 3)
        b(1)＝ye(2)－ye(3)
        b(2)＝ye(3)－ye(1)
        b(3)＝ye(1)－ye(2)
        c(1)＝xe(3)－xe(2)
        c(2)＝xe(1)－xe(3)
        c(3)＝xe(2)－xe(1)
        d＝0.5 * (b(1) * c(2)－b(2) * c(1))
        d＝abs(d)        !三角形单元面积
        do 8 i＝1, 3
        rf(e, i)＝(－1.) * d * f/3.
        do 8 j＝1, i
        z(e, i, j)＝0.25 * (b(i) * b(j)＋ c(i) * c(j))/d
8       z(e, j, i)＝ z(e, i, j)
        if (e. gt. e1) goto 9
        sl＝sqrt(b(1) * b(1)＋ c(1) * c(1))
        rq(e, 2)＝0.5 * sl * q
        rq(e, 3)＝0.5 * sl * q
9       return
        end
```

（2）

```
            subroutine asemble(e0, e1, n0, n1, v, rf, rq, z, u, K, R) ! 综合集成总体矩阵 K、R
            integer e, e1, e0, v
            real K
            dimension rf(e0, 3), rq(e0, 3), z(e0, 3, 3), v(e0, 3), R(n1), K(n1, n1), u(n0)
            do 4 n=1, n1
            do 4 m=1, n1
   4        K(n, m)=0
            do 14 e=1, e0
            do 14 i=1, 3
            n=v(e, i)
            if(i. eq. 1) goto 5
            do 11 j=1, i−1
            m=v(e, j)
            if(n−n1)6, 6, 9
   6        if(m−n1)7, 7, 8
   7        K(n, m)=K(n, m)+z(e, i, j)
            K(m, n)=K(m, n)+z(e, i, j)
            goto 11
   8        R(n)=R(n)−u(m)*z(e, i, j)
            goto 11
   9        if(m−n1)10, 10, 11
   10       R(m)=R(m)−u(n)*z(e, i, j)
   11       continue
   5        if(n−n1)12, 12, 14
   12       K(n, n)= K(n, n)+ z(e, i, i)
            R(n)=R(n)+rf(e, i)
            If(e−e1) 13, 13, 14
   13       R(n)=R(n)+rq(e, i)
   14       continue
            return
            end
```

【例 10.8】 如图 10.8 所示，区域 D 是内径为 6，外径为 10 的环形均匀带电板，外圆 Γ_1 上电势已知为常数，内圆 Γ_2 上的电场已知为常数。等效的泊松方程边值问题为

$$
\begin{cases}
\dfrac{\partial^2 u}{\partial x^2}+\dfrac{\partial^2 u}{\partial y^2}=4 \\[2mm]
u\,|_{\Gamma_1}=100, \quad \dfrac{\partial u}{\partial n}\Big|_{\Gamma_2}=-12
\end{cases}
$$

考虑到问题的对称性，取 $D/4$ 区域求解区域（D）＋边界（Γ）部分。按图 10.9 所示，进行区域划分，可划分为 16 个三角形单元，单元编号为各三角形单元中的数字标号，15 个网格结点坐标为 $x_{k+i}=r_k\cos\dfrac{i\pi}{8}$，$y_{k+i}=r_k\sin\dfrac{i\pi}{8}$（$k=1, 6, 11$；$i=0, 1, 2, 3, 4$），$r_1=6$，$r_6=8$，$r_{11}=10$。

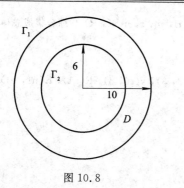

图 10.8

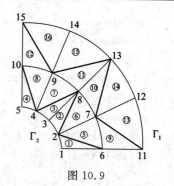

图 10.9

剖分参数为 e_0，e_1，n_0，$n_1/16$，4，15，10/。其中 e_1 是有一个边在 Γ_2 上的单元数，n_1 是 D 内和 Γ_2 上的结点数，e_0 是总单元数，n_0 是总结点数。$V-n$ 表对应如下：

$\dfrac{n\quad e}{v}$	1	2	3	4	5	6	7	8	9	10	11	12	13	14	15	16
$v(e, 1)$	6	8	8	10	2	2	4	4	6	7	8	9	7	7	9	9
$v(e, 2)$	2	3	4	5	6	7	8	9	11	13	13	15	11	12	13	14
$v(e, 3)$	1	2	3	4	7	8	9	10	7	8	9	10	12	13	14	15

利用单元分析得到的单元矩阵如下：

$$z_1 = \begin{bmatrix} 0.597 & 0.099 & -0.696 \\ 0.099 & 0.436 & -0.535 \\ -0.696 & -0.535 & 1.231 \end{bmatrix}$$

$$z_5 = \begin{bmatrix} 0.796 & -0.099 & -0.696 \\ -0.099 & 0.327 & -0.227 \\ -0.696 & -0.227 & 0.923 \end{bmatrix}$$

$$z_9 = \begin{bmatrix} 1.321 & -0.895 & -0.426 \\ -0.895 & 0.796 & 0.099 \\ -0.426 & 0.099 & 0.326 \end{bmatrix}$$

$$z_{13} = \begin{bmatrix} 0.995 & -0.099 & -0.895 \\ -0.099 & 0.261 & -0.162 \\ -0.895 & -0.162 & 1.056 \end{bmatrix}$$

需要说明的是，单元 1、2、3、4 的矩阵相同，用 z_1 表示；单元 5、6、7、8 的矩阵相同，用 z_5 表示；单元 9、10、11、12 的矩阵相同，用 z_9 表示；单元 13、14、15、16 的矩阵相同，用 z_{13} 表示。

通过综合集成得到总体矩阵 K 和 R，共有 15 个结点，其中最后 5 个结点上的 u 值是已知的（位于第一类边界）。所以矩阵 K 为 10×10 的对称方程，R 为 10×1 的列阵。

$$
K = \begin{bmatrix}
1.231 & -0.535 & 0 & 0 & 0 & -0.696 & 0 & 0 & 0 & 0 \\
-0.535 & 2.462 & -0.535 & 0 & 0 & 0 & -1.392 & 0 & 0 & 0 \\
0 & -0.535 & 2.462 & -0.535 & 0 & 0 & 0 & -1.392 & 0 & 0 \\
0 & 0 & -0.535 & 2.462 & -0.535 & 0 & 0 & 0 & -1.392 & 0 \\
0 & 0 & 0 & -0.535 & 1.231 & 0 & 0 & 0 & 0 & -0.696 \\
-0.696 & 0 & 0 & 0 & 0 & 2.245 & -0.653 & 0 & 0 & 0 \\
0 & -1.392 & 0 & 0 & 0 & -0.653 & 4.489 & -0.653 & 0 & 0 \\
0 & 0 & -1.392 & 0 & 0 & 0 & -0.653 & 4.489 & -0.653 & 0 \\
0 & 0 & 0 & -1.392 & 0 & 0 & 0 & -0.653 & 4.489 & -0.653 \\
0 & 0 & 0 & 0 & -0.696 & 0 & 0 & 0 & -0.653 & 2.25
\end{bmatrix}
$$

$$
R = \begin{bmatrix}
-17.107 \\
-42.380 \\
-34.216 \\
-42.380 \\
-17.107 \\
78.285 \\
152.488 \\
156.570 \\
152.488 \\
78.285
\end{bmatrix}
$$

解方程 $KU=R$，得到

$U = (38.851, 35.991, 38.851, 35.991, 38.851, 65.621, 64.230, 65.622, 64.230, 65.622)$

而本题的精确解为

$$U = (36, 36, 36, 36, 36, 64, 64, 64, 64, 64)$$

若把剖分的单元进一步变小，可以减少有限元的误差。

【例 10.9】 用有限元法编程求解二维拉普拉斯方程，如图 10.10 所示，试求解三角形区域中的电势。

$$
\begin{cases}
\dfrac{\partial^2 u}{\partial x^2} + \dfrac{\partial^2 u}{\partial y^2} = 0 \\
u(0,1) = 50, \; u(1,0) = 50 \\
u(x,y)\mid_{AB} = 100 \\
u(x,y)\mid_{BC} = u(x,y)\mid_{AC} = 0
\end{cases}
$$

解 （1）区域剖分和单元结点编号。利用剖分规则将图 10.10 求解区域，划分为 25 个三角形单元，网格结点为 21 个，如图 10.11 所示。三角形单元由于没有第二类边界，所以选取左下角为起始三角形单元，按照逆时针方向编号；同样结点按照逆时针方向编号且先编区域内的结点，再编边界上的结点；每个三角形顶点同样按逆时针方向编号为 1，2，3。剖分参数为 $e_0, e_1, n_0, n_1 / 25, 0, 21, 6 /$。

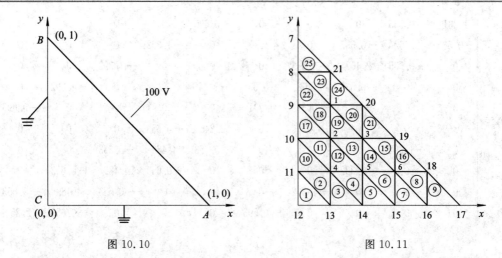

图 10.10   图 10.11

（2）建立以下 $V-n$ 关系表。

n＼e ＼v	1	2	3	4	5	6	7	8	9	10	11	12	13
$v(e, 1)$	11	4	4	5	5	6	6	18	18	10	2	2	3
$v(e, 2)$	12	11	13	4	14	5	15	6	16	11	10	4	2
$v(e, 3)$	13	13	14	14	15	15	16	16	17	4	4	5	5

n＼e ＼v	14	15	16	17	18	19	20	21	22	23	24	25
$v(e, 1)$	3	19	19	9	1	1	20	20	8	21	21	7
$v(e, 2)$	5	3	6	10	9	2	1	3	9	8	1	8
$v(e, 3)$	6	6	18	2	2	2	3	19	1	1	20	21

（3）建立单元矩阵。根据编号规则，将 21 个点的横、纵坐标分别输入，即按语句 data x/0.2, 0.2, 0.4, 0.2, 0.4, 0.6, 0.0, 0.0, 0.0, 0.0, 0.0, 0.0, 0.2, 0.4, 0.6, 0.8, 1.0, 0.8, 0.6, 0.4, 0.2/, data y /0.6, 0.4, 0.4, 0.2, 0.2, 0.2, 1.0, 0.8, 0.6, 0.4, 0.2, 0.0, 0.0, 0.0, 0.0, 0.0, 0.0, 0.2, 0.4, 0.6, 0.8/。已知边界上结点的 u 的值为 $u(7)=50.$，$u(8)=0.$，$u(9)=0.$，$u(10)=0.$，$u(11)=0.$，$u(12)=0.$，$u(13)=0.$，$u(14)=0.$，$u(15)=0.$，$u(16)=0.$，$u(17)=50.$，$u(18)=100.$，$u(19)=100.$，$u(20)=100.$，$u(21)=100.$。

由于拉普拉斯方程 $f=0$，边界条件 $q=0$，所以 **rf**、**rq** 都为 0。运用本节的计算程序，可以计算单元矩阵 **z**，这里就不列出了，由读者自行计算。

（4）建立总体矩阵并求解。按照 $V-n$ 关系表，将单元矩阵合成为总体

$$K = \begin{bmatrix} 4.000 & -1.000 & 0 & 0 & 0 & 0 \\ -1.000 & 4.000 & -1.000 & -1.000 & 0 & 0 \\ 0 & -1.000 & 4.000 & 0 & -1.000 & 0 \\ 0 & -1.000 & 0 & 4.000 & -1.000 & 0 \\ 0 & 0 & -1.000 & -1.000 & 4.000 & -1.000 \\ 0 & 0 & 0 & 0 & -1.000 & 4.000 \end{bmatrix}, \quad R = \begin{bmatrix} 200 \\ 0 \\ 200 \\ 0 \\ 0 \\ 200 \end{bmatrix}$$

因此有

$$
u = \begin{bmatrix} 59.09090 \\ 36.36362 \\ 68.18181 \\ 18.18181 \\ 36.36363 \\ 59.09090 \end{bmatrix}
$$

即为内部六点对应的电势。

需要说明的是式(10.9)～(10.11)所满足的定解问题等价于泛函式(10.12)加第一类边界条件的极值解函数,例 10.4 中的边值问题同样可以通过类似例 10.7 中的有限元方法求解出泊松方程的解。

10.3 扩散方程的有限元方法

以下讨论二维扩散方程的定解问题

$$
\begin{cases}
\dfrac{\partial u}{\partial t} = D\nabla^2 u + f(x, y) & (x, y \in D) \tag{10.41} \\[2mm]
u = (x, y, t)\,|_{t=0} = u_0(x, y) & (x, y \in D) \tag{10.42} \\[2mm]
u\,|_\Gamma = 0 & (x, y \in \Gamma) \tag{10.43}
\end{cases}
$$

设 v 为任意函数,算子 $\iint v \cdot (\ )\mathrm{d}\sigma = \iint v \cdot (\ )\mathrm{d}x\mathrm{d}y$ 作用于式(10.41)并利用格林公式式(10.15)和边界条件式(10.43)可得

$$
\iint_D \frac{\partial u}{\partial t} v \mathrm{d}\sigma + \iint_D D\nabla u \cdot \nabla v \mathrm{d}\sigma = \iint_D f v \mathrm{d}\sigma \tag{10.44}
$$

将区域 D 剖分为有限个三角形单元。类似于式(10.21),在每个单元内 $u(x, y, t)$ 用三个基函数展开。整个区域 D 上的 u 被表示成一组基函数 $\{\phi_i\}$ 的展开,即

$$
u(x, y, t) = \sum_i \alpha_i(t)\phi_i(x, y) \tag{10.45}
$$

这里时间 t 作为参数处理。在(10.44)式中,令 $v=\phi_i$,而 u 用式(10.45)代入,可以得到展开系数 $\alpha(t)$ 所满足的常微分方程组

$$
M\frac{\mathrm{d}\alpha}{\mathrm{d}t} + K\alpha = f \tag{10.46}
$$

这里 M、K 为方阵,α、f 为列阵,其中

$$
M_{ij} = \iint_D \phi_i\phi_j\mathrm{d}\sigma, \quad K_{ij} = D\iint_D \nabla\phi_i \cdot \nabla\phi_j\mathrm{d}\sigma, \quad f_i = \iint_D f\phi_i\mathrm{d}\sigma \tag{10.47}
$$

为了求解方程(10.46),需要知道 $\alpha(0)$ 的初始条件。将式(10.45)代入式(10.42)并将 $\iint \phi_j \cdot (\ )\mathrm{d}\sigma$ 作用于式(10.42),可以得到关于 $\alpha(0)$ 的线性方程组

$$
M\alpha(0) = \beta \tag{10.48}
$$

其中列阵 $\boldsymbol{\beta} = \iint\limits_{D} u_0 \phi_i \mathrm{d}\sigma$。这样有限元法将扩散方程的定解（边值）问题转化为式（10.46）和式（10.48）。采用二级欧拉法求解 $\alpha(t)$。设时间步长为 τ，则有

$$\alpha(t) \approx \alpha(t-\tau) + \frac{\tau}{2}\left[\frac{\mathrm{d}\alpha(t)}{\mathrm{d}t} + \frac{\mathrm{d}\alpha(t-\tau)}{\mathrm{d}t}\right] \tag{10.49}$$

或者

$$\frac{\mathrm{d}\alpha(t)}{\mathrm{d}t} = -\frac{\mathrm{d}\alpha(t-\tau)}{\mathrm{d}t} + \frac{2}{\tau}\left[\alpha(t) - \alpha(t-\tau)\right] \tag{10.50}$$

将上式代入到式（10.46）的左边，可得

$$\left(K + \frac{2}{\tau}M\right)\alpha(t) = M\left[\frac{2}{\tau}\alpha(t-\tau) + \frac{\mathrm{d}\alpha(t-\tau)}{\mathrm{d}t}\right] + f \tag{10.51}$$

利用式（10.46），可由 $\alpha(t-\tau)$ 求得 $\dfrac{\mathrm{d}\alpha(t-\tau)}{\mathrm{d}t}$，再由式（10.51）得 $\alpha(t)$。

10.4 波动方程的有限元方法

设二维波动方程的定解（边值）问题为

$$\begin{cases} \dfrac{\partial^2 u}{\partial t^2} = D\nabla^2 u + f(x, y) & (x, y \in D) \tag{10.52} \\[2mm] u(x, y, t)\big|_{t=0} = u_0(x, y), \quad \dfrac{\partial u}{\partial t}\bigg|_{t=0} = R(x, y) & (x, y \in D) \tag{10.53} \\[2mm] u\big|_\Gamma = 0 & (x, y \in \Gamma) \tag{10.54} \end{cases}$$

参照上一节的方法，把区域离散化，并将 u 按照基函数 $\{\phi_i\}$ 展开，即式（10.45），将其代入偏微分方程式（10.52），可得关于展开系数的二阶常微分方程组的初值问题，即

$$M\frac{\mathrm{d}^2\boldsymbol{\alpha}}{\mathrm{d}t^2} + K\boldsymbol{\alpha} = f \tag{10.55}$$

$$M\boldsymbol{\alpha}(0) = \boldsymbol{\beta}, \quad M\frac{\mathrm{d}\boldsymbol{\alpha}(0)}{\mathrm{d}t} = r \tag{10.56}$$

方阵 M、K，列阵 $\boldsymbol{\alpha}$、f 的定义式与上节相同，而列阵 r 的定义式为

$$r = \iint\limits_{D} R\phi_i\,\mathrm{d}\sigma \tag{10.57}$$

将时间离散化，通过逐步积分可求得式（10.55）、（10.56）的数值解。

值得指出的是，顺应工程领域各类物理问题日益发展的分析需要，有限元法的内涵也在不断拓展。如在流体力学里通过加权余量法导出的伽辽金方法或最小二乘法同样得到了有限元方程，这样有限元方法不再局限于变分原理，即不必求出待求物理场与泛函极值问题间的对应关系，而可应用加权余量法直接导出与任何微分方程型数学模型相关联的有限元方程。

以下对第八章中的有限差分方法和本章中的有限元方法进行一个简单的比较。

首先，两种数值方法在处理物理问题时方法不同。有限差分法从物理模型出发，建立相应的偏微分方程及定解条件，然后通过网格划分将偏微分方程的求解离散为差分方程组的数值求解。有限元法则是基于数学上的变分原理，将所要求解的物理问题化为对泛函求

极值的一个变分问题，再利用差分法中的区域划分离散化方法，通过元素划分所构造的插值函数，将求解连续的变分方程离散化为求解线性方程组。

其次，区域离散化的方法有所不同。有限差分法通常采用规则的矩形网格划分，较难实现网络结点在区域中的配置与边界的良好逼近，而有限元法通常为三角形单元划分，在区域中结点的配置是相当任意的，其配置方式可根据边界条件来选择。边界较复杂时，可选择结点就在边界上。

另外，用有限元法求解物理问题时，它是用统一的观点对区域内的结点和边界结点列出计算格式，这就使得各结点的计算精度总体上较为协调，而有限差分法则是孤立地对偏微分方程及定解条件分别列差分方程组，因而各结点精度总体上不够一致。有限元法对计算机内存需求大，输入的数据量也较大。很多问题目前还不能用有限元法，但有限差分法却能解决，特别是在处理规则边界时，常采用有限差分法。目前在求解椭圆形偏微分方程时，有限元法已超过有限差分法应用，有限元法也用于抛物形偏微分方程求解，但对双曲形偏微分方程求解，有限元法则使用较少。

习　题　十

10.1　完成例 10.7 的编程计算。

10.2　如图 10.12 所示，区域 D 为内径为 6，外径为 10 的环形（$\alpha=45°$）均匀带电平板，外圆 Γ_1 的电势为已知常数，内圆 Γ_2 的电场为已知常数，等效的泊松方程边值问题为

$$\begin{cases} \dfrac{\partial^2 u}{\partial x^2} + \dfrac{\partial^2 u}{\partial y^2} = 4 \\ u(x,\ y)\big|_{\Gamma_1} = 100,\quad \dfrac{\partial u}{\partial n}\bigg|_{\Gamma_2} = -12 \end{cases}$$

试利用有限元方法求解区域中和边界 Γ_2 上的 u。

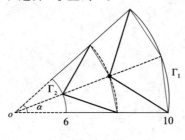

图 10.12

10.3　完成例 10.8 的编程计算。

10.4　已知定解问题

$$\begin{cases} \dfrac{\partial^2 u}{\partial x^2} + \dfrac{\partial^2 u}{\partial y^2} = 0 \qquad (0 < x < 1,\ 0 < y < 1) \\ u(x,\ y)\big|_{\substack{x=0 \\ 0<y<1}} = u(x,\ y)\big|_{\substack{y=0 \\ 0 \leqslant x \leqslant 1}} = 0 \\ u(x,\ y)\big|_{\substack{y=1 \\ 0 \leqslant x \leqslant 1}} = 10 \\ \dfrac{\partial u}{\partial n}\bigg|_{\substack{x=0 \\ 0<y<1}} = 0 \end{cases}$$

单元划分如图 10.13 所示，试利用有限元方法求解区域中 A 点和边界 Γ_2 上 B 点的 u 值。

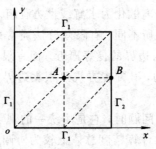

图 10.13

10.5　试采用有限元方法数值求解正方形区域中（$0 \leqslant x \leqslant 1$，$0 \leqslant y \leqslant 1$）的拉普拉斯方程

$$\begin{cases} \dfrac{\partial^2 u}{\partial x^2} + \dfrac{\partial^2 u}{\partial y^2} = 0 \\[2mm] u(x,\ y)\ \big|_{\substack{y=0 \\ 0 \leqslant x \leqslant 1}} = u(x,\ y)\ \big|_{\substack{y=1 \\ 0 \leqslant x \leqslant 1}} = 0 \\[2mm] u(x,\ y)\ \big|_{\substack{x=0 \\ 0 < y < 1}} = u(x,\ y)\ \big|_{\substack{x=1 \\ 0 < y < 1}} = 1 \end{cases}$$

10.6　完成例 10.9 的编程计算。

第十一章　泊松方程的边界元方法

　　边界元方法是在边界积分方程的基础上建立起来的近似方法。该方法与有限差分方法和有限元方法不同，边界元方法的结点只分布在区域的边界上，以定义在边界上的边界积分方程为控制方程，通过对边界分元插值离散，化为代数方程组求解。它与基于偏微分方程的区域解法相比，降低了问题的维数，减少了求解的计算量，边界的离散也比区域的离散方便得多，可用较简单的单元准确地模拟边界形状，最终得到阶数较低的线性代数方程组。本章从边界积分方程出发，主要讨论泊松方程的边界元解法，给出了单一边界下的边界元计算程序。

11.1　边界积分方程

11.1.1　面积分化为边界积分

　　定理 11.1　若 $u(x, y)$ 和 $u^*(x, y)$ 是定义在平面域 D 上的两个任意函数，它们在边界 Γ 外法线上的导数分别为 $q = \dfrac{\partial u}{\partial n}\Big|_\Gamma$，$q^* = \dfrac{\partial u^*}{\partial n}\Big|_\Gamma$（如图 11.1 所示），则有

$$\iint\limits_{D} (u^* \nabla^2 u - u \nabla^2 u^*) \, d\sigma = \int_\Gamma (u^* q - u q^*) \, ds \tag{11.1}$$

　　证明　由格林公式可知

$$\iint\limits_{D} u^* \nabla^2 u \, d\sigma = \int_\Gamma u^* \frac{\partial u}{\partial n} \, ds - \iint\limits_{D} \nabla u^* \cdot \nabla u \, d\sigma \tag{11.2(a)}$$

$$\iint\limits_{D} u \nabla^2 u^* \, d\sigma = \int_\Gamma u \frac{\partial u^*}{\partial n} \, ds - \iint\limits_{D} \nabla u \cdot \nabla u^* \, d\sigma \tag{11.2(b)}$$

由式(11.2(b))～(11.2(a))即可得到式(11.1)。

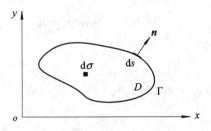

图 11.1　边界积分示意图

11.1.2　关于 δ 函数的基本知识

1. δ 函数的定义

满足关系式

$$\delta(x) = \begin{cases} 0 & (x \neq 0) \\ \infty & (x = 0) \end{cases}, \quad \int_{-\infty}^{\infty} \delta(x) \mathrm{d}x = 1$$

的函数称为 δ 函数。δ 函数的一个基本性质是对于一个连续函数 $f(x)$ 都有

$$\int_{-\infty}^{\infty} f(x)\delta(x)\mathrm{d}x = f(0)$$

2. 定义在平面域上的函数

定义在平面域上的函数，有

$$\frac{1}{2\pi}\nabla^2 \ln r = \delta(r)$$

其中，r 为动点到定点的距离（如图 11.2 所示）。以下对上式作一简单说明。

在平面极坐标系中有

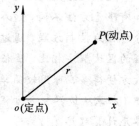

图 11.2　r 定义示意图

$$\nabla^2 \ln r = \frac{\mathrm{d}^2}{\mathrm{d}r^2}\ln r + \frac{1}{r}\frac{\mathrm{d}}{\mathrm{d}r}\ln r$$

（1）若 $r \neq 0$，则 $\nabla^2 \ln r = -\dfrac{1}{r^2} + \dfrac{1}{r^2} = 0$；

（2）若 $r = 0$，则 $\nabla^2 \ln r = \infty$；

（3）计算 $\iint\limits_{D} \nabla^2 \ln r \, \mathrm{d}\sigma$，其中 D 是包含定点（i 点）的任意区域（如图 11.3 所示）。

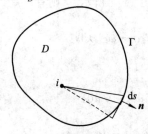

图 11.3　边界的积分示意图

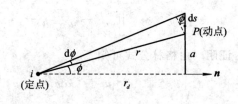

图 11.4　积分的局部示意图

由图 11.4 所示可知

$$\iint\limits_{D} \nabla^2 \ln r \, \mathrm{d}\sigma = \oint_{\Gamma} \frac{\partial \ln r}{\partial n}\mathrm{d}s \tag{11.3}$$

由于

$$\frac{\partial \ln r}{\partial n} = \frac{\mathrm{d}\ln r}{\mathrm{d}r}\frac{\partial r}{\partial n} = \frac{1}{r}\frac{\partial r}{\partial n}$$

而

$$\frac{\partial r}{\partial n} = \frac{\partial r}{\partial r_d}\frac{\mathrm{d}r_d}{\mathrm{d}n} = \frac{r_d}{(r_d^2 + a^2)^{1/2}} = \cos\phi$$

所以有

$$\frac{\partial \ln r}{\partial n} = \frac{1}{r}\frac{\partial r}{\partial n} = \frac{1}{r}\cos\phi$$

代入式(11.3)可得

$$\iint\limits_{D} \nabla^2 \ln r \, d\sigma = \oint\limits_{\Gamma} \frac{\partial \ln r}{\partial n} \, ds = \oint\limits_{\Gamma} \frac{1}{r}\cos\phi \, ds = \oint\limits_{\Gamma} \frac{1}{r}r \, d\phi = 2\pi \tag{11.4}$$

根据式(11.1)~(11.3)的结果可知

$$\frac{1}{2\pi}\nabla^2 \ln r = \begin{cases} \infty & (r = 0) \\ 0 & (r \neq 0) \end{cases} \tag{11.5(a)}$$

$$\iint\limits_{D} \frac{1}{2\pi}\nabla^2 \ln r \, d\sigma = 1 \tag{11.5(b)}$$

11.1.3 边界积分方程

设 $u^* = \ln r$，则有

$$\nabla^2 u^* = 2\pi\delta(r) \tag{11.6}$$

而根据泊松方程有

$$\nabla^2 u = f(x, y) \tag{11.7}$$

将式(11.6)和式(11.7)代入式(11.1)，有

$$2\pi\iint\limits_{D} u\delta(r)d\sigma = \int_{\Gamma} (uq^* - u^*q)ds + \iint\limits_{D} fu^* d\sigma \tag{11.8}$$

其中 $r = |\boldsymbol{r}_P - \boldsymbol{r}_i|$，$P$ 为边界上的动点。令上式中等号右边第二项为

$$B_i = \iint\limits_{D} fu^* d\sigma = \iint\limits_{D} f \ln(|\boldsymbol{r}_P - \boldsymbol{r}_i|)d\sigma \tag{11.9}$$

式(11.9)可以通过高斯求积法获得，而对于式(11.8)中等号左边可以表示为

$$2\pi\iint\limits_{D} u\delta(r)d\sigma = 2\pi\iint\limits_{D} u\delta(|\boldsymbol{r}_P - \boldsymbol{r}_i|)d\sigma = C_i u(\boldsymbol{r}_i) \tag{11.10}$$

如图 11.5 所示，上式中的系数 C_i 定义为

$$C_i = \begin{cases} 2\pi & (i \in D) \\ \pi & (i \in \Gamma \text{光滑点}) \\ \theta & (i \in \Gamma \text{角点}) \end{cases} \tag{11.11}$$

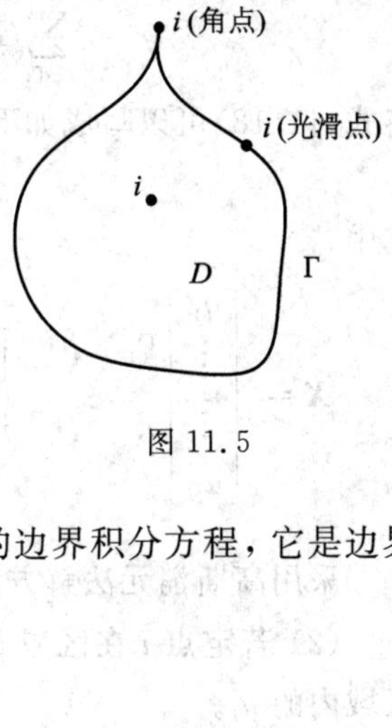

将式(11.9)和式(11.10)代入式(11.8)，可得

$$C_i u_i = \int_{\Gamma} (uq^* - qu^*)ds + B_i \tag{11.12}$$

图 11.5

因为 u^* 和 q^* 是已知的，所以上式给出了区域 D 和边界 Γ 上任意一点与边界 Γ 上的 u、q 之间的关系。这就是与泊松方程对应的边界积分方程，它是边界元法的基础。

11.2 边界元近似

11.2.1 常数边界元近似

为了计算(11.12)式中的边界积分,将边界 Γ 分成 N 段,假设在每一段上 u、q 近似为常数并等于该段中点处的值。对于给定的点 i,(11.12)式可离散为

$$C_i u_i \approx \sum_{j=1}^{N} \left\{ u_j \int_{\Gamma_j} q^* \, ds - q_j \int_{\Gamma_j} u^* \, ds \right\} + B_i \tag{11.13}$$

令

$$H_{ij} = \int_{\Gamma_j} q^* \, ds - C_j \delta_{ij}, \quad G_{ij} = \int_{\Gamma_j} u^* \, ds \tag{11.14}$$

H_{ij} 和 G_{ij} 均可以通过计算得到,式(11.13)可重写为

$$C_i u_i \approx \sum_{j=1}^{N} \{ H_{ij} u_j - G_{ij} q_j \} + B_i \tag{11.15}$$

11.2.2 边界元方程

(1) 若定点 i 在边界 Γ 上($C_i = \pi$),则 u_i 必定是 $\{u_j\}$ 中的一个。式(11.15)可转化成

$$\sum_{j=1}^{N} G_{ij} q_j = \sum_{j=1}^{N} H_{ij} u_j + B_i \qquad (i = 1, 2, \cdots, N) \tag{11.16}$$

可见上式为一个 $N \times N$ 的线性方程组。

以下针对式(10.9)～(10.11)所满足的泊松方程定解问题进行边界元方法的介绍。这里 Γ 由 Γ_1 和 Γ_2 组成,$u|_{\Gamma_1} = u_0$,$q|_{\Gamma_2} = q_0$。可以将式(11.16)表示为

$$\sum_{j \in \Gamma_1} G_{ij} q_j + \sum_{j \in \Gamma_2} G_{ij} q_j = \sum_{j \in \Gamma_1} H_{ij} u_j + \sum_{j \in \Gamma_2} H_{ij} u_j + B_i \tag{11.17}$$

显然,上式当中当 $j \in \Gamma_1$ 时,q_j 是未知的,而 u_j 已知的;当 $j \in \Gamma_2$ 时,q_j 是已知的,而 u_j 是未知的。将上式中含未知量的项移到等号左端,而将已知项移到等号右端可得

$$\sum_{j \in \Gamma_1} G_{ij} q_j - \sum_{j \in \Gamma_2} H_{ij} u_j = \sum_{j \in \Gamma_1} H_{ij} u_j - \sum_{j \in \Gamma_2} G_{ij} q_j + B_i \tag{11.18}$$

将式(11.18)可以写成如下矩阵形式

$$\boldsymbol{AX} = \boldsymbol{R} \tag{11.19}$$

其中,

$$\boldsymbol{X} = \begin{bmatrix} q_1 \\ \vdots \\ \vdots \\ u_N \end{bmatrix} \begin{matrix} \Gamma_1 \\ \\ \Gamma_2 \end{matrix}, \quad \boldsymbol{A} = \begin{bmatrix} G_{ij} & | & -H_{ij} \end{bmatrix}, \quad \boldsymbol{R} = \begin{bmatrix} H_{ij} & | & -G_{ij} \end{bmatrix} \begin{bmatrix} u_1 \\ \vdots \\ \vdots \\ q_N \end{bmatrix} \begin{matrix} \Gamma_1 \\ \\ \Gamma_2 \end{matrix} + \begin{bmatrix} B_1 \\ \vdots \\ \vdots \\ B_N \end{bmatrix}$$
$$\qquad\qquad\qquad\qquad j \in \Gamma_1 \quad j \in \Gamma_2 \qquad j \in \Gamma_1 \quad j \in \Gamma_2$$

采用高斯消元法解方程(11.19),可求得 $u|_{\Gamma_2}$ 和 $q|_{\Gamma_1}$。

(2) 若定点 i 在区域 D 内($C_i = 2\pi$),根据式(11.15)和已经求出的 $u|_{\Gamma}$ 和 $q|_{\Gamma}$,可求得区域内的 u_i。

11.2.3 矩阵 H、G 和 B 的计算

1. H_{ii} 和 G_{ii} 的计算

如图 11.6 所示，在某一段边界元 Γ_i 上取一段线元 ds，其法向为 n。当 Γ_i 较小时，可认为 n 与该边界元垂直，即图中的 r 不随 n 变化，故积分

$$\int_{\Gamma_i} q^* \, ds = \int_{\Gamma_i} \frac{\partial \ln r}{\partial n} ds = \int_{\Gamma_i} \frac{\partial \ln r}{\partial n} \, dr = 0$$

因此有

$$H_{ii} = -C_i = -\pi \quad (i \in \Gamma \text{ 光滑点}) \tag{11.20}$$

$$G_{ii} = \int_{\Gamma_i} u^* \, ds = \int_{\Gamma_i} \ln r \, ds = 2 \int_0^{\frac{s_i}{2}} \ln r \, dr$$

$$= s_i \left(\ln \frac{s_i}{2} - 1 \right) \tag{11.21}$$

其中，s_i 为线元 Γ_i 的长度。

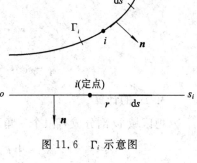

图 11.6 Γ_i 示意图

2. H_{ij} 和 G_{ij} 的计算

如图 11.7 所示，r_d 是由点 i 到线元 Γ_j 的距离，与 n 同向为正，反向为负。规定外边界 Γ 为逆时针走向，内边界 Γ 为顺时针走向（n 与 Γ 方向满足右手螺旋法则），如图 11.8 所示。

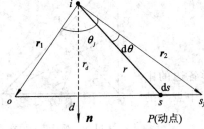

图 11.7 法线方向与相关变量的定义　　图 11.8 边界 Γ 的走向

利用类似式（11.4）的推导可得

$$H_{ij} = \int_{\Gamma_j} q^* \, ds = \int_{\Gamma_j} \frac{\partial \ln r}{\partial n} ds = \frac{r_d}{|r_d|} \theta_j = \pm \theta_j \tag{11.22}$$

式中，θ_j 是区域内定点 i 到线元 Γ_j 的张角（即关于动点 j 在线元始、末点所张开的角），d 是 r_d 的垂足到 Γ_j 起点的距离。

$$G_{ij} = \int_{\Gamma_j} u^* \, ds = \int_0^{s_j} \ln r \, ds \tag{11.23}$$

由于 $r^2 = r_d^2 + (s - d)^2$，代入上式后可得

$$G_{ij} = \int_0^{s_j} \ln r \, ds = \frac{1}{2} \int_0^{s_j} \ln[r_d^2 + (s - d)^2] \, ds$$

$$= (s_j - d) \ln r_2 + d \ln r_1 - s_j + |r_d| \theta_j \tag{11.24}$$

式（11.23）和式（11.24）中的 d、θ_j、s_j、r_1、r_2、r_d 可由定点 i 坐标 (x_i, y_i) 和 Γ_j 两端点坐标

(x_1, y_1)、(x_2, y_2)计算求得，即

$$r_1 = (x_1 - x_i)\boldsymbol{i} + (y_1 - y_i)\boldsymbol{j}$$

$$r_2 = (x_2 - x_i)\boldsymbol{i} + (y_2 - y_i)\boldsymbol{j}$$

$$r_{21} = (x_2 - x_1)\boldsymbol{i} + (y_2 - y_1)\boldsymbol{j}$$

$$|\boldsymbol{r}_{21}| = s_j, \quad d = -\boldsymbol{r}_1 \cdot \frac{\boldsymbol{r}_{21}}{s_j}$$

$$r_d = \boldsymbol{r}_1 \cdot \boldsymbol{n}, \quad \boldsymbol{n} = \frac{(y_2 - y_1)\boldsymbol{i} + (x_1 - x_2)\boldsymbol{j}}{s_j}$$

$$\theta_j = \cos^{-1} \frac{\boldsymbol{r}_1 \cdot \boldsymbol{r}_2}{|\boldsymbol{r}_1| \cdot |\boldsymbol{r}_2|}$$

3. B_i 的计算

把区域 D 剖分成有限个三角形单元，利用高斯求积法计算各单元的积分，即

$$B_i = \iint_D f u^* \, d\sigma = \iint_D f \ln r d\sigma = \sum_e \iint_{\Delta e} f \ln r d\sigma \tag{11.25}$$

需要说明的是，当泊松方程的边界条件全部为第一类或第二类边界条件时，可直接利用式(11.16)计算出边界上未知的 q 或 u，进而根据式(11.15)计算出区域 D 内的 u。当然，矩阵 $\boldsymbol{H}$、$\boldsymbol{G}$ 的计算方法不变。

【例 11.1】 设有泊松方程的混合边值问题（如图 11.9 所示）

$$\begin{cases} \dfrac{\partial^2 u}{\partial x^2} + \dfrac{\partial^2 u}{\partial y^2} = 0 & (x, y \in D) \\ u\big|_{斜边、底边} = 2y, \quad \dfrac{\partial u}{\partial n}\bigg|_{左边} = 0 \end{cases}$$

取每个边为边界元。图中①、②、③三点为三角形各边的中点。试写出边界积分方程并采用常数边界法计算图中点③的电势和①、②两点的电量。

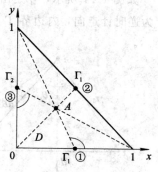

图 11.9 例 11.1 示意图

解 取每个边即为边界元。

(1) 计算对角线元素 H_{ii}、G_{ii}。根据式(11.20)和(11.21)，有

$$H_{11} = H_{22} = H_{33} = -\pi = -3.142$$

$$G_{11} = 1 \cdot \left(\ln \frac{1}{2} - 1\right) = -1.693 = G_{33}$$

$$G_{22} = \sqrt{2}\left(\ln \frac{\sqrt{2}}{2} - 1\right) = -1.904$$

计算非对角线元素 H_{ij}、$G_{ij}(i \neq j)$。根据式(11.22)有

$$H_{21} = \frac{\pi}{2} = 1.571$$

$$H_{31} = \tan^{-1} 2 \approx 1.107$$

$$H_{12} = \pi - \tan^{-1} 2 = 2.035$$

$$H_{13} = H_{31} = 1.107$$

$$H_{23} = \frac{\pi}{2} = 1.571$$

$$H_{32} = H_{12} = 2.035$$

显然 $H_{ij} \neq H_{ji}$。因此有

$$
\begin{array}{cc}
H & u \\
\begin{bmatrix} -3.142 & 2.035 & \vdots & 1.107 \\ 1.571 & -3.142 & \vdots & 1.571 \\ 1.107 & 2.035 & \vdots & -3.142 \end{bmatrix} & \begin{bmatrix} 0 \\ 1 \\ u_3 \end{bmatrix} \begin{matrix} \Gamma_1 \\ \\ \Gamma_2 \end{matrix}
\end{array}
$$

$$\Gamma_1 \qquad\qquad \Gamma_2$$

而根据式(11.24)有 $G_{31} = (1-0)\ln\sqrt{1.25} - 1 + 0.5 \times 1.107 = -0.335$，$G_{ij} \neq G_{ji}$，经过计算可得

$$
\begin{array}{cc}
G & q \\
\begin{bmatrix} -1.693 & -0.822 & \vdots & -0.335 \\ -0.561 & -1.904 & \vdots & -0.561 \\ -0.335 & -0.822 & \vdots & -1.693 \end{bmatrix} & \begin{bmatrix} q_1 \\ q_2 \\ 0 \end{bmatrix} \begin{matrix} \Gamma_1 \\ \\ \Gamma_2 \end{matrix}
\end{array}
$$

$$\Gamma_1 \qquad\qquad \Gamma_2$$

（2）形成方程 $\boldsymbol{AX} = \boldsymbol{R}$。根据式(11.19)有

$$
\begin{bmatrix} G_{ij} & \vdots & -H_{ij} \\ j \in \Gamma_1 & & j \in \Gamma_2 \end{bmatrix}
\begin{bmatrix} q_1 \\ q_2 \\ u_3 \end{bmatrix} \begin{matrix} \Gamma_1 \\ \\ \Gamma_2 \end{matrix}
=
\begin{bmatrix} H_{ij} & \vdots & -G_{ij} \\ j \in \Gamma_1 & & j \in \Gamma_2 \end{bmatrix}
\begin{bmatrix} 0 \\ 1 \\ 0 \end{bmatrix} \begin{matrix} u_1 \\ u_2 \\ q_3 \end{matrix}
$$

其中

$$
\boldsymbol{A} = \begin{bmatrix} G_{ij} & \vdots & -H_{ij} \\ j \in \Gamma_1 & & j \in \Gamma_2 \end{bmatrix}, \quad
\boldsymbol{X} = \begin{bmatrix} q_1 \\ q_2 \\ u_3 \end{bmatrix} \begin{matrix} \Gamma_1 \\ \\ \Gamma_2 \end{matrix}, \quad
\boldsymbol{R} = \begin{bmatrix} H_{ij} & \vdots & -G_{ij} \\ j \in \Gamma_1 & & j \in \Gamma_2 \end{bmatrix}
\begin{bmatrix} 0 \\ 1 \\ 0 \end{bmatrix} \begin{matrix} u_1 \\ u_2 \\ q_3 \end{matrix}
$$

即有

$$
\boldsymbol{A} = \begin{bmatrix} -1.693 & -0.822 & \vdots & -1.107 \\ -0.561 & -1.904 & \vdots & -1.571 \\ -0.335 & -0.822 & \vdots & 3.142 \end{bmatrix}
$$

$$
\boldsymbol{R} = \begin{bmatrix} -3.142 & 2.035 & \vdots & 0.335 \\ 1.571 & -3.142 & \vdots & 0.561 \\ 1.107 & 2.035 & \vdots & 1.693 \end{bmatrix}
\begin{bmatrix} 0 \\ 1 \\ 0 \end{bmatrix}
= \begin{bmatrix} 2.035 \\ -3.142 \\ 2.035 \end{bmatrix}
$$

因此有

$$
\begin{bmatrix} -1.693 & -0.822 & -1.107 \\ -0.561 & -1.904 & -1.571 \\ -0.335 & -0.822 & 3.142 \end{bmatrix}
\begin{bmatrix} q_1 \\ q_2 \\ u_3 \end{bmatrix}
= \begin{bmatrix} 2.035 \\ -3.142 \\ 2.035 \end{bmatrix}
$$

（3）用高斯消元法解矩阵方程，求出 $\boldsymbol{uq} = (q_1, q_2, u_3) = (-2.580, 1.730, 0.825)$。

（4）对边界数据进行整理。

为下节编程需要，我们将最后求出的 $\boldsymbol{uq} = (q_1, q_2, u_3)$ 中的 u_3 和边界上已知的

$uq0 = (u_1, u_2, q_3)$ 中的 q_3 互换，即将 (q_1, q_2, q_3) 存入 uq，(u_1, u_2, u_3) 存入 $uq0$。

11.3　单一边界下的边界元法计算程序

仍然考虑式(11.9)～(11.11)所满足的泊松方程定解问题，即

$$\begin{cases} \nabla^2 u = \dfrac{\partial^2 u}{\partial x^2} + \dfrac{\partial^2 u}{\partial y^2} = f(x, y) & (x, y \in D) \\ u(x, y)\big|_{\Gamma_1} = u_0(x, y), \quad \dfrac{\partial u}{\partial n}\bigg|_{\Gamma_2} = q_0(x, y) \end{cases}$$

对于单一边界条件下的泊松方程边界元计算步骤如下：

由输入信息、计算矩阵、引入边界条件，形成方程到解边界元方程求边界上的 u、q，再到求区域 D 内的 u，最后输出计算结果。

主程序流程如下：

（1）输入信息。

```
dimension xm(40), ym(40), xd, yd, ud(40),
* H(40,40), G(40,40), x(40), y(40), gama(40), uq0(40), uq(40)
! (x, y)为边界上各段端点坐标，(xm,ym)为边界上各段中点的坐标，(xd,yd)为内点坐标，
! gama(j)=0(j∈Γ₁), gama(j)=1(j∈Γ₂)；uq0=u₀ⱼ(j∈Γ₁)，uq0=q₀ⱼ(j∈Γ₂)
```

（2）具体计算。

```
call matrix(n, x, y, gama, uq0, G, uq)
        do 10 i=1,n
        call bi(xm(i),ym(i),B)
10      uq(i)=uq(i)+B
        call gauss(n,G,uq)
        write( * , * ) (uq0(i),i=1,n)
        write( * , * ) (uq(i),i=1,n)
        call inter(n,xd,yd,x,y,uq0,uq,ud)
        call bi(xd,yd,B)
        ud=ud+B/6.2832
        write( * , * ) xd, yd, ud
```

（3）输出结果。

输出 n 个边界中点处的坐标及 u，q 值 xm(j)，ym(j)，uq0(j)，uq(j)，j=1, 2, …, n，输出内点坐标和 u 值 xd，yd，ud

子程序流程如下：

（1）计算矩阵，形成方程。

```
subroutine matrix(n,x,y,gama,uq0,G,uq)
dimension xm(n),ym(n),H(n,n),G(n,n)
dimension x(40),y(40),gama(40),uq0(40),uq(40)
x(n+1)=x(1)
y(n+1)=y(1)
do 10 j=1,n
```

```
        xm(j)=0.5*(x(j)+x(j+1))
10      ym(j)=0.5*(y(j)+y(j+1))
!       计算 H(i,i)，G(i,i)
        do 30 i=1,n
        H(i,i)=-3.141 59
        s=((x(i+1)-x(i))²+(y(i+1)-y(i))²)^(1/2)
        G(i,i)=s*(lns-1.693 15)
        do 30 j=1,n
        If((i-j).eq.0) goto 30
        call Hgij(xm(i),ym(i),x(j),y(j),x(j+1),y(j+1),H(i,j),G(i,j))
30      continue
```

!   以下为形成方程 $AX=R$，将 A 和 R 分别存入 G 和 uq。当 $j\in\Gamma_2$ 时，将 $-H_{ij}$ 存入 G_{ij}（形成 A），而将 $-G_{ij}$ 存入 H_{ij}（形成 R）

```
        do 50 j=1,n
        if(gama(j)) 50,50,40
40      do 55 i=1,n
        ch=G(i,j)
        G(i,j)=-H(i,j)          !对应于形成的矩阵 A
        H(i,j)=-ch
55      continue
50      continue
        do 60 i=1,n
        uq(i)=0
        do 70 j=1,n
70      uq(i)=uq(i)+H(i,j)*uq0(j)       !对应于形成的矩阵 R
60      continue
        return
        end
```

!   计算 H(i,j)，G(i,j)的子程序

```
        subroutine HGij (xi, yi, x1, y1, x2, y2, H, G)
        x21=x2-x1
        y21=y2-y1
        x1i=x1-xi
        y1i=y1-yi
        x2i=x2-xi
        y2i=y2-yi
        s=sqrt((x21*x21+y21*y21))
        d=-(x1i*x21+y1i*y21)/s
        r1=sqrt( x1i*x1i+y1i*y1i)
        r2=sqrt( x2i*x2i+y2i*y2i)
        rd=(x1i*y21-y1i*x21)/s
        H=acos((x1i*x2i+y1i*y2i)/(r1*r2))
        G=(s-d)*lnr2+d*lnr1-s+rd*H
```

```
                return
                end
(2) 求区域 D 内的 u。
                subroutine inter(n,xd,yd,x,y,uq0,uq,ud)
                dimension x(40),y(40),gama(40),uq0(40),uq(40)
                do 20 j=1,n
                if(gama(j))20,20,10
    10          ch=uq0(j)
                uq0(j)=uq(j)
                uq(j)=ch
    20          continue
                x(n+1)=x(1)
                y(n+1)=y(1)
                ud=0
                do 30 j=1,n
                call HGij (xd,yd,x(j),y(j),x(j+1),y(j+1),A,B)
    30          ud=ud+A*uq0(j)−B*uq(j)
                ud=ud/6.2832
                return
                end
```

11.4　两种介质情况下的边界元方法

如图 11.10(a)所示，区域 1 和 2 分别有介电常数为 ε_1 和 ε_2 的两种均匀介质。假设两区域内没有自由电荷，则电势 u 满足拉普拉斯方程，$\nabla^2 u = 0$，在边界元方程中，对应的边界元方程为 $GQ = HU$，如式(11.16)。

当我们解边界元方程时，不仅要利用外边界 Γ_1 和 Γ_2 上的边界条件，还要利用内边界 Γ_I 上的边界条件。为此，引入下列符号

U_1 和 Q_1 为 Γ_1 上的 u 和 q；$\quad U_2$ 和 Q_2 为 Γ_2 上的 u 和 q
U_I^1 和 Q_I^1 为 Γ_I^1 上的 u 和 q ⎱区域1；$\quad U_I^2$ 和 Q_I^2 为 Γ_I^2 上的 u 和 q ⎱区域2

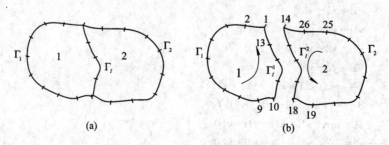

(a)　　　　　　　　　(b)

图 11.10　区域 1 与区域 2 的划分

将两个区域的边界元方程写成如下形式：

$$G_1^1 Q_1 + G_I^1 Q_I^1 = H_1^1 U_1 + H_I^1 U_I^1 \tag{11.26}$$

$$G_2^2 \boldsymbol{Q}_2 + G_I^2 \boldsymbol{Q}_I^2 = H_2^2 \boldsymbol{U}_2 + H_I^2 \boldsymbol{U}_I^2 \tag{11.27}$$

各矩阵的上标代表区域，下标代表边界。在两接着的交界处，电势 u 和电位移法向分量 ε_r 连续，所以

$$\boldsymbol{U}_I^1 = \boldsymbol{U}_I^2 = \boldsymbol{U}_I \tag{11.28}$$

$$\boldsymbol{Q}_I^1 = -\varepsilon_r \boldsymbol{Q}_I^2 = \boldsymbol{Q}_I, \quad \varepsilon_r = \frac{\varepsilon_2}{\varepsilon_1} \tag{11.29}$$

利用式(11.28)、(11.29)和式(11.26)、(11.27)合成如下形式：

$$\begin{bmatrix} G_1^1 & G_I^1 & -H_I^1 & 0 \\ 0 & -\dfrac{1}{\varepsilon_r}G_I^2 & -H_I^2 & G_2^2 \end{bmatrix} \begin{Bmatrix} \boldsymbol{Q}_1 \\ \boldsymbol{Q}_I \\ \boldsymbol{U}_I \\ \boldsymbol{Q}_2 \end{Bmatrix} = \begin{bmatrix} H_1^1 & 0 \\ 0 & H_2^2 \end{bmatrix} \begin{Bmatrix} \boldsymbol{U}_1 \\ \boldsymbol{U}_2 \end{Bmatrix} \tag{11.30}$$

这就是有两种介质的边界元方程，它已经包含了内边界（交界）条件。进一步要利用外边界条件，把已知量移到方程的右边，未知量移到左边，变为 $\boldsymbol{AX} = \boldsymbol{R}$ 的形式。这些过程与 11.2 节所讨论的相同。但应该注意编号规则。两个区域的边界元都按逆时针向编号，并且两个区域的编号连起来，如图 11.10(b)所示。设边界 Γ_1、Γ_2、Γ_I 上的边界元数分别为 N_1、N_2、N_I，则方程(11.30)中各个矩阵在总矩阵中的位置如表 11.1 所示，其中 $N = N_1 + N_2 + 2N_I$。

表 11.1 各个矩阵在总矩阵中的位置

i \\ j	Γ_1 $1\cdots N_1$	Γ_I^1 $\cdots N_1 + N_I$	Γ_I^2 $\cdots N_1 + 2N_I$	Γ_2 $\cdots N$	
1 $\vdots$ N_1	$G_1^1 \quad H_1^1$	G_I^1 (H_I^1)	$-H_I^1$		$\boldsymbol{Q}_1 \quad \boldsymbol{U}_1$
$N_1 + N_I$					$\boldsymbol{Q}_I$
$N_1 + 2N_I$		$-\dfrac{1}{\varepsilon_r}G_I^2$	$-H_I^2$	$G_2^2 \; H_2^2$	$\boldsymbol{U}_I$
N		(G_I^2)			$\boldsymbol{Q}_2 \quad \boldsymbol{U}_2$

程序流程如下：

（1）输入数据：

subroutine input(N，ε_r)

common N_1，N_2，N_I，KAMA(40)，uq0(40)，uq(40)，x(40)，y(40)

data N_1，N_2，N_I，$\varepsilon_r/\cdots/$

N＝N_1＋N_2＋2N_I两区边界元数，N＜40

边界元端点坐标和边界条件：

x(j)，y(j)，KAMA(j)，uq0(j)

j＝1$\cdots$，$\cdots$，N_1，$\cdots$，$N_1 + N_I$，$\cdots$，$N_1 + 2N_I$，$\cdots$，N

$\quad\quad\Gamma_1 \quad\quad \Gamma_I^1 \quad\quad \Gamma_I^2 \quad\quad \Gamma_2$

（在 Γ_I 上，KAMA 和 uq0 无值）

（2）计算矩阵，形成方程：

```
        subroutine matrix(N, εᵣ, xm, ym, G, H)
        dimension xm(N), ym(N), G(N,N), H(N,N), J₀(2), J₁(2), J₂(2)
        common N₁, N₂, Nₗ, KAMA(40), uq0(40), uq(40), x(40), y(40)
        两个区的始末编号
        J₁(1)=1, J₂(1)= N₁+Nₗ, J₁(2)=J₂(1)+1, J₂(2)=N
        L₀=2*(N₁+Nₗ)+1, x(N+1)=x(1), y(N+1)=y(1)
        do 10 j=1,N
        xm(j)=(x(j)+x(j+1))/2
10      ym(j)=(y(j)+y(j+1))/2
        do 100 K=1,2                              !分两个区算 G 和 H
        K₁ = J₁(K), K₂ = J₂(K)                    !两个区的始末编号
        do 100 i= K₁, K₂
        s=((x(i+1)−x(i)))²+(y(i+1)−y(i))²)¹ᐟ², uq(i)=0
        H(i,i)=−3.141 59, G(I,i)=s(lns−1.69315)
        do 100 j= K₁,K₂
        J₀(1)=j−N₁, J₀(2)=N₁+2Nₗ+1−j
        if (i−j) 20,30,20
20      call Hgij(xm(i),ym(i),x(j),y(j), x(j+1),y(j+1),H(i,j),G(i,j))
```

利用边界条件 Γ_1 和 Γ_2，通过移项把方程（11.30）变成 $\boldsymbol{AX}=\boldsymbol{R}$，但 $\boldsymbol{A}$ 和 $\boldsymbol{B}$ 分别存入 G 和 uq。

```
30      if(J₀(K)) 40,40,70
        若 J₀≤0，则 j∈Γ₁¹，Γ₁²
40      if(KAMA(j)) 60,60,50
50      ch=G(i,j), G(i,j)= −H(i,j), H(i,j)= −ch
60      uq(i)=uq(i,j)+ H(i,j)*uq0(j)
        goto 100
        若 J₀>0，则 j∈Γ₁，Γ₂
70      L=L₀−j 若 j∈Γ₁¹ 则 L∈Γ₁²
        if(K−1) 80,80,90
        把−H₁¹ 存入 G₁² 的位置
80      G(i,L)= −H(i,j)
        goto 100
        把−G₁²/εᵣ 存入 G₁¹ 的位置
90      G(i,L)= −G(i,j)/εᵣ
        把−H₁² 存入 G₁¹ 的位置
        G(i,j)= −H(i,j)
100     continue
        return
        end
```

（3）输出结果：

```
subroutine output(N, εr, xm, ym)
dimension J1(2), J2(2), xm(N), ym(N)
common N1, N2, NI, KAMA(40), uq0(40), uq(40), x(40), y(40)
```

调用 subroutine gauss(N,G,uq)后，uq 存有求出的 u 和 q，而 uq0 中存有已知的 u 和 q。需要进行整理，把 u 和 q 分别放在 uq0 和 uq。

```
        整理 Γ1 和 Γ2 上的 u 和 q
        J1(1)=1, J2(1)= N1                    !Γ1 的始末编号
        J1(2)=N1+2N1+1, J2(2)= N              !Γ2 的始末编号
        do 30 K=1,2
        K1=J1(K), K2=J2(K)
        do 30 j= K1,K2
        if(KAMA(j)) 30,30,20
20      ch=uq0(j),uq0(j)=uq(j),uq(j)=ch
30      continue
        整理 Γ1 上的 u 和 q。由(11.30)式知，uq 中求出的是 QI^1 和 QI^2，需先给出 QI^2 和 UI^1
        I1=N1+1, I2=N1+ NI, ΓI^1 的始末编号
        L0=2*(N1+NI)+1
        do 40 j= I1,I2
        L= L0-j 若 j∈ΓI^1 则 L∈ΓI^2
        uq0(j)=uq(L)          即 UI^1=UI^2, 给出 UI^1
        uq0(L)=uq0(j)         即 UI^2=UI^1, 保留 UI^2
40      uq(L)= -uq(j)/εr      即 QI^2=-QI^1/εr, 给出 QI^2
        输出边界上的 u 和 q: xm(j),ym(j),uq0(j),uq(j)
        j=1,…,N1, …,N1+NI,…,N1+2N1,…,N
          Γ1      ΓI^1       ΓI^2      Γ2
```

（4）主程序如下：

```
dimension xm(40),ym(40),G(40,40),H(40,40)
common N1,N2,NI,KAMA(40),uq0(40),uq(40),x(40),y(40)
call input(N, εr)
call matrix(N, εr, xm, ym, G, H)
call gauss(N,G,uq)
call output(N, εr, xm, ym)
end
```

边界元方法目前已广泛应用于流体力学、热力学、电磁工程、土木工程等领域，并已从线性、静态问题延拓到非线性、时变问题的研究范畴。与有限元方法相比，边界元方法可降低问题求解的空间维数和方程组阶数，输入数据少，计算精度较高，易于处理开域问题。但也有其明显不足之处，如系数矩阵通常为非对称的满阵，且系数矩阵元素值有时需经数值积分处理，另外还不易处理多种媒质共存的问题。

习 题 十 一

11.1　编程计算例 11.1 中点③的电势和①、②两点的电量(见图 11.9)。

11.2　编程计算例 11.1 中区域内点 A 处(见图 11.9)的电势。

11.3　例 11.1 中若边界条件变为 $u|_{\text{斜边、底边、左边}}=2y$，试计算图 11.9 中①、②、③三点的电量。

11.4　试利用边界元方法求解习题 10.3 定解问题中区域内 A 点和边界 Γ_2 上 B 点的 u 值。

11.5　如图 11.11 所示为一平面电场，上半平面为真空，下半平面为 $\varepsilon_r=2$ 的介质。边界条件为上顶 $u=0$，下底 $u=6$，左右两边 $Q=0$。试将沿 x 方向的横边两等分，沿 y 方向的竖边 8 等分，用边界元法求解边界上的电势和交界处的电场强度。

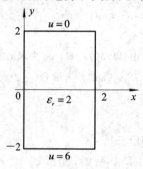

图 11.11　平面电场示意图

第十二章　蒙特卡罗方法

蒙特卡罗(Monte Carlo)方法也可简称 MC 方法，又称为统计试验方法或随机抽样技巧，其基本内容是用数学方法产生随机数，利用随机数的统计规律来进行模拟或计算，其应用之一就是研究具有统计性质的问题，如粒子输运过程、粒子反应及探测过程等。蒙特卡罗方法已广泛应用于统计物理、高能物理和量子力学之中，它可以给出难以用统计计算方法处理的有关问题的近似解。蒙特卡罗方法也应用于数值计算，包括可以求解多重积分、解非线性方程、线性代数方程组和微分方程的某些边值问题等。本章从随机数的产生等蒙特卡罗方法的基础知识出发，介绍粒子输运、随机过程的蒙特卡罗模拟问题，以及梅氏抽样方法和蒙特卡罗方法在数值分析中的应用等问题。并同时附上相关的 FORTRAN 程序供读者参考。

12.1　蒙特卡罗方法基础知识

蒙特卡罗方法的基本思想是当所要求解的问题是某种事件出现的概率或是某随机变量的期望值时，可以通过数字模拟方法得到该事件出现的频率，或某随机变量实验值的平均值，并用它们作为问题的近似解。

1. 随机事件和概率 P

自然界中存在许多随机事件，例如：光子与原子相互作用的类型，光子可能被原子吸收，也可能被光子散射；对于投掷硬币的结果，可能 A 面向上，可能 B 面向上；在容器中某一分子的运动速率可大可小；电子受到原子散射后，散射角可大可小。

一个随机事件发生的概率(机会)记为 $P(0<P<1)$。例如，对于大量多次投币试验结果，经过统计可知 $P(\text{A 向上})=1/2$，$P(\text{B 向上})=1/2$。一般来说，一个事件发生的概率，要经过大量试验统计之后或经过理论分析才能确定。

2. 随机变量 x 及其可能值

随机变量包括离散型和连续性两类。例如上面提到的光子与原子相互作用的类型，用 0 表示光子被原子吸收，用 1 表示被光子散射，相当于引入一个随机变量 x，其值分别为 0 或 1。这一类随机变量取值为有限个或可列无限多个，即为离散型随机变量。显然投掷硬币的结果也可以用随机变量 x 为 0 或 1 来表示。而对于容器中分子运动的速率和电子受到原子散射后散射角的大小这两个例子，分子的速率在 $0<v<\infty$ 范围，而电子的散射角在 $0\leqslant\theta\leqslant\pi$ 范围，显然随机变量 v 和 θ 为连续型随机变量。

3. 概率密度函数 $f(x)$ 和分布函数 $F(x)$

对于连续型随机变量，如分子速率 v，为描写其分布，引入概率密度函数。若研究连续

型随机变量 v，由随机变量的分布可以得到它取某给定值的概率，即

$$P(x < v < x + \mathrm{d}x) = f(x)\mathrm{d}x \qquad (12.1)$$

$f(x)$ 称为 x 的概率密度函数，简称概率密度，它表示随机变量 v 取 x 到 $x+\mathrm{d}x$ 之间值的概率。需要说明的是数学上有时采用分布函数来表达 v 的分布，它定义为

$$F(x) = \int_{-\infty}^{x} f(x)\mathrm{d}x \qquad (12.2)$$

注意 $F(x)$ 是一个在 $[0,1]$ 区间取值的单调递增函数。

4. 归一化条件

对于离散型随机变量 x，假如其可能取值分别为 $x_1，x_2，\cdots，x_n$，而每一种取值出现的概率分别对应为 $P_1，P_2，\cdots，P_n$，则有 $\sum_{i=1}^{n} P_i = 1$。而对于连续型随机变量 x，由于 $(-\infty < x < +\infty)$ 是必然事件，其概率为 1，因此有 $\int_{-\infty}^{+\infty} f(x)\mathrm{d}x = 1$。

5. 随机变量的数字特征

(1) 均值

$$\overline{x} = \begin{cases} \sum_{i=1}^{n} x_i P_i = x_1 P_1 + x_2 P_2 + \cdots + x_n P_n & \text{离散型} \\ \int_{-\infty}^{+\infty} x f(x)\mathrm{d}x & \text{连续型} \end{cases}$$

(2) 均方值

$$\overline{x^2} = \begin{cases} \sum_{i=1}^{n} x_i^2 P_i = x_1^2 P_1 + x_2^2 P_2 + \cdots + x_n^2 P_n & \text{离散型} \\ \int_{-\infty}^{+\infty} x^2 f(x)\mathrm{d}x & \text{连续型} \end{cases}$$

(3) 方差

$$\sigma^2(x) = \overline{(x - \overline{x})^2} = \overline{x^2} - (\overline{x})^2$$

12.2　基本随机数的产生与检验

基本随机数 $R(0 < R < 1)$：R 在 $(0，1)$ 内取值为一小数，如 0.8753、0.0125、0.4892、$\cdots$，每一小数出现的机会相同。基本随机数 R 有两个基本性质，即

(1) 随机性：R 取 $(0，1)$ 内的任一小数值。

(2) 均匀性：每一小数被取到的机会相同。

12.2.1　随机数的产生

1. 抽签法（例如产生 4 位数的 R）

一筒内装有 10 个签，上面分别标有 0、1、2、$\cdots$、9。每次随意抽 4 个签并记录结果。

2. 转盘法

一个圆盘沿圆周做十等分，上面分别标有 0、1、2、$\cdots$、9，每转 4 次记录一个小数 R。

上述方法称为人工法，随机性和均匀性都较好，但速度太慢。

3. 乘加同余法

指定 λ、C、x_0 和 M，按照下面递推公式产生伪随机序列 $R_0 \rightarrow R_1 \rightarrow R_2 \rightarrow R_3 \rightarrow \cdots$。

$$\begin{cases} x_{i+1} = (\lambda x_i + C)\,\mathrm{mod}(M) \\ R_{i+1} = \dfrac{x_{i+1}}{M} \quad (i = 0, 1, 2, \cdots) \end{cases} \tag{12.3}$$

符号 $x = A\,\mathrm{mod}(M)$ 含义为 x 是 A 被 M 除的余数，即 A/M 的余数。若 $C = 0$，称为乘同余法，其中 R_i 位于 $(0, 1)$ 范围内，λ 称为乘法器，C 为增值，x_0 为初始值或种子，M 为模数。一般要求 x_0、λ、C、M 均为非负整数，M 要求尽可能大。一般来说，计算机产生的伪随机数周期长、速度快且随机性好。

【**例 12.1**】 取 $x_0 = 41$，$\lambda = 5$，$C = 0$，$M = 42$，给出伪随机序列 $R(0, 1)$。

利用式 (12.3)，x 的取值依次为 37、17、1、5、5、41、$\cdots$；R 的取值依次为 0.881、0.405、0.024、0.119、0.585、0.976、$\cdots$。

下面给出产生随机数 R 的 FORTRAN 子程序：

```
subroutine rand(R)
data K,J,M,RM/5701,3613,566 927,566 927/
ir=int(R * RM)
irand=mod(J * ir+K,M)
R=(real(irand)+0.5)/RM
return
end
```

以下给出抽取均匀分布随机数 R 的 FORTRAN 主程序：

```
program main
parameter(k1=200 000)          !抽样次数
real sum,r,sum1
open(1,file='junyun. dat')
sum=0
r=0.5
do i=1,k1
call rand(r)
write(1, * ) r
sum=sum+r                      !求和
sum1=sum1+r * * 2.             !平方和
end do
s1=sum/k1                      !均值
s2=sum1/k1                     !均方值
s3=s2-s1 * * 2.                !方差
write( * , * ) s1,s2,s3
end
```

抽取随机数后，可以通过计算其统计分布，以检验抽取结果的正确性。这里给出计算统计分布的 FORTRAN 程序。

```
program main
implicit double precision (A,B,D-H,O-Z)
parameter(N=200 000)                    ! 实数序列的个数
parameter(N1=50)                        ! 概率密度函数对应直方图分的段数
dimension Ax(N)                         ! 输入实数序列
dimension X(N1)                         ! 直方图的横坐标
dimension num(N1)                       ! 统计实数序列在每一段出现的个数
dimension fnum(N1)                      ! 每一段对应的概率密度函数
! 读入实数序列
write( * , * ) '读入实数序列'
open(1,file='junyun. dat')
do i=1,N
read(1, * ) Ax(i)
end do
close(1)
! 实数序列的最大值
Fmax=Ax(1)
do i=2,N
if(Ax(i). ge. Fmax)then
Fmax=Ax(i)
end if
end do
! 实数序列的最小值
Fmin=Ax(1)
do i=2,N
if(Ax(i). le. Fmin)then
Fmin=Ax(i)
end if
end do
! 直方图的横坐标
df=(Fmax-Fmin)/dble(N1)                 ! 直方图中数据的间隔
do i=1,N1
x(i)= Fmin+df/2.0d0+dble(i-1) * df
end do
! 统计实数序列在每一段出现的个数
do i=1,N1                               ! 个数数组赋初值0
num(i)=0
end do
! 统计数据
do i=1,N
temp1=Ax(i)                            ! 读入实数序列
temp2=(temp1-Fmin)/df                  ! 计算待考察数与间隔 Df 的比值
! 当比值小于 N1 时，待考察数所在区间段 Nshu 满足
```

```
N_t=int(temp2)                        !将比值取整
if(N_t. lt. N1)then
Nshu=N_t+1                            !向下取整加1存入相应的段数中
else
Nshu=N_t
end if
num(Nshu)=num(Nshu)+1                 !相应的区间段上个数加1
end do
!每一段的个数除以总数得到对应的概率 P
do i=1,N1
fnum(i)=dble(num(i))/dble(N)
end do
!离散随机变量概率与概率密度函数之间满足 f=P/Df
open(1,file='概率密度函数.dat')
do i=1,N1
write(1,*) x(i),fnum(i)/df
end do
close(1)
end
```

随机数 r 的初值为 0.5，取 r 的抽样次数为 200 000 次。平均值 $\bar{r}=0.500\ 062\ 9$，均方值 $\overline{x^2}=0.333\ 405\ 4$，方差 $\sigma^2=8.334\ 245\ 5\mathrm{e}-02$。由概率基本知识可知平均值为 0.5，方差为 $\sigma^2=1/12=8.333\ 333\ 6\mathrm{e}-02$。可以看出，模拟的统计计算结果与理论结果相差很小。图 12.1 针对所抽取的 200 000 次均匀分布随机数，利用计算统计分布的 FORTRAN 程序，给出了概率密度函数的计算结果。

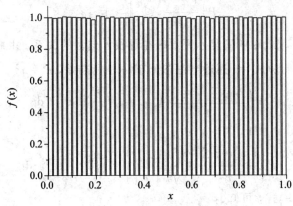

图 12.1　均匀分布概率密度函数

12.2.2　随机数的检验

在计算机上利用有关数学方法产生的随机数序列实际上是有确定规律的，不是真正随机的，所以称为伪随机数。但从实用角度看，这种随机数序列能通过适当的检验，就可以认为它是随机的。

1. 参数检验(矩检验)

检验随机数分布参数的测量值与理论值的差异是否显著。

观测值:取 R 的 N 个抽样值 R_1,R_2,$\cdots$,R_N,其平均值、均方值和方差分别为

$$\overline{R_n} = \frac{1}{N}\sum_{i=1}^{N}R_i, \quad \overline{R_n^2} = \frac{1}{N}\sum_{i=1}^{N}R_i^2,$$

$$\overline{S_n^2} = \frac{1}{N}\sum_{i=1}^{N}\left(R_i - \frac{1}{2}\right)^2 = \overline{R_n^2} - \overline{R_n} + \frac{1}{4} \tag{12.4}$$

理论值:若 R 是$(0,1)$内均匀分布的随机变量,则其概率密度函数为

$$f(x) = \begin{cases} 1 & (0 < x < 1) \\ 0 & (x \leqslant 0,\ x \geqslant 1) \end{cases} \tag{12.5}$$

分布函数为

$$F(x) = \begin{cases} 0 & (x \leqslant 0) \\ x & (0 < x < 1) \\ 1 & (x \geqslant 1) \end{cases} \tag{12.6}$$

因此有

$$\overline{R} = \int_0^1 Rf(R)\,\mathrm{d}R = \frac{1}{2}, \quad \overline{R^2} = \int_0^1 R^2 f(R)\,\mathrm{d}R = \frac{1}{3}$$

$$\overline{S^2} = \overline{(R-\overline{R})^2} = \overline{R^2} - (\overline{R})^2 = \frac{1}{3} - \frac{1}{4} = \frac{1}{12}$$

概率误差:用 $\overline{x}_n$ 表示上述观测值中的一个,它的数值与 n 有关,并且是随机的。所以它与理论值 $\overline{x}$ 的差异 $|\overline{x}_n - \overline{x}|$ 只能是在一定概率保证下的差异,称为概率误差。

例如,以不低于 $1-\alpha$ 的概率,保证 $\overline{x}_n$ 同 $\overline{x}$ 的相对误差小于 ε,即

$$P\left(\frac{\overline{x}_n - \overline{x}}{|\overline{x}|} \leqslant \varepsilon\right) \geqslant 1-\alpha \tag{12.7}$$

其中 α 称为显著水平,$1-\alpha$ 叫置信水平。现在寻找 ε 与 α 的关系。由概率论知,当 n 很大时,随机量 $\sqrt{n}|\overline{x}_n - \overline{x}|/\sigma(x) = t$ 逼近半正态分布(σ 是标准差,$\sigma^2 = \overline{x^2} - (\overline{x})^2$ 是方差),即

$$P\left(\frac{\sqrt{n}\,|\overline{x}_n - \overline{x}|}{\sigma} \leqslant \tau\right) = \sqrt{\frac{2}{\pi}}\int_0^\tau \mathrm{e}^{-\frac{1}{2}t^2}\,\mathrm{d}t \tag{12.8}$$

上式可变为

$$P\left(\frac{|\overline{x}_n - \overline{x}|}{|\overline{x}|} \leqslant \frac{\varpi}{\sqrt{n}\,|\overline{x}|}\right) = \sqrt{\frac{2}{\pi}}\int_0^\tau \mathrm{e}^{-\frac{1}{2}t^2}\,\mathrm{d}t \tag{12.9}$$

比较(12.7)式和(12.9)式,可知

$$\varepsilon = \frac{\varpi}{\sqrt{n}\,|\overline{x}|}, \quad 1-\alpha = \sqrt{\frac{2}{\pi}}\int_0^\tau \mathrm{e}^{-\frac{1}{2}t^2}\,\mathrm{d}t \tag{12.10}$$

当 $\tau = 1$、2、3 时,分别有 $1-\alpha = 0.6827$、0.9545、0.9973。

用作检验的统计量:在作随机数检验时,通常取置信水平 $1-\alpha = 0.95$(显著水平 $\alpha = 0.05$),相应的 $\tau = 1.96$。令 $\varepsilon = |\overline{x}_n - \overline{x}|/|\overline{x}|$ 代入(12.10)式可得

$$\tau = \frac{\sqrt{n}}{\sigma}\,|\overline{x}_n - \overline{x}| \tag{12.11}$$

将观测值 n，$\bar{x}_n$ 和理论值 $\bar{x}$、$\sigma(x)$ 代入到上式，若得到的 $\tau \leqslant 1.96$，则可通过参数检验。对于前面的三个参数，容易算出 $\sigma(R)$、$\sigma(R^2)$、$\sigma(S^2)$ 分别为 $1/\sqrt{12}$、$2/(3\sqrt{5})$ 和 $1/(6\sqrt{5})$。

2. 均匀性检验（频率检验）

将 $(0,1)$ 均分为 K 个相等的子区间，统计 N 个抽样值 R_1，R_2，$\cdots$，R_N 中位于第 i 个子区间的个数 n_i。若是均匀分布的，则有 n_i 应近似为 $N/K(i=1,2,\cdots,K)$。引入 x^2 表示对均匀性偏离的程度

$$x^2 = \frac{K}{N}\sum_{i=1}^{K}\left(n_i - \frac{N}{K}\right)^2 \tag{12.12}$$

可以证明，当 $N \to \infty$ 时，作为随机变量的 x^2，其概率密度为

$$f(x^2) = \frac{1}{2^{(K-1)/2}\Gamma[(K-1)/2]}(x^2)^{(K-3)/2}\mathrm{e}^{-\frac{1}{2}x^2} \tag{12.13}$$

上式称为 x^2 分布。按照显著水平 α 检验均匀性，由方程

$$P(x^2 \geqslant x_\alpha^2) = \int_{x_\alpha^2}^{\infty} f(x^2)\,\mathrm{d}x^2 \leqslant \alpha$$

解出 x_α^2。当 N 足够大时，若观测到的 $x^2 \geqslant x_\alpha^2$，则拒绝均匀性的假设。参考数据如表 12.1 所示，取 $\alpha = 0.05$，有

表 12.1

N	200	400	600	800	1000	2000
K	16	20	24	27	30	39
x_α^2	25.0	30.1	35.2	38.9	42.6	53.3
L_α	88	183	280	377	474	963

3. 随机性检验（连检验）

按照随机数出现的先后顺序排列，若 $R_i - 0.5 \geqslant 0$ 记录为＋，否则记为－。例如对于 12 个抽样值得到的记录为

$$+\,+,\,-\,-\,-,\,+,\,-,\,+\,+\,+,\,-,\,+$$

排在一起的同号元素组成一个连，每个连包含的元素数称为连长 i，连长为 i 的连数记为 L_i，总连数记为 L。因此对于以上 12 个记录，连长 $i=2,3,1,1,3,1,1$。连数 $L_1=4$，$L_2=1$，$L_3=2$。总连数 $L = \sum L_i = 7$，最大连长 $i_{max}=3$。

总连数 L 和最大连长 i_{max} 是两个简单而有用的统计量。若随机数序列 R_1，$\cdots$，R_N 的随机性好，则 i_{max} 就小，L 就大。可以证明，当 N 很大时，随机量 L 满足正态分布

$$f(L) = \frac{1}{\sqrt{2\pi}\sigma}\exp\left[-\frac{1}{2}\left(\frac{L-\mu}{\sigma}\right)^2\right] \tag{12.14}$$

其中，$\mu = \dfrac{N}{2}$，$\sigma^2 = \dfrac{N}{4}$。按照显著水平 α 检验随机性。由方程

$$P(L \leqslant L_\alpha) = \int_0^{L_\alpha} f(L)\mathrm{d}L = \alpha$$

解出 L_α。当 N 很大时，若观测到的 $L \leqslant L_\alpha$，则拒绝随机性假设。

4. 独立性检验

产生 N 个随机数 R_1, R_2, $\cdots$, R_i, $\cdots$, R_N, 定义相关函数

$$\langle R_i R_{i+K} \rangle = \frac{1}{N-K} \sum_{i=1}^{N-K} R_i R_{i+K} \tag{12.15}$$

定义自相关函数

$$C(K) = \frac{\langle R_i R_{i+K} \rangle - (\overline{R_i})^2}{\overline{R_i^2} - (\overline{R_i})^2} \tag{12.16}$$

显然 $C(0)=1$, 而 $K \neq 0$ 时, $C(K) \neq 0$, 意味着这 N 个随机数之间不是独立的。

用作检验的统计量: 当 N 充分大时, 随机量 $\sqrt{N}|C(K)|=t$ 逼近半正态分布, 我们把它用作检验独立性的统计量。参照前面对参数检验的讨论可知, 取显著水平 $\alpha=0.05$, 若观测到的 $t \leqslant 1.96$, 则可通过独立性检验。实际检验时, 可取前面 20 个自相关函数, 即 $K=1$, 2, $\cdots$, 20。

12.3 任意分布随机数的产生

有了 $(0, 1)$ 内均匀分布的基本随机数 R, 还必须给出各种非均匀分布的随机数 x, 才能在计算中模拟各种随机过程。产生任意已知分布随机数的方法, 统称为随机抽样方法。

12.3.1 直接抽样方法

1. 离散型随机变量抽样

任务: 产生随机量 x 的抽样值 x_i, 使其概率为 $P_i (i=1, 2, 3, \cdots)$。

方法: 先算出 x 的分布函数 $F(x)$

$$F_i = \sum_{j=1}^{i} P_j \qquad (i=1, 2, 3, \cdots) \tag{12.17}$$

产生一个 R。若 $F_{i-1} < R \leqslant F_i$, 则取 $x=x_i$。

证明 由该方法可知

$$P(x=x_i) = P(F_{i-1} < R \leqslant F_i) = \int_{F_{i-1}}^{F_i} \mathrm{d}R = F_i - F_{i-1} = P_i$$

【例 12.2】 二项分布为离散型分布, 其概率函数为

$$P(x=n) = P_n = C_N^n P^n (1-P)^{N-n} \tag{12.18}$$

对此分布的直接抽样方法为

$$x_i = n \qquad \left(\text{当} \sum_{i=1}^{n-1} P_i \leqslant R \leqslant \sum_{i=1}^{n} P_i \right)$$

【例 12.3】 Poisson 分布为离散型分布, 其概率函数为

$$P(x=n) = P_n = \mathrm{e}^{-\lambda} \frac{\lambda^n}{n!} \tag{12.19}$$

对此分布的直接抽样方法为

$$x_i = n \qquad \left(\text{当} \sum_{i=0}^{n-1} \frac{\lambda^i}{i!} \leqslant R\mathrm{e}^\lambda \leqslant \sum_{i=0}^{n} \frac{\lambda^i}{i!} \right)$$

【例 12.4】 光子与原子作用类型的选择。

γ 射线与物质原子有两种可能的作用类型，即吸收（光电效应和电子对效应）和散射（康普顿散射）。相应的截面分别为 σ_a 和 σ_s，而总截面为 $\sigma_t = \sigma_a + \sigma_s$。于是两种作用的概率为 $P_a = \dfrac{\sigma_a}{\sigma_t}$，$P_s = \dfrac{\sigma_s}{\sigma_t}$。

可用上述方法随机选择作用类型。产生一个 R，若 $P_a \geqslant R$ 则为吸收，否则为散射。

2. 连续型随机变量抽样

任务：产生随机量 x 的抽样值，使其概率密度函数为已知的函数 $f(x)$。

方法：先求出 x 的分布函数

$$F(x') = \int_{-\infty}^{x'} f(x)\mathrm{d}x \tag{12.20}$$

产生随机数 R'，解方程 $R' = F(x')$，得 $x' = F^{-1}(R')$，则取 $x = x'$。

证明 由该方法可知 x 与 R 相对应，则

$$P(x \leqslant x') = P(R \leqslant R') = \int_0^{R'} \mathrm{d}R = R' = F(x')$$

就是说，这样得到的随机量 x，其分布函数是 $F(x)$，从而其概率密度函数为 $f(x)$。

【例 12.5】 在均匀介质中，粒子运动的自由程 S 是随机量，其概率密度函数为

$$f(S) = \Sigma \mathrm{e}^{-\Sigma S} \qquad (S > 0)$$

其中，Σ 为宏观总截面，它与原子截面 σ 的关系为 $\Sigma = n\sigma$，n 为介质的原子数密度。

可用上述方法对自由程抽样。把粒子在介质中的碰撞过程模拟为在随机量 R 中进行抽样的过程。若某次抽样值为 R'，则由方程

$$R' = \int_0^{S'} f(S)\mathrm{d}S = 1 - \mathrm{e}^{-\Sigma S'}$$

得到 $S' = -\ln(1 - R')/\Sigma$ 是这次试验中的自由程。因为 $1 - R'$ 与 R' 同分布，故上式可改为

$$S' = -\frac{\ln R'}{\Sigma}$$

该方法虽然简单，但要计算对数。冯·诺依曼给出另一方法，流程如下：

1    $j = 0$

2   产生 R，$R_0 = R$，$R_{00} = R$
       产生 R，$R_1 = R$，$i = 1$

3   若 $R_1 \geqslant R_0$，goto 5
       $R_0 = R_1$，产生 R，$R_1 = R$，$i = i + 1$ goto 3

5   若 $\mathrm{mod}(i, 2) \neq 0$，goto 7
       $j = j + 1$，goto 2

7    $(R_{00} + j)/\Sigma$，输出 S

图 12.2 和图 12.3 分别给出了采用直接抽样方法和冯·诺依曼抽样方法的抽样统计分布直方图，并与 $f(S) = \exp(-S)$ 结果进行了比较。图中总截面 Σ 取为 1。

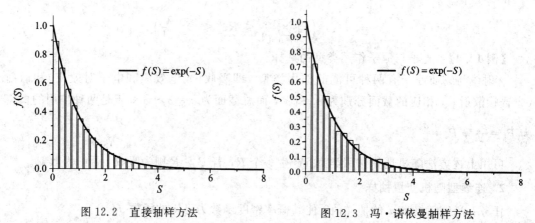

图 12.2 直接抽样方法　　　　图 12.3 冯·诺依曼抽样方法

【例 12.6】 散射方位角余弦分布有着广泛的应用,它的概率密度函数一般形式为

$$f(x) = \frac{1}{\pi} \frac{1}{\sqrt{1-x^2}} \qquad (-1 \leqslant x \leqslant 1)$$

对此分布通过求分布函数后得到的直接抽样结果为

$$x = x' = \cos(2\pi R)$$

12.3.2 舍选抽样方法

直接法虽然简单,但需要求出分布函数 $F(x)$ 的反函数,所以有时不易实现。事实上按照一定条件,可从均匀分布的随机数中挑选出服从某种分布的随机数来实现此方法。

1. 简单分布

定理 12.1 若 Z 是 $[a,b]$ 上均匀分布的随机数,则利用条件 $f(Z)/M \geqslant R$ 选出的 Z 将是 $[a,b]$ 上概率密度函数为 $f(Z)$ 的随机数。其中 M 是 $f(Z)$ 的上界。

证明 如图 12.4 所示,Z 为横坐标,R 为纵坐标,实曲线为函数 $f(Z)/M$。因为 Z 在 $[a,b]$ 上均匀分布,R 在 $(0,1)$ 内均匀分布,所以随机点 (Z',R) 在虚矩形内均匀分布,于是在曲线 $f(Z)/M$ 下面(即 $R \leqslant f(Z)/M$)的随机点落入窄条 $Z-Z+\mathrm{d}Z$ 内的概率等于两个面积之比,即

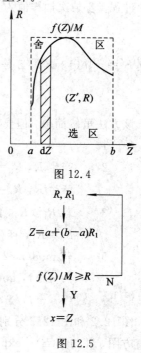

图 12.4

$$P(Z \leqslant Z' \leqslant Z + \mathrm{d}Z) = \frac{\frac{1}{M}f(Z)\mathrm{d}Z}{\int_a^b \frac{1}{M}f(Z)\mathrm{d}Z} = f(Z)\mathrm{d}Z$$

其中利用了归一化条件 $\int_a^b f(Z)\mathrm{d}Z = 1$。

基于以上这个定理,可得到已知概率密度函数 $f(x)$ 的抽样方法,已知 $a \leqslant Z \leqslant b$,$0 \leqslant f(Z) \leqslant M$。流程如图 12.5 所示。

这种抽样方法的效率为

$$\eta = \frac{\text{选区面积}}{(\text{舍区}+\text{选区})\text{面积}} = \frac{\frac{1}{M}\int_a^b f(Z)\mathrm{d}Z}{b-a} = \frac{1}{M(b-a)}$$

图 12.5

例如 $f(x)=\dfrac{2}{\pi}\sqrt{1-x^2}\,(-1\leqslant x\leqslant 1)$，$M=f_{\max}=\dfrac{2}{\pi}$，则抽样效率 $\eta=\dfrac{\pi}{4}=78\%$。

【例 12.7】 产生 $\cos\phi$ 和 $\sin\phi$，其中 ϕ 是 $[0,2\pi]$ 上均匀分布的随机数。

若用直接方法，则为 $\cos2\pi R$ 和 $\sin2\pi R$。

采用舍选法：如图 12.6 所示，x_1 和 x_2 分别为 $[-1,1]$ 和 $[0,1]$ 上均匀分布的随机数，则随机点 (x_1,x_2) 在矩形内均匀分布。若限制这个随机点在上半圆内，则随机角 $\phi/2$ 在 $[0,\pi]$ 上均匀分布，并有

$$\cos\phi=\cos^2\frac{\phi}{2}-\sin^2\frac{\phi}{2}=\frac{x_1^2-x_2^2}{d^2}$$

$$\sin\phi=2\sin\frac{\phi}{2}\cos\frac{\phi}{2}=\frac{2}{d^2}x_1x_2$$

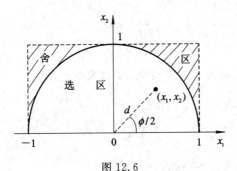

图 12.6

所以可得到 $\cos\phi$ 和 $\sin\phi$ 的抽样方法。过程如下：

1　　产生 R_1 和 R_2

　　　$x_2=2R_1-1$，$x_2=R_2$

2　　$d^2=x_1^2+x_2^2$

　　　若 $d^2\leqslant 1$，goto 3

　　　goto 1

3　　$\cos\phi=(x_1^2-x_2^2)/d^2$，$\sin\phi=2x_1x_2/d^2$

由图 12.6 可知，抽样效率为 $\eta=\pi/4=78\%$。

2. 乘分布

在上述舍选法中，当 $f(x)$ 有锐峰时，M 很大，则抽样效率 η 会很小。对此，我们可作如下改进：其要点是用 $[a,b]$ 上概率密度为 $f_1(y)$ 的随机数 y 代替均匀分布随机数 Z。

把概率密度函数 $f(x)$ 写成如下形式

$$f(x)=h(x)f_1(x)\qquad (a\leqslant x\leqslant b)\tag{12.21}$$

其中 $f_1(x)$ 应是容易进行抽样的另一个密度函数，且 $h(x)$ 的上界为 M。则抽样方法如下：由 $f_1(y)$ 抽样出 y，代入 $h(y)$，若 $h(y)/M\geqslant R$，则得到密度函数为 $f(y)$ 的一个抽样值。

证明　如图 12.7 所示，以 $f_1(y)$ 的分布函数 $F_1(y)$ 为横坐标，R 为纵坐标。实曲线为 $h(y)/M$。因为 R 和 F_1 都在 $(0,1)$ 内均匀分布，所以随机点 (F_1',R) 在虚矩形内均匀分布。于是，在曲线 $h(y)/M$ 下面（即 $R\leqslant h(y)/M$）的随机点落入窄条 $F_1-F_1+dF_1$ 内的概率等于两个面积之比，即

$$P(F_1 \leqslant F_1' \leqslant F_1 + \mathrm{d}F_1) = \frac{\dfrac{1}{M}h(y)\mathrm{d}F_1}{\displaystyle\int_0^1 \dfrac{1}{M}h(y)\mathrm{d}F_1}$$

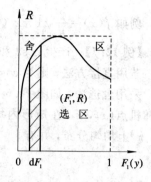

图 12.7 舍选区域示意图

注意 F_1 为 y 的单调上升函数，且 $\mathrm{d}F_1 = f_1(y)\mathrm{d}y$，所以上式可写成

$$P(y \leqslant y' \leqslant y + \mathrm{d}y) = \frac{h(y)f_1(y)\mathrm{d}y}{\displaystyle\int_a^b h(y)f_1(y)\mathrm{d}y} = f(y)\mathrm{d}y$$

其中利用了 $f(y) = h(y)f_1(y)$ 及其归一化条件。由图 12.7 中可以看出，这种舍选法的抽样效率为

$$\eta = \frac{\displaystyle\int_0^1 \dfrac{h(y)}{M}\mathrm{d}F_1(y)}{1} = \frac{1}{M}\int_a^b h(y)f_1(y)\mathrm{d}y = \frac{1}{M}\int_a^b f(y)\mathrm{d}y = \frac{1}{M}$$

即为选区的面积。

【例 12.8】 产生半正态分布的随机数 x，其概率密度为

$$f(x) = \sqrt{\frac{2}{\pi}}\mathrm{e}^{-\frac{1}{2}x^2} \qquad (0 \leqslant x < \infty)$$

取 $f_1(x) = \mathrm{e}^{-x}$，则有

$$h(x) = \frac{f(x)}{f_1(x)} = \sqrt{\frac{2\mathrm{e}}{\pi}}\exp\left\{-\frac{1}{2}(x-1)^2\right\}$$

$$M = \sqrt{\frac{2\mathrm{e}}{\pi}}, \qquad \eta = \sqrt{\frac{\pi}{2\mathrm{e}}} = 76\%$$

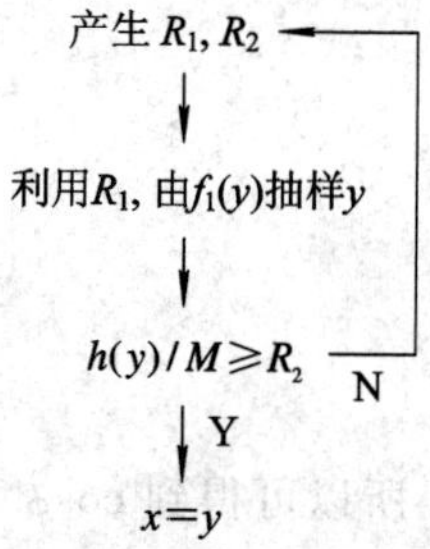

其流程如图 12.8 所示。

图 12.8 半正态分布随机数
产生流程图

根据图 12.8 中的流程图，下面给出产生半正态分布随机数的 FORTRAN 程序。

```
program main
real * 8 r1,r2,m1,h1,hy,x,y,xx,fxx
open(1,file='banzhengtai.dat')
open(2,file='banzhengtaifxx.dat')
r=0
write( * , * )'输入抽样次数=?'
read( * , * ) k1
do i=1,k1
call rand(r)
r1=r
call rand(r)
r2=r
y=-log(1-r1)
call h(y,h1)
m1=sqrt(2 * exp(1.0)/3.141 592 6)        !最大值 M
hy=h1/m1                                  ! h(y)/M
```

```
if(hy. gt. r2) then
m=m+1
x=y
write(1, * ) x
end if
end do
write( * , * ) real(m)/real(k1),m              ！抽样效率和成功抽样次数
do j=1,10 000
xx=(j-1) * 10. /100 00.
fxx=sqrt(2/3. 141 592 6) * exp(-0. 5 * xx * * 2. )    ！f(x)
write(2, * ) xx,fxx
end do
end program


subroutine h(x,h1)
real * 8 h1
h1=sqrt(2 * exp(1.0)/3. 141 592 6) * exp(-0. 5 * (x-1) * * 2. )    ！h(x)
end
```

通过运行以上程序，抽样随机数 200 000 次，成功抽样 151 876 次，抽样率为 75. 938 00％。

正态分布是常用的一种分布，在许多随机过程的模拟中都会用到。现在给出一种简便、省时的近似抽样方法。由概率论可知，基本随机数 R 的平均值为 $1/2$，标准差 $\sigma=1/\sqrt{12}$，假如 $R_1, R_2, \cdots, R_n$ 是在 $[0,1]$ 区间上 n 个均匀分布的独立随机变量的抽样样本，对于随机量

$$x = \frac{\sum\limits_{i=1}^{n} R_i - \dfrac{n}{2}}{\sqrt{\dfrac{n}{12}}}$$

当 n 很大时，逼近正态分布。在实际应用中，取 $n=12$ 即能得到较好的结果。此时，上式变为 $x = \sum\limits_{i=1}^{12} R_i - 6$。

3. 乘加分布

随机量 x 的概率密度具有如下形式

$$f(x) = h_1(x)f_1(x) + h_2(x)f_2(x) \quad (a \leqslant x \leqslant b, h_1(x) \leqslant M_1, h_2(x) \leqslant M_2)$$

$$(12.22)$$

其中 $f_1(x)$ 和 $f_2(x)$ 满足密度函数的要求（正定和归一化）。把上式改写为

$$f(x) = (M_1 + M_2)\left\{ \frac{M_1}{M_1+M_2} \frac{h_1(x)}{M_1} f_1(x) + \frac{M_2}{M_1+M_2} \frac{h_2(x)}{M_2} f_2(x) \right\} \quad (12.23)$$

可见 $M_1/(M_1+M_2)$ 和 $M_2/(M_1+M_2)$ 分别为第一项和第二项的权重因子。参照直接法和舍选法，可得乘加分布的抽样方法。流程如图 12.9 所示。

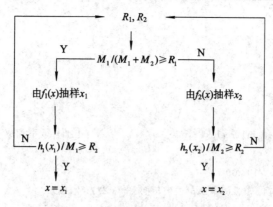

图 12.9　乘加分布抽样方法流程图

【例 12.9】　散射光子能量的抽样。能量为 E_0 的入射光子，经原子散射后，能量 E 有某种概率分布，引入 $x = E_0/E$，并以电子静止能量 0.511 MeV 为能量单位，则由康普顿散射理论得

$$f(x) = \frac{1}{K(E_0)}\left\{\left[\left(\frac{E_0 + 1 - x}{E_0}\right)^2 + 1\right]\frac{1}{x^2} + \frac{(x-1)^2}{x^3}\right\} \qquad (1 \leqslant x \leqslant 2E_0 + 1)$$

其中 $K(E_0)$ 为归一化因子（抽样中用不到）。

$$K(E_0) = \left[1 - \frac{2(E_0 + 1)}{E_0^2}\right]\ln(2E_0 + 1) + \frac{1}{2} + \frac{4}{E_0} - \frac{1}{2(2E_0 + 1)^2}$$

把 $f(x)$ 写成乘加形式

$$f(x) = h_1(x)f_1(x) + h_2(x)f_2(x)$$

其中，

$$f_1(x) = \frac{2E_0 + 1}{2E_0}\frac{1}{x^2}, \quad f_2(x) = \frac{1}{2E_0}$$

$$h_1(x) = \frac{2E_0}{K(E_0)(2E_0 + 1)}\left\{\left(\frac{E_0 + 1 - x}{E_0}\right)^2 + 1\right\}, \quad h_2(x) = \frac{2E_0}{K(E_0)}\frac{(x-1)^2}{x^3}$$

$$M_1 = \frac{4E_0}{K(E_0)(2E_0 + 1)}, \quad M_2 = \frac{8E_0}{27K(E_0)}$$

12.4　蒙特卡罗模拟方法求解粒子输运问题

12.4.1　蒙特卡罗模拟

　　粒子输运是一种随机过程，粒子的运动规律是大量粒子运动的一种统计规律。蒙特卡罗模拟，就是模拟一定数量粒子在介质中的运动情况，使粒子运动的统计规律得以再现。这种模拟不是用实验方法，而是利用随机数在计算机上来实现的。

　　为了说明这种方法的全貌，这里选用平板介质模型。设有厚度为 H 的平板，假设该平板是由单一物质组成的均匀介质层。能量为 E_{00} 的单向平行光子束垂直射入板内，求光子对该板的透射率（不计次级光子的迁移）。这个方法的概貌如图 12.10 所示，对中间过程随机抽样，包括对粒子在介质中的自由程、散射能量和方向的抽样。

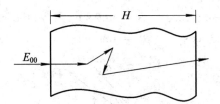

输入状态→对中间过程随机抽样→输出末态

图 12.10　粒子输运问题模拟

1. 自由程抽样

具体参见例 12.5。

2. 作用类型抽样

我们知道，散射截面与粒子能量 E 有关（康普顿散射），它可以表示为

$$\sigma_s(E) = \begin{cases} Z\sigma_0\left(1 - 2E + \dfrac{26}{5}E^2\right) & (E \leqslant 1) \\ Z\sigma_0\dfrac{3}{8E}\left(\ln 2E + \dfrac{1}{2}\right) & (E > 1) \end{cases}$$

其中 E 以 0.511 MeV 为单位，Z 为介质原子序数，$\sigma_0 = 0.665\,16 \times 10^{-24}$ cm^2（汤姆逊面积），对于介质，若 n 为原子数密度，则有散射截面

$$\Sigma_s(E) = n\sigma_s(E) \tag{12.24}$$

例如对于铝有 $\sigma_0 Zn = 0.5207$ cm^{-1}，则散射截面为

$$\Sigma_s(E) = \begin{cases} 0.5207\left(1 - 2E + \dfrac{26}{5}E^2\right) & (E \leqslant 1) \\ 0.1953\left(\ln 2E + \dfrac{1}{2}\right) & (E > 1) \end{cases} \tag{12.25}$$

吸收截面（光电效应）为

$$\Sigma_a(E) = \begin{cases} 0.2985 \times 10^{-3}\left(\dfrac{1}{E}\right)^{7/2} & (E \leqslant 1) \\ 0.7916 \times 10^{-4}\left(\dfrac{1}{E}\right) & (E > 1) \end{cases} \tag{12.26}$$

总截面 $\Sigma_t = \Sigma_s + \Sigma_a$。因此作用类型抽样过程为，产生 R，若 $\dfrac{\Sigma_s}{\Sigma_t} \geqslant R$，则散射，否则为吸收。

3. 散射能量抽样

具体参见例 12.9。

4. 散射方向抽样

以入射方向 $\boldsymbol{\Omega}_0$ 为参考系。为了确定散射方向 $\boldsymbol{\Omega}$，需要确定两个参量，散射角 θ' 和散射方位角 ϕ'（如图 12.11 所示）。

散射角余弦 $\mu = \cos\theta'$ 取决于光子的入射能量 E_0 和散射后能量 E，即

$$\mu = \cos\theta' = 1 + \frac{1}{E_0} - \frac{1}{E} \tag{12.27}$$

方位角 ϕ' 在 $[0, 2\pi]$ 上均匀分布。如图 12.11 所示，在实验室参考系 $x-y-z$ 下，可用方向余弦表示 $\boldsymbol{\Omega}$ 和 $\boldsymbol{\Omega}_0$，即

$$\alpha = \sin\theta \cos\phi, \quad \beta = \sin\theta \sin\phi, \quad \gamma = \cos\theta \tag{12.28(a)}$$

$$\alpha_0 = \sin\theta_0 \cos\phi_0, \quad \beta_0 = \sin\theta_0 \sin\phi_0, \quad \gamma_0 = \cos\theta_0 \tag{12.28(b)}$$

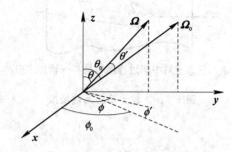

图 12.11 入射方向 $\boldsymbol{\Omega}_0$ 与散射方向 $\boldsymbol{\Omega}$ 示意图

利用球面三角公式可得两个参考系的关系为

$$\begin{cases} \alpha = \alpha_0 \mu - \left[\dfrac{1-\mu^2}{1-\gamma_0^2}\right]^{1/2} (\alpha_0 \gamma_0 \cos\phi' + \beta_0 \sin\phi') \\[2mm] \beta = \beta_0 \mu - \left[\dfrac{1-\mu^2}{1-\gamma_0^2}\right]^{1/2} (\beta_0 \gamma_0 \cos\phi' - \alpha_0 \sin\phi') \\[2mm] \gamma = \gamma_0 \mu + [(1-\mu^2)(1-\gamma_0^2)]^{1/2} \cos\phi' \end{cases} \tag{12.29}$$

当 $\boldsymbol{\Omega}_0$ 平行于 z 轴时，$\theta = \theta'$，$\phi = \phi'$，式(12.29)不再适用，代入式(12.28(a))即可。因此对于平板均匀介质，需要的是 $\gamma = \cos\theta$ 的抽样，流图可表示为输入 γ_0，E_0，$E \rightarrow \mu = 1 + \dfrac{1}{E_0} - \dfrac{1}{E} \rightarrow$ 产生 R，$\phi' = 2\pi R \rightarrow$ 由式(12.29)计算 γ。

12.4.2 直接模拟方法

该方法模拟粒子在介质中的真实物理过程。粒子在介质中的运动状态，可用一组状态参数来描述，通常包括粒子的空间位置、能量和运动方向等。对于平板介质，粒子的状态参数可取为 Z、E、γ，如图 12.12 所示。

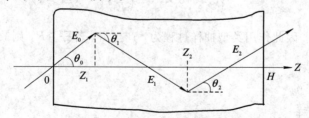

图 12.12 粒子多次碰撞示意图

碰撞点的状态参数 (Z_m, E_m, γ_m) 表示一个从源发出的粒子在介质中经过 m 次碰撞后的状态。

另外，一个由源出发的粒子在介质中运动，经过 M 次碰撞后，或者穿透介质层，或者被介质吸收，或者被介质反射回源区。由于两次碰撞之间，粒子是自由飞行的，其运动过程可用碰撞点的状态序列来描述，即

$$\begin{bmatrix} Z_0 & Z_1 & \cdots & Z_{M-1} & Z_M \\ E_0 & E_1 & \cdots & E_{M-1} & E_M \\ \gamma_0 & \gamma_1 & \cdots & \gamma_{M-1} & \gamma_M \end{bmatrix}$$

其中，$m=0$ 和 M 分别表示始态和末态，M 为粒子游动的链长。以上序列为粒子随机游动的历史，模拟粒子的运动过程，就变成确定状态序列问题了。以下为记录和计算的主要内容：

（1）穿透率和误差估计值。设 N 为入射粒子总数，N_1 为透射粒子数，则穿透率的估值为

$$P_N = \frac{N_1}{N}$$

上式中，P_N 与 N 有关，且本身为一个随机量，仅当 N 趋于无穷时，才能得到真值。为了做出误差估计，需计算它的方差 σ^2。设第 i 个粒子对穿透的贡献为 q_i。显然有

$$q_i = \begin{cases} 1 & (Z_M \geqslant H) \\ 0 & (Z_M < H) \end{cases}, \qquad P_N = \frac{1}{N} \sum_{i=1}^{N} q_i$$

$$\sigma^2 = \frac{1}{N} \sum_{i=1}^{N} q_i^2 - P_N^2 = P_N - P_N^2 = P_N(1 - P_N)$$

根据概率论知识可知，以上方法算出的估值 P_N 其误差值为

$$\Delta P = \frac{\sigma}{\sqrt{N}} \tag{12.30}$$

（2）透射粒子的能量、方向分布。把能量范围和角度范围分为若干个间隔，即

$$E_0 > E_1 > \cdots > E_I = E_{\min}, \quad \theta = \theta_0 < \theta_1 < \cdots < \theta_J = \frac{\pi}{2}$$

其中，$E_{\min}$ 是问题中的最低能量。对于透射光子，按其能量和方向分档记录。若光子能量在 (E_i, E_{i-1}) 内，则在相应能量的计数中加 1。若光子方向在 (θ_{j-1}, θ_j) 内，则在相应角度的计数中加 1，跟踪 N 个光子后，则得

$$P_i = \frac{N_{1i}}{N} \quad (i = 1, 2, \cdots, I), \qquad P_j = \frac{N_{2j}}{N} \quad (j = 1, 2, \cdots, J)$$

分别为透射光子的能量和方向分布的估值。其中 N_{1i} 是 (E_i, E_{i-1}) 内的光子数，N_{2j} 是 (θ_{j-1}, θ_j) 内的光子数，归一化后的分布为

$$P_i' = \frac{P_i}{P_N} \quad (i = 1, 2, \cdots, I), \qquad P_j' = \frac{P_j}{P_N} \quad (j = 1, 2, \cdots, J)$$

（3）粒子的径迹。为了记录粒子的径迹，需要记录 $\{Z_{im}\}$ 和 $\{\theta_{im}\}$，$i=1, 2, \cdots, N$，$m=0$，$1, \cdots, M$，并画出每个粒子的径迹图。因为对于平板均匀介质，粒子的运动对于 Z 轴是对称的，所以可把粒子的径迹投影到含有 Z 轴的平面上。以下为计算穿透率及其误差估值的流程：

　1　　输入 N，H，E_{00}，$E_{\min}$，γ_{00}，$N_1=0$

　2　　跟踪每个光子

　　　　do 9 i=1，N

　　　　初态为 m=0，Z=0，E=E_{00}，γ=γ_{00}

3　确定下次碰撞点的位置和碰后的状态

　　m←m＋1

　　计算截面 call area(E, Σ_s, Σ_t)

　　自由程抽样 call path(RND, Σ_t, S)

4　第 m 次碰点位置 Z←Z＋S * γ

　　判断：若 Z≤0（反射）goto 9（转到下一个光子）

　　　　　　若 Z＜H（仍在介质内）goto 5

　　N_1←N_1＋1（当 Z≥H 时，该光子穿出介质）

　　goto 9

5　作用类型抽样 call action(RND, Σ_s, Σ_t, type)

　　若 type＝2（吸收）goto 9

6　散射能量抽样 E_0←E

　　call energy(RND, E_0, E)

　　若 E≤E_{min}（吸收），goto 9

7　散射方向抽样 γ_0←γ

　　call direct(RND, γ_0, E_0, E, γ)

　　至此已完成了对第 i 个光子第 m 次的模拟

8　goto 3

9　continue

10　P＝N_1/N，σ^2＝P(1－P)，ΔP＝$\sigma/\sqrt{N}$，输出

12.4.3　简单加权方法

　　直接法是跟踪每个光子，直到它被介质吸收。因此需在每次碰撞时判断作用类型，是吸收还是散射。事实上可以用一种简单方法代替这种判断。将每个光子分为两部分，即散射部分 σ_s/σ_t 和吸收部分 σ_a/σ_t，我们只跟踪散射部分，利用光子权重的变化，反映继续散射部分。这就是简单加权法的思想。令 W_m 表示光子离开第 m 次碰撞时的权重。

　　对于源光子，取 W_0＝1，经过碰撞，权重的变化为

$$W_m = W_{m-1} \frac{\sigma_s(E_{m-1})}{\sigma_t(E_{m-1})} \qquad (m = 1, 2, \cdots, M) \tag{12.31}$$

一个光子对穿透的贡献为

$$q_i = \begin{cases} W_{M-1} & (Z_M \geqslant H) \\ 0 & (Z_M < H) \end{cases}$$

　　穿透率、方差和误差的估值计算公式仍同直接模拟方法。由于在随机游动史的每次碰撞中，加权法比直接法少作一次随机抽样，所以它的方差小于直接法。

12.4.4　统计估计方法

　　统计估计方法的要点是充分利用每个光子史提供的信息。

　　一个光子可能经过 $m=0, 1, \cdots, M-1$ 次碰撞穿透平板，如图 12.13 所示。这些事件是互相排斥的。因此第 i 个光子对穿透的贡献 q 可以表示为

$$q = \sum_{m=0}^{M-1} P(Z_m)$$

其中，$P(Z_m)$ 是该光子经 m 次碰撞（第 m 次碰撞点位于 Z_m 处）而透射的概率。

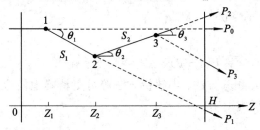

图 12.13

某个光子经 m 次碰撞而透射的概率为

$$P(Z_m) = W_m (光子权重) \times 自由程 S_m \geqslant \frac{H - Z_m}{\gamma_m} 的概率$$

由于自由程的概率密度为 $\Sigma_t(E_m) \times \exp[-\Sigma_t(E_m) \cdot S]$，因此有

$$P(Z_m) = W_m \int_{(H-Z_m)/\gamma_m}^{\infty} [\Sigma_t(E_m) \times \exp(-\Sigma_t(E_m) \cdot S)] \, dS$$

$$= W_m \times \exp\left[\Sigma_t(E_m) \times \frac{Z_m - H}{\gamma_m}\right] \quad (\gamma_m > 0) \tag{12.32}$$

其中 $\gamma_m = \cos\theta_m > 0$ 的条件，即 $0 \leqslant \theta_m \leqslant \pi/2$，要求光子经 m 次碰撞后朝着 Z 轴正方向游动。

以下简要给出统计估计法计算穿透率和误差估值的流程。

1　输入 N，H，E_{00}，E_{min}，γ_{00}，W_{00}

　　sq$=0$，sq2$=0$（对各粒子的贡献求和）

2　跟踪每个光子

　　do 9 i$=1$，N

　　初态为 m$=0$，Z$=0$，E$=E_{00}$，$\gamma=\gamma_{00}$，W$=W_{00}$

　　q$=0$（对同一粒子的各次碰撞的贡献求和）

3　计算第 m 次碰撞对穿透的贡献，即 P_m

　　call area(E，Σ_s，Σ_t)

　　q$\leftarrow$q$+$Wexp$[\Sigma_t \times (Z-H)/\gamma]$

4　确定下次碰撞点的位置和碰后的状态：m$\leftarrow$m$+1$

　　自由程抽样 call path(RND，Σ_t，S)

　　第 m 次碰点位置 Z$\leftarrow$Z$+$S$\times\gamma$

5　若 Z$\leqslant0$ goto 8（计算该光子对穿透的贡献）

　　若 Z$\geqslant$H goto 8

6　W$\leftarrow$W$\times\Sigma_s/\Sigma_t$

　　$E_0\leftarrow$E

　　call energy(RND，E_0，E)

　　若 E$\leqslant$Emin（吸收），goto 8

　　散射方向抽样 γ_0

call direct(RND，γ_0，E_0，E，γ)

　　　　若 $\gamma \leqslant 0$（对透射无贡献），goto 4

7　　goto 3

8　　sq←sq+q，sq2←sq2+q×q

9　　continue

10　　P=sq/N，σ^2=P(1−P)，ΔP=$\sigma/\sqrt{N}$，输出

此外还有包括碰撞点积分方法、半解析方法等可更精确地模拟光子的游动过程，解决穿透问题，在此不再作详细说明。

12.5　随机过程的蒙特卡罗模拟

利用蒙特卡罗方法模拟随机过程，有以下两种情况。

第一种情况为根据已知随机过程的概率分布函数，求整个随机过程的统计特征。例如粒子的布朗运动，这些过程中的各个随机量的概率分布函数已由解析理论推导出来，自然可用蒙特卡罗方法再现这些过程。这种情况下的处理方法如下：

（1）建立一个与整个随机过程相关的随机模型，在其上形成某个随机量，使它的某一数字特征（概率，平均值和方差等）正好是问题的解。

（2）按随机过程的时序由已知分布进行大量（N 个）随机抽样。

（3）统计处理抽样结果，给出问题的解和解的误差。

当问题是求某一随机量 x 的期待值 $\bar{x}$ 时，蒙特卡罗方法是随机地产生 x 的 N 个抽样值 $\{x_i\}(i=1, 2, \cdots, N)$，然后用样本的平均值 $\bar{x}_N = \dfrac{1}{N}\sum\limits_{i=1}^{N} x_i$ 作为 x 的估计值。

从容量 N 有限的样本推断随机量分布的性质，即是由部分推断总体，因而总是有误差的，由于估计值 $\bar{x}_N$ 本身仍是随机的，所以这里所说的误差是指在一定概率保证下的误差，即概率误差。例如以不低于 $1-\alpha$ 的概率，保证 $\bar{x}_N$ 同 $\bar{x}$ 的相对误差小于 ε。由式（12.7）~（12.10）可知，当置信水平 $1-\alpha=0.6827$，相应的 $\tau=1$ 时，从而

$$\varepsilon = \frac{\varpi}{\sqrt{N}\,|\,\bar{x}\,|} = \left[\frac{(\overline{x^2})}{N\,|\,\bar{x}\,|^2} - \frac{1}{N}\right]^{1/2} \approx \left[\frac{(\overline{x_N^2})}{N\,|\,\bar{x}_N\,|^2} - \frac{1}{N}\right]^{1/2} \tag{12.33}$$

由上式可知，蒙特卡罗方法的误差 $\varepsilon \propto \sigma/\sqrt{N}$。提高精度的办法主要不是靠增加样本容量 N，而是靠改进模拟方法，降低方差 σ^2。

第二种情况为根据已知随机现象的观测数据（某一随机量的抽样值），求分布函数。其求解方法为：

（1）根据随机现象的特征和概率论的知识，假设随机量服从某种分布，建立概率模型。

（2）由观测数据推断分布中的参数值。

（3）按此分布作大量随机抽样。

（4）将这些抽样值与观测值作比较，根据误差情况，作出对假设的判断。

【例 12.10】 α 粒子衰变的蒙特卡罗模拟。

(1) α 衰变实验：$R_a \rightarrow R_n + \alpha$，半衰期 $\tau = 1620$ 年。在该实验中，每隔 $\Delta t = 7.7$ s $\ll \tau$ 测一次放射出来的 α 粒子数，共测了 $N = 2608$ 次，其中测到 k 个粒子的次数为 n_k，如表 12.2 和图 12.14 所示。

(2) 分析－建立模拟模型。原子核的 α 衰变是一种随机事件，Δt 时间内的衰变数 k 是这一随机事件的发生次数，为一随机量，它有如下特征：

① k 在某一有限平均值 a 的左右摆动，有

$$a = \bar{k}_N = \sum_{k=0}^{10} k \frac{n_k}{N} \approx 3.87$$

② k 可看做大量独立试验的总结果，大量是指 N 必须足够"大量"，独立指每个原子核衰变都不受别的核影响，是自发过程。

③ 对于每次试验，事件有相同的概率，且很小，即每个原子核都有机会衰变，且机会均等。

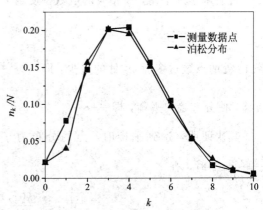

表 12.2　模拟过程中各参量的值

k	n_k	k	n_k
0	57	6	273
1	203	7	139
2	383	8	45
3	525	9	27
4	532	10	16
5	408	总(N)	2608

图 12.14　测量数据点与泊松分布对比

由概率论知，具有上述三个特征的随机量 k 近似服从泊松分布。许多随机现象都具有上述三个特征。例如：在时间 Δt 内，计数器记录到的宇宙线的粒子数；在长度 ΔL 的路径上，高能粒子和温室气体分子的碰撞次数；在一定的生产条件下，每批产品的废品数；在正常情况下，某一时间 Δt 内，一部电话的呼叫数。

根据上述分析，可假设 α 衰变中的随机量 k 服从泊松分布，即

$$P_k = \mathrm{e}^{-a} \frac{a^k}{k!} \qquad (a \approx 3.87; k = 0, 1, \cdots, 10) \tag{12.34}$$

(3) 蒙特卡罗模拟。

产生 2608 个泊松分布的随机数的抽样值，统计其中数值等于 k 的个数并与观测值 n_k 作比较，从而判断假设成立与否。

12.6　梅氏抽样方法及其应用

梅氏抽样方法是由 Metropolis 等人建立的一种抽样方法，它特别适合于多维随机量的情况，而在统计物理和量子力学中常常会碰到这类随机量。

用 x 表示多维随机量，$f(x)$ 是其概率密度函数。按图 12.15 所示流程产生随机量 x 的序列 $x_1 \to x_2 \to \cdots \to x_N$，当 $N \to \infty$ 时，它们的分布将趋向于 $f(x)$。

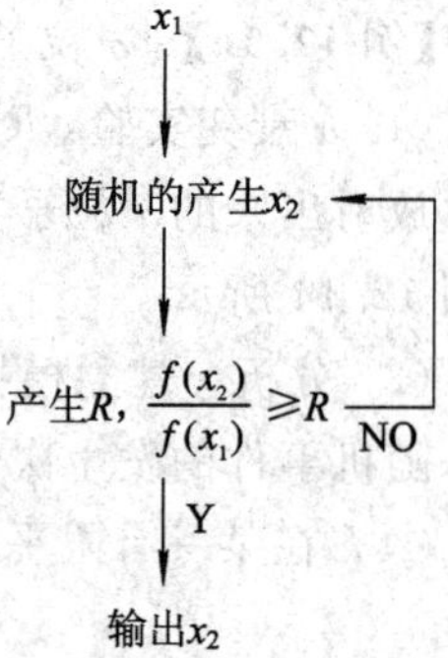

以下证明上述 x 的抽样值，当 N 趋近于 ∞ 时，满足 $f(x)$ 的分布。

为叙述方便，将 x 视为多维空间点的坐标。上述抽样的结果在多维空间产生了 N 个随机分布的点。

首先证明，随着抽样过程，N 个点的分布趋向平衡。设 $\bar{n}_1$ 和 $\bar{n}_2$ 分别为平衡时 x_1 和 x_2 处的点数密度，而 W_{12} 为点子由 x_1 到 x_2 的转移概率。于是平衡条件为

$$\bar{n}_1 \cdot W_{12} = \bar{n}_2 \cdot W_{21} \tag{12.35}$$

即由 x_1 到 x_2 的点数等于由 x_2 到 x_1 的点数。

若尚未达到平衡，设相应的点数密度为 n_1 和 n_2。则由 x_1 到 x_2 的净点数为

$$\Delta n_{12} = n_1 W_{12} - n_2 W_{21} = n_2 W_{12} \left(\frac{n_1}{n_2} - \frac{W_{21}}{W_{12}} \right) = n_2 W_{12} \left(\frac{n_1}{n_2} - \frac{\bar{n}_1}{\bar{n}_2} \right) \tag{12.36}$$

若 x_1 处的点数过多而 x_2 处的过少，即 $\frac{n_1}{n_2} > \frac{\bar{n}_1}{\bar{n}_2}$，由上式知 $\Delta n_{12} > 0$，点子将由 x_1 处向 x_2 处转移，使分布趋向平衡，即 $\frac{n_1}{n_2} \to \frac{\bar{n}_1}{\bar{n}_2}$。

其次证明，达到平衡时，点的分布为 $f(x)$。事实上由流图可知（注意 $R \leqslant 1$），当 $\frac{f(x_2)}{f(x_1)} < 1$ 时，有

$$W_{12} = \frac{f(x_2)}{f(x_1)}, \quad W_{21} = 1 \tag{12.37}$$

而当 $\frac{f(x_2)}{f(x_1)} \geqslant 1$ 时，

$$W_{21} = \frac{f(x_1)}{f(x_2)}, \quad W_{12} = 1 \tag{12.38}$$

由 (12.35) 和 (12.36) 式可知，当达到平衡时，对于 (12.37) 和 (12.38) 式都有

$$\frac{n_1}{n_2} = \frac{\bar{n}_1}{\bar{n}_2} = \frac{W_{21}}{W_{12}} = \frac{f(x_1)}{f(x_2)}$$

需要说明的是，梅氏抽样方法产生随机量 x 的过程中（参见图 12.15）由 x_1 随机地产生 x_2，可采用下式

$$x_2 = x_1 + \delta x (R - 0.5) \tag{12.39}$$

其中，$\delta(x)$ 为游动的步长。x_2 在 $(x_1 - 0.5\delta x, x_1 + 0.5\delta x)$ 区间内随机取值。注意：若 $\delta(x)$ 太大，则 $f(x + \delta x) / f(x) \geqslant R$ 不易成立，抽样效率低。若 $\delta(x)$ 过小，$f(x + \delta x) / f(x) \approx 1 \geqslant R$ 容易成立，抽样效率高，但游动不远，抽样分布差。合适的 $\delta(x)$ 应使 $f(x + \delta x) / f(x) \sim 0.5$。另外，在抽样过程中还应保证抽样值之间的独立性。由于 δx 较小，相邻两个抽样值 x_1 和 x_2 靠得较近。为了消除样本之间的相关性，需采用间隔抽样，即游动 K 步（又称抽样频率）取一个样本，K 的选取一般满足样本的自相关函数 $C(K) \leqslant 0.1$ 来确定。关于初始值

图右侧流程图：

x_1
↓
随机的产生 x_2
↓
产生 R，$\frac{f(x_2)}{f(x_1)} \geqslant R$ —— NO
↓ Y
输出 x_2

图 12.15

x_0 的选取，原则上可以任意设置 x 的初始值，通过"热化"，即随机游动 N_t 步来消除其影响。

【例 12.11】 计算氦原子中两个电子间库仑作用能的平均值。已知两个电子坐标概率密度函数为

$$f(r_1, r_2) = 2.340 \mathrm{e}^{-3.375(r_1+r_2)} \tag{12.40}$$

两个电子间库仑作用能平均值为

$$\bar{u} = \iint \frac{f(r_1, r_2)}{|\boldsymbol{r}_1 - \boldsymbol{r}_2|} \mathrm{d}\tau_1 \mathrm{d}\tau_2 = \iint \frac{f(r_1, r_2)}{r_{12}} \mathrm{d}\tau_1 \mathrm{d}\tau_2$$

$$= \iint u(r_{12}) f(r_1, r_2) \mathrm{d}\tau_1 \mathrm{d}\tau_2 \tag{12.41}$$

其中，$\mathrm{d}\tau_1 \mathrm{d}\tau_2 = \mathrm{d}x_1 \mathrm{d}y_1 \mathrm{d}z_1 \mathrm{d}x_2 \mathrm{d}y_2 \mathrm{d}z_2$，$\boldsymbol{r}_1 = (x_1, y_1, z_1)$ 和 $\boldsymbol{r}_2 = (x_2, y_2, z_2)$ 分别是两个电子以原子核为原点的坐标，r_{12} 为两个电子的间距，$r_{12} = |\boldsymbol{r}_1 - \boldsymbol{r}_2|$，$u(r_{12}) = 1/r_{12}$。$\bar{u}$ 的蒙特卡罗计算式为

$$\bar{u} = \frac{1}{N} \sum_{i=1}^{N} u_i \tag{12.42}$$

其中，u_i 是 $u(r_{12})$ 按分布 $f(r_1, r_2)$ 抽样得到的第 i 个坐标 $(\boldsymbol{r}_1, \boldsymbol{r}_2)$ 处的数值。

在实际抽样时，通常采用分组间隔抽样方法计算统计平均值和误差，如取

$$\underbrace{x_1, x_2, \underline{x_3}, x_4, x_5, \underline{x_6}}_{\text{第一组}}, \underbrace{x_7, x_8, \underline{x_9}, x_{10}, x_{11}, \underline{x_{12}}}_{\text{第二组}}, \cdots$$

一般称 N_f 为抽样频率（抽样间隔），N_s 为每组抽样的个数，$N_f \times N_s$ 为每组的样本个数，N_g 为组数。如上例中，$N_f = 3$，$N_s = 2$，每组样本个数为 $N_f \times N_s = 6$。

定义组内平均值与误差分别为：

$$\bar{x}_g = \frac{1}{N_s} \sum_{i=1}^{N_s} x_i, \quad \Delta x_g = \frac{\sigma_g}{\sqrt{N_s}} \tag{12.43}$$

其中，$\sigma_g^2 = \overline{x_g^2} - (\bar{x}_g)^2$，而 Δx_g 反映了 N_s 个 x_i 间的差别。

定义总体平均值为 N_g 个 $\bar{x}_g$ 的平均，即

$$\bar{x} = \frac{1}{N_g} \sum_{j=1}^{N_g} (\bar{x}_g)_j \tag{12.44}$$

这里定义总体误差 1 为 $\Delta x_1 = \dfrac{\sigma}{\sqrt{N_g}}$，其中 $\sigma^2 = \overline{x^2} - (\bar{x})^2$。而总体误差 2 为 $\Delta x_2 = \dfrac{1}{N_g}$ $\sqrt{\sum_{j=1}^{N_g} (\Delta x_g)_j^2}$。可见 Δx_1 是以 N_g 个 $\bar{x}_g$ 为独立样本作统计，是组间误差，反映了 N_g 个 $\bar{x}_g$ 之间的差别。而 Δx_2 是以 N_g 个 Δx_g 为独立样本作统计，是各组内误差的平均值。以下给出梅氏抽样方法计算 $\bar{u}$ 的计算程序。

计算距离的函数子程序：

```
function dist (x, y, z)
dist = sqrt(x * x + y * y + z * z)
return
end
```

计算权重的子程序：

```
        subroutine weight (x,f)
        dimension x(6)                    ! 两个电子坐标的数组
        r1=dist (x(1), x(2), x(3))
        r2=dist (x(4), x(5), x(6))
        f=exp(-3.375 * (r1+r2))
        return
        end
```

梅氏游动一步的子程序：

```
        subroutine walk (RND,δx, x)
        dimension x(6), x0(6)
        call weight (x, f0)
        do 10 i=1, 6
        x0(i)=x(i)
        call random(RND)                  ! 存旧
10      x(i)=x(i)+δx * (RND-0.5)          ! 生新
        call weight(x,f)
        call random(RND)
        if(f. ge. f0 * RND) goto 30       ! 游动
        do 20 i=1,6
20      x(i)=x0(i)                         ! 不动
30      return
        end
```

主程序流程：

```
        dimension x(6)
        输入抽样参数 Nt, Ng, Nf, Ns,δx
        初始化：随机地设置初始值 x
        do 10 i=1,6
        call random(RND)
10      x(i)=0.01 * (RND-0.5)             ! 两电子在核附近
        ! 热化：消除初始化影响，趋于平衡分布
        do 20 j=1, Nt
20      call walk(RND, δx, x)
        ! 分组间隔抽样，计算 ū 和误差估计
        su=0, su2=0, sdu=0
        do 40 ig=1, Ng                    ! 样本分成 Ng 个组
        ug=0, ug2=0
        do 30 k=1, Nf                     ! Ns 间隔 Nf 抽样，Ns 个样本为一组
        call walk(RND,δx, x)
        if(mod(k, Nf). ne. 0) goto 30
        x12=x(1)-x(4)
        y12=x(2)-x(5)
```

```
              z12＝x(3)－x(6)
              r12＝dist(x12,y12,z12)
              u＝1/r12
              ug＝ug＋u
              ug2＝ug2＋u * u              ！组内求和
   30         continue
              ug＝ug/Ns
              σ²g＝ug2/Ns－ug * ug
              △ug＝sqrt(σ²g/Ns)             ！组内平均、方差和误差
              su＝su＋ug, su2＝su2＋ug * ug
   40         sdu＝sdu＋△ug                 ！组间求和
              ū＝su/Ng, σ²＝su2/Ng－ū * ū
              △u1＝sqrt(σ²/Ng), △u2＝sdu/Ng
              △＝△u1－△u2                  ！组间平均、方差和误差
```

输出 $\bar{u}$, $\Delta u1$, $\Delta u2$, Δ

需要说明的是,组间的误差(最后的误差)有两种表述方法,即 $\Delta u1$ 和 $\Delta u2$。前者是把各组的平均 ug 当作独立的样本,后者是把各组的误差 Δug 当作独立的样本。若抽样频率 N_f 较大,使得所有的样本都是独立的,这两个误差将相等,$\Delta=0$。若抽样频率过小,N_s 个样本相近,则各组的误差都很小,而组间的误差将较大,即 $\Delta>0$。实际计算时,应选择抽样参数,使得 $\Delta\approx0$,这时的 $\bar{u}$ 才是我们需要的结果。

梅氏抽样方法在统计物理中也有广泛应用。热力学体系是由大量的作无规则运动的分子组成的,即使体系处于宏观平衡态,其微观态也是随机变化的。体系的宏观量是相应微观量的统计平均值。在经典统计物理中,体系的微观态用相点表示,各种微观量是相点坐标 x 的函数,相点在相空间随机游动。对于正则系综,相点坐标 x 的概率密度为

$$f(x) = ce^{-\beta E(x)} \tag{12.45}$$

其中 $E(x)$ 是体系处于微观态 x 时的能量。于是物理量 A 的统计平均值为

$$\overline{A} = \int A(x)f(x)\mathrm{d}x \quad (\text{多维积分}) \tag{12.46}$$

利用梅氏抽样方法可以避开多重积分的计算,并给出 $\overline{A}$、$\overline{A^2}$ 及方差 σ^2 和误差 ΔA 的估计值,其计算公式为

$$\overline{A} = \frac{1}{N}\sum_{i=1}^{N}A_i, \quad \overline{A^2} = \frac{1}{N}\sum_{i=1}^{N}A_i^2, \quad \sigma^2 = \overline{A^2}-(\overline{A})^2, \quad \Delta A = \frac{\sigma}{\sqrt{N}} \tag{12.47}$$

具体计算过程与例 12.11 中的情况类似。

12.7　蒙特卡罗方法在数值分析中的应用

12.7.1　定积分的计算

设有一定积分 $G = \int_a^b f(x)\mathrm{d}x$ ($f(x)>0$,正定)(如图 12.16 所示)。现在设想随机地向虚矩形框内投点 N 个,统计其中曲线下的点数 M,则应有

$$\frac{G}{f_{max}(b-a)}=\frac{\text{曲线下面积}}{\text{虚矩形面积}}\approx\frac{M}{N}=\frac{\text{曲线下投点数}}{\text{虚矩形下投点数}}$$

因此有

$$G\approx f_{max}(b-a)\frac{M}{N} \tag{12.48}$$

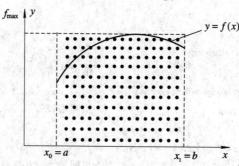

图 12.16

具体实施步骤如下：

(1) 随机地向虚矩形内投点，投点的坐标满足如下条件：

$$\begin{cases} x=a+(b-a)R & (a<x<b) \\ y=f_{max}R \end{cases}$$

显然，随机点 (x,y) 在虚矩形框内均匀分布。

(2) 考虑点 (x,y) 是否在曲线下面，即若 $y<f(x)$，则点在曲线下面，并予以记数。

【例 12.12】 利用蒙特卡罗方法计算单位圆的面积 S。

如图 12.17 所示，随机点 (x_i,y_i) 满足方程 $x_i^2+y_i^2\leqslant 1$。计算第一象限曲线下的点数 M、N 为虚正方形下的点数，有

$$\frac{M}{N}=\frac{S}{4}$$

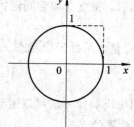

因此单位圆的面积为 $S=4\times M/N$。

计算程序：

```
            n=16 384
            m=0
            r=0.5
            do 10 k=1,n
            call rand(r)
            x=r
            call rand(r)
            y=r
            if(x * x+y * y. le. 1. 0) m=m+1
      10    continue
            S=4. * float(m)/float(n)
            write( * , * ) 'S=',S
            end
```

图 12.17　蒙特卡罗方法计算圆面积示意图

```
subroutine rand(r)
data k,j,m,rm/5701,3613,566 927,566 927/
ir＝int(r * rm)
irand＝mod(j * ir＋k,m)
r＝(real(irand)＋0.5)/rm
return
end
```

计算结果为 $S＝3.140\ 137$。

【例 12.13】　计算积分 $G = \int_0^1 \sqrt{1-x^2}\ \mathrm{d}x$ 的值。(该定积分的解析解 $G_0＝\pi/4$。)

由题可知，$a＝0$，$b＝1$，$f_{max}＝1$。

计算程序：

```
            n＝16 384
            a＝0
            b＝1
            pi＝3.141 592 6
            fmax＝1.0
            m＝0
            r＝0.5
            do 10 K＝1,n
            call rand(r)
            x＝a＋(b−a) * r
            call rand(r)
            y＝fmax * r
            yy＝sqrt(1.−x * * 2)
            if(y. le. yy) m＝m＋1
    10      continue
            gg＝float(m)/ float(n) * fmax * (b−a)          !数值解
            g＝pi/4.                                        !精确解
            write( * , * ) n, gg, g
            end
```

计算结果为 $gg＝0.785\ 034\ 2$(数值解)，$g＝0.785\ 398\ 1$(精确解)。

12.7.2　多维积分的计算

1. 原理

设有 m 维的定积分

$$G_0 = \int_V g(x)\mathrm{d}x \tag{12.49}$$

其中 V 是 m 维空间的体积，$x(x_1, x_2, \cdots, x_m)$ 是该空间点的坐标，$\mathrm{d}x$ 是该空间的体积元。取一已知函数 $f(x)$，对它的要求是正定和归一化，从而可作为概率密度函数，将(12.49)式转化为

$$G_0 = \int_V g(x)\mathrm{d}x = \int_V g_1(x)f(x)\mathrm{d}x \tag{12.50}$$

其中 $g_1(x) = g(x)/f(x)$。这样我们可以将上式中的 G_0 当作 $g_1(x)$ 按分布 $f(x)$ 的统计平均值，于是有

$$G_0 = \int_V g_1(x)f(x)\mathrm{d}x = \overline{g_1(x)} \approx \frac{1}{N}\sum_{i=1}^{N} g_1(x_i) \tag{12.51}$$

计算结果的方差为

$$\sigma^2 = \overline{g_1^2} - (\overline{g_1})^2 = \frac{1}{N}\sum_{i=1}^{N} g_1^2(x_i) - \left[\frac{1}{N}\sum_{i=1}^{N} g_1(x_i)\right]^2 \tag{12.52}$$

误差为

$$\Delta G_0 = \sqrt{\frac{\sigma^2}{N}} \tag{12.53}$$

值得注意的是，本方法其误差与维数无关，而一般数值方法的误差是随维数而增大的。

2. 概率密度函数 $f(x)$ 的选取原则

(1) 正定、归一。

(2) 简单且易于抽样。

(3) 应使 $f(x)$ 与 $g(x)$ 的形状相近，这样 $g_1(x) = g(x)/f(x)$ 较平稳，从而 σ 较小，保证误差 ΔG_0 较小。

显然，假如 $f(x) = g(x)$，从而有 $g_1(x) = 1$，则 $\sigma^2 = 0$，当然这不是现实的。

关于 $f(x)$ 的一种简便的选取方法是，当积分区域为有限值时，可取它为均匀分布，即

$$f(x) = \frac{1}{V} \qquad (x \in V)$$

这时式(12.50)变为

$$G_0 = V\int_V g(x)\frac{1}{V}\mathrm{d}x \tag{12.54}$$

即 G_0 是 $g(x)$ 按均匀分布的统计平均值乘以积分体积。注意这是简单的 $f(x)$，但并非最佳。

【例 12.14】 计算积分

$$G_0 = \int_{a_1}^{b_1} \cdots \int_{a_m}^{b_m} g(x_1, \cdots, x_m)\mathrm{d}x_1\cdots\mathrm{d}x_m$$

```
      dimension x(m), A(m), B(m)
c     输入 N, m, A(1),…,A(m),B(1),…,B(m)…N 为抽样个数, m 为积分维数
      V=1
      r=0.5
      do 10 j=1,m
10    V=V * (B(j)−A(j))
      sg=0, sg2=0
      do 30 i=1,N
      do 20 j=1,m
      call rand(r)
```

```
20        x(j)＝A(j)＋r＊(B(j)－A(j))
          sg＝sg＋g(x(1),…,x(m))
30        sg2＝sg2＋g(x(1),…,x(m))＊g(x(1),…,x(m))
          G0＝V＊sg/N
          σ²＝sg2/N－G0＊＊2
          ΔG₀＝sqrt(σ²/N)
```

练习：计算积分

$$G_0 = \int_0^1 \cdots \int_0^1 (x_1^2 + \cdots + x_m^2)\,\mathrm{d}x_1 \cdots \mathrm{d}x_m$$

m 分别取 2、4、6、8。对每一个 m、N 分别取为 10、100、1000，可与 G_0 的精确值 2/3、4/3、6/3、8/3 作比较。

12.7.3　求方程的根

1. 一元方程的实根

利用逐步逼近的方法寻找方程 $f(x)＝0$ 的近似根 x_0，使得 $f(x_0) \leqslant \varepsilon$，其中 ε 是事先指定的小量。

如图 12.18 所示，在 x 轴上取一初值 x_0，令 $x_1＝x_0＋b(2R－1)$，则有 $x_0－b＜x_1＜x_0＋b$。即以 x_0 为中心，以 b(一指定正数)半径，随机游动到 x_1，若 $|f(x_1)|＜|f(x_0)|$，就再以 x_1 为中心继续游动，直至 $|f(x)| \leqslant \varepsilon$ 为止，则 x 为所求根。

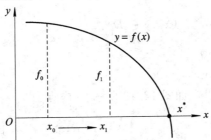

图 12.18　一元求根示意图

具体操作时，刚开始 b 可取得大一些，然后逐步减小，压缩 x_0 的游动范围。为了防止无休止的游动，在此可先设置一个较大的整数 N，当游动步数 $m＝N$ 时，若 $|f(x)| \leqslant \varepsilon$ 仍不满足，应修改减小 b。

计算流程：

```
1    read：x0，b，N，ε
2    m＝0
3    f0＝f(x0)
4    if |f0|≤ε goto 10
5    m＝m＋1，if(m－N) 7,7,6
6    b＝b/2，m＝0
7    call rand(r)，x1＝x0＋b＊(2.＊r－1)
     f1＝f(x1)
```

```
        if|f1|≥|f0|  goto 5
8       x0＝x1
        f0＝f1
9       goto 4
10      write：x0，f0
```

2. 方程组的实根

对于多元方程组 $f_i(x_1, \cdots, x_N) = 0 (i = 1, \cdots, N)$，求实根的方法与求一元方程实根类似，不过流程中应要求对于每一个方程最后均应满足 $f_i \leqslant \varepsilon$。

3. 一元方程的复根

设 $f(x) = 0$ 的复根为 $x = x_1 + \mathrm{i}x_2$，则可以把 $f(x)$ 分成实部和虚部，即

$$f(x_1 + \mathrm{i}x_2) = f_1(x_1, x_2) + \mathrm{i}f_2(x_1, x_2) = 0$$

因此有

$$\begin{cases} f_1(x_1, x_2) = 0 \\ f_2(x_1, x_2) = 0 \end{cases}$$

化为二元方程组，可以求出它们的实根。

12.7.4　偏微分方程的第一类边值问题

已知

$$\begin{cases} \dfrac{\partial^2 u}{\partial x^2} + \dfrac{\partial^2 u}{\partial y^2} = 0 & (x, y \in D) \\ u\mid_\Gamma = f(x, y) \end{cases}$$

求区域内任意一点 P 处的 $u(x_P, y_P)$。

先考虑一个简单矩形区域（如图 12.19 所示），内点为 6、7 两点。

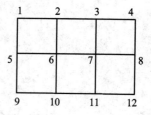

图 12.19　矩形区域示意图

根据五点差分格式有

$$u_6 = \frac{1}{4}(u_2 + u_5 + u_{10} + u_7)$$

$$= \frac{1}{4}(u_2 + u_5 + u_{10}) + \frac{1}{4} \times \frac{1}{4}(u_3 + u_6 + u_{11} + u_8)$$

因此有

$$\frac{15}{16}u_6 = \frac{1}{4}(u_2 + u_5 + u_{10}) + \frac{1}{16}(u_3 + u_{11} + u_8)$$

即

$$u_6 = \frac{4}{15}(u_2 + u_5 + u_{10}) + \frac{1}{15}(u_3 + u_{11} + u_8)$$

上式又可以表示为：$u_6 = \sum_i C_i u_{边界}$，其中 C_i 为各边界点对内点 6 的贡献权重，各权重之和 $\sum_i C_i = \frac{4}{15} \times 3 + \frac{1}{15} \times 3 = 1$。因此 u_6 可以看成是各边界点的统计平均值，C_i 是边界点 Q_i 的统计权重。

由拉普拉斯方程的差分格式可知，区域内 P 点的 u 值实际上是其邻近四点 u 的平均值。对于其他内点可找到同样的方程。因此有多少个内点，就有多少个这样的方程。利用消元法，可消去这组方程中的其他内点，而只剩下内点 P 和边界点 Q_i，从而得到 $u(x_P, y_P)$。事实上它为边值 $f(Q_i)$ 的某种线性组合，即

$$u(P) = \sum_i C(P, Q_i) f(Q_i) \tag{12.55}$$

可用下述随机过程模拟上述求解过程（见图 12.20）：取 N 个质点，从 P 点出发，各自独立地以各向均等方式沿网格随机游动，到达边界后停止游动，统计其中到达边界点 Q_i 的质点数 n_i，则有

$$u(P) = \sum_{i \in \Gamma} \frac{n_i}{N} f(Q_i) \Big|_{N \to \infty} \tag{12.56}$$

对于每一个网格结点处质点的游动方向可以通过随机数 R 来确定。

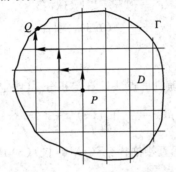

图 12.20　游动方向示意图

事实上很多确定性问题都可以用蒙特卡罗方法来处理，其核心是把给出的确定性问题的求解过程和某些随机过程联系对应起来，并找出相应的随机量和分布函数，然后用统计抽样方法求得随机量的某个（或）几个数字特征，如均值、方差等，它们正好是确定性问题的近似解。

习 题 十 二

12.1　利用直接法编程计算例 12.5 产生随机变量 S 的抽样值。

12.2　利用舍选抽样法编程完成例 12.7。

12.3　编程完成例 12.8。

12.4　分子热运动其速率概率密度函数满足麦氏分布率：

$$f(x)\mathrm{d}x = \frac{2}{\sqrt{\pi}} \sqrt{x}\mathrm{e}^{-x}\,\mathrm{d}x \qquad \left(0 < x < \infty, \ x = \frac{mv^2}{2KT}\right)$$

取 $f_1(x) = \dfrac{2}{3} \mathrm{e}^{-2x/3}$，找出 $h(x)$ 和 M，用直接法对 $f_1(x)$ 抽样并写出产生 $x|_{f(x)}$ 的程序。

12.5　试分别采用直接模拟方法和统计估计方法求 $N = 200$ 个光子对 $H = 20\text{ cm}$ 厚度铝板的穿透率，并作误差估计。取 E_{00}、$E_{\min}$、Z_0、γ_{00} 分别为 5.8708、0.019 57、0、1。

12.6　完成例 12.11 中计算氦原子中两个电子间库仑作用能平均值的计算程序。

12.7 半径为 1 的球体被一轴线过球心的半径为 0.5 的圆柱所截(见图 12.21),采用蒙特卡罗方法编程求解球体剩余部分的质量。设圆球及圆柱的密度均为 1。

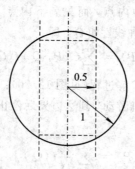

图 12.21

(考虑 x, y, z/R, R, R; $\begin{cases} x^2 + y^2 + z^2 \leqslant 1 & (\text{球内}) \\ x^2 + y^2 \geqslant (0.5)^2 & (\text{圆柱外}) \end{cases}$,统计点数 M, $V = 8 \times M/N$。)

12.8 计算积分 $\int_0^1 \dfrac{\mathrm{d}x}{1 + x^2}$。

(1) 分别采用辛普森法和随机掷点法计算定积分。(此定积分的解析解为 $\pi/4$。)

(2) 分别取概率密度函数 $f(x) = 1$ 和 $f(x) = \dfrac{1}{3}(4 - 2x)$ 进行计算并作误差估计。

(对 $f(x) = \dfrac{1}{3}(4 - 2x)$ 进行直接抽样:$F(x) = \int_0^x f(x)\mathrm{d}x = \dfrac{1}{3}(4x - x^2) = R$,$\Rightarrow x = 2 \pm \sqrt{4 - 3R}$。注意由于 $0 < R < 1$,$0 < x < 1$,应取"$-$"号。)

12.9 采用蒙特卡罗方法编程求解以下方程。

(1) $e^{-x^3} - \tan x + 800 = 0 (0 < x < \pi/2)$;

(2) $x + 5e^{-x} - 5 = 0 (0 < x < 10)$。

12.10 采用蒙特卡罗方法编程求解以下方程组

$$\begin{cases} 3x_1 + x_2 + 2x_3^2 - 3 = 0 \\ -3x_1 + 5x_2^2 + 2x_1 x_3 - 1 = 0 \\ 25x_1 x_2 + 20x_3 + 12 = 0 \end{cases}$$

(精确解:$x_1 = 1.1$, $x_2 = -0.8$, $x_3 = 0.5$。)

12.11 采用蒙特卡罗方法编程求解方程 $x^2 - 6x + 13 = 0$ 的复根。(精确解:$x = 3 \pm 2i$)

薛定谔方程是量子力学中的基本方程，它揭示了微观物理世界物质运动的基本规律，就像牛顿定律在经典力学中所起的作用一样，它是原子物理学中处理一切非相对论问题的有力工具。量子力学是研究微观粒子运动规律的物理学分支学科，它主要研究原子、分子、凝聚态物质，以及原子核和基本粒子的结构、性质的基础理论，它与相对论一起构成了现代物理学的理论基础。本章从定态薛定谔基本方程出发，介绍了一维方势阱中粒子能级和波函数的计算以及薛定谔方程的矩阵解法，同时附上 FORTRAN 程序以供参考。

13.1　定态薛定谔方程

量子力学与经典力学的差别首先表现在对粒子的状态和力学量的描述及其变化规律上。在量子力学中，微观粒子的运动状态称为量子态，是用波函数 $\psi(r, t)$ 来描述的，波函数所反映的微观粒子波动性，就是德布罗意波。德布罗意波或波函数 $\psi(r, t)$ 不代表实际物理量的波动，而是描述粒子在空间的概率分布的概率波。量子力学中描述微观粒子的波函数本身是没有直接物理意义的，具有直接物理意义的是波函数模的平方，它代表了粒子出现的概率。波函数模的平方 $|\psi(r, t)|^2$ 代表时刻 t，在 r 处附近空间单位体积中粒子出现的几率。因此 $|\psi(r, t)|^2$ 也被称为概率密度，即某一时刻出现在某点附近体积元 dV 中的粒子的概率为 $|\psi(x, y, z, t,)|^2 dxdydz$。波函数必须满足标准化条件，即单值、连续、有限；同时波函数还必须满足归一化条件 $\int_V \psi^*(r, t)\psi(r, t)d\tau = 1$。当微观粒子处于某一状态时，它的力学量（如坐标、动量、角动量、能量等）具有一系列可能值，每个可能值以一定的几率出现。当粒子所处的状态确定时，力学量具有某一可能值的几率也就完全确定了。

量子力学中求解粒子问题常归结为解薛定谔方程或定态薛定谔方程。薛定谔方程广泛地用于原子物理、核物理和固体物理，对于原子、分子、核、固体等一系列问题中求解的结果都与实际符合得很好。薛定谔方程通常表示为

$$i\hbar \frac{\partial \psi}{\partial t} = H\psi \tag{13.1}$$

即

$$i\hbar \frac{\partial \psi}{\partial t} = -\frac{\hbar^2}{2m}\nabla^2 \psi + u\psi \tag{13.2}$$

其中 $H = -\dfrac{\hbar^2}{2m}\nabla^2 + u$，$\hbar = \dfrac{h}{2\pi}\begin{cases} h = 6.63 \times 10^{-34}\ \text{J·S} \\ \hbar = 1.05 \times 10^{-34}\ \text{J·S} \end{cases}$，$\nabla^2$ 表示 $\dfrac{\partial^2}{\partial x^2} + \dfrac{\partial^2}{\partial y^2} + \dfrac{\partial^2}{\partial z^2}$。式(13.2)为偏微分方程，这里 $u(r, t)$ 称为势函数，$\psi(r, t)$ 称为波函数，m 为粒子的质量。我们的目

的是求能级 E 和波函数 ψ。若 $u=u(\boldsymbol{r})$，不含时间，则有

$$\psi(\boldsymbol{r}, t) = \psi(\boldsymbol{r}) f(t) \tag{13.3}$$

代入含时薛定谔方程(13.2)后，可得

$$\frac{i\hbar}{f} \frac{\mathrm{d}f}{\mathrm{d}t} = \frac{1}{\psi} \left[-\frac{\hbar^2}{2m} \nabla^2 \psi + u(\boldsymbol{r})\psi \right] = E \tag{13.4}$$

因此有

$$\begin{cases} i\hbar \dfrac{\mathrm{d}f}{\mathrm{d}t} = Ef \Rightarrow f = C \mathrm{e}^{-i\frac{E}{\hbar}t} \\[2mm] -\dfrac{\hbar^2}{2m} \nabla^2 \psi + u(\boldsymbol{r})\psi = E\psi \end{cases} \tag{13.5}$$

根据式(13.3)有

$$\psi(\boldsymbol{r}, t) = \psi(\boldsymbol{r}) \mathrm{e}^{-i\frac{E}{\hbar}t} \tag{13.6}$$

式(13.5)中的第二式称为定态薛定谔方程，即

$$-\frac{\hbar^2}{2m} \nabla^2 \psi + u(\boldsymbol{r})\psi = E\psi \tag{13.7}$$

在一维情况下有

$$-\frac{\hbar^2}{2m} \frac{\mathrm{d}^2 \psi}{\mathrm{d}x^2} + u(x)\psi = E\psi \tag{13.8}$$

通常又写为算子形式

$$\hat{H}\psi = \left[-\frac{\hbar^2}{2m} \frac{\mathrm{d}^2}{\mathrm{d}x^2} + u(x) \right]\psi = E\psi \tag{13.9}$$

显然该方程为一本征方程，E 即为本征值，而 ψ 为本征函数。

13.2　一维方势阱中粒子能级和波函数的计算机求解

　　对于一维方势阱问题，势函数 $u(x) = \begin{cases} V_0 & (0 \leqslant x \leqslant W, V_0 \leqslant 0) \\ 0 & (x \leqslant 0, x \geqslant W) \end{cases}$，如图 13.1 所示，试根据式(13.9)求解本征方程的本征值 E(能级)和本征函数 ψ(波函数)。

　　根据式(13.9)，有

$$\frac{\hbar^2}{2m} \frac{\mathrm{d}^2 \psi}{\mathrm{d}x^2} = [u(x) - E]\psi$$

即

$$\frac{\mathrm{d}^2 \psi}{\mathrm{d}x^2} = \frac{2m}{\hbar^2} [u(x) - E]\psi$$

为简单起见，记 $\hbar = 1, m = \dfrac{1}{2}$(不影响结果的一般性)，因此有

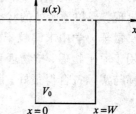

图 13.1　一维方势阱示意图

$$\frac{\mathrm{d}^2 \psi}{\mathrm{d}x^2} = [u(x) - E]\psi \tag{13.10}$$

阱内波函数满足 $(0 \leqslant x \leqslant W)$

$$\frac{\mathrm{d}^2 \psi}{\mathrm{d}x^2} = -r_1^2 \psi$$

其中 $r_1 = \sqrt{E - V_0}(V_0 < E < 0)$，上面微分方程的解即为

$$\psi(x) = A_1 \sin r_1 x + B_1 \cos r_1 x$$

在阱外 $(x \leqslant 0, x \geqslant W)$，由于 $u(x) = 0$，因此有

$$\frac{\mathrm{d}^2 \psi}{\mathrm{d} x^2} = r_2^2 \psi$$

其中 $r_2 = \sqrt{-E}$，上式微分方程的解为

$$\psi(x) = C_j e^{r_2 x} + D_j e^{-r_2 x}$$

这里 $j = 0$ 表示势阱左边的波函数，而 $j = 1$ 表示势阱右边的波函数。待定系数有 A_1、B_1、C_0、C_1、D_0、D_1。

根据自然边界条件，$x \to \pm\infty$ 时，波函数 $\psi(x) \to 0$，因此对于势阱左侧可得 $D_0 = 0$，而在右侧有 $C_1 = 0$。再利用边界条件，在 $x = 0$ 处波函数和一阶导数连续，有

$$\psi(0^-) = C_0 = \psi(0^+) = B_1$$
$$\psi'(0^-) = r_2 C_0 = \psi'(0^+) = r_1 A_1$$

因此有

$$\begin{cases} A_1 = \dfrac{r_2}{r_1} C_0 \\ B_1 = C_0 \end{cases}$$

C_0 为常数，一般可取为 1。因此波函数可以表示为

$$\psi(x) = C_0 e^{r_2 x} \qquad (x < 0) \tag{13.11(a)}$$

$$\psi(x) = D_1 e^{-r_2 x} \qquad (x > W) \tag{13.11(b)}$$

$$\psi(x) = \frac{r_2}{r_1} C_0 \sin(r_1 x) + C_0 \cos(r_1 x) \qquad (0 < x < W) \tag{13.11(c)}$$

同理，在 $x = W$ 处，波函数和一阶导数连续，因此有

$$\psi(W) = \frac{r_2}{r_1} C_0 \sin(W r_1) + C_0 \cos(W r_1) \tag{13.12(a)}$$

$$\psi(W) = C_1 e^{r_2 W} + D_1 e^{-r_2 W} \tag{13.12(b)}$$

$$\psi'(W) = r_2 C_0 \cos(W r_1) - C_0 r_1 \sin(W r_1) \tag{13.12(c)}$$

$$\psi'(W) = r_2 C_1 e^{r_2 W} - r_2 D_1 e^{-r_2 W} \tag{13.12(d)}$$

由式（13.12(b)）和（13.12(d)）可得

$$\begin{cases} C_1 = \dfrac{1}{2} e^{-r_2 W} \left(\psi(W) + \dfrac{\psi'(W)}{r_2} \right) \\ D_1 = \dfrac{1}{2} e^{r_2 W} \left(\psi(W) - \dfrac{\psi'(W)}{r_2} \right) \end{cases} \tag{13.13}$$

故由 C_0、$\psi(W)$、$\psi'(W)$ 可确定 C_1、D_1。结合方程（13.12(a)）～（13.12(d)），可得

$$C_1 = \frac{2 C_0 \cos(W r_1) + \left(\dfrac{r_2}{r_1} - \dfrac{r_1}{r_2} \right) C_0 \sin(W r_1)}{2 e^{r_2 W}} \tag{13.14(a)}$$

$$D_1 = \frac{r_1^2 + r_2^2}{2 r_1 r_2 \cdot e^{-r_2 W}} C_0 \sin(W r_1) \tag{13.14(b)}$$

式(13.14)中的 r_1、r_2 可以分别通过 $r_1 = \sqrt{E-V_0} = \sqrt{|V_0|-|E|}$，$r_2 = \sqrt{-E} = \sqrt{|E|}$ 来确定。要确定本征值 E 可以通过式(13.14(a))中的 $C_1 = 0$ 确定，这就要求对 E 取值有限制，必须取确定值。但这种方法一般不予采用，而通常采用计算节点法来实现。我们知道对势阱而言，一般有 $E_{\max} = 0$（否则势阱不起作用，变为自由粒子），$E_{\min} = V_0$。

需要说明的是，与基态能量 E_0 相应的波函数没有节点；第 n 个激发态相应的波函数 ψ_n 有 n 个节点，而且这些能量值恰好是波函数的节点变化时临界的能量值。我们可以通过计算不同能量 E 对应解波函数的节点数。确定节点变化时临界的能量值 E 即为能量本征值。

计算节点时，方势阱内节点数是用阱内的半波长数 $r_1 W/\pi$（一般是介于某奇数与相邻偶数间的数）取整数后决定的，即若 $\psi(0) \cdot \psi(W) > 0$ 则取相邻的偶数，若 $\psi(0) \cdot \psi(W) < 0$ 则取相邻的奇数作为节点数；方势阱外节点数是令 $\psi(x) = 0$，由式(13.13)解得的 C_1 和 D_1 异号，并且 $x = \dfrac{1}{2r_2} \ln\left(-\dfrac{D_1}{C_1}\right) > W$，则有一节点，否则就无节点。

计算节点和能级的步骤如下：

(1) 输入 V_0、W、$E_{\max}$、$E_{\min}$ 和 M。

(2) 计算 $\Delta E = \dfrac{E_{\max} - E_{\min}}{M-1}$，$N = \mathrm{int}\left(\dfrac{r_1 W}{\pi}\right)$。

(3) 利用以上节点计算方法确定节点数。

(4) 由节点数计算结果来定出能级。

① 若相邻的两个能量分别对应 0、1 两个节点，则 E_1 必处于 E_a、E_b 间，取 $E_1 = \dfrac{E_a + E_b}{2}$。

② 若相邻的两个能量分别对应一个和两个节点，则 E_2 必处于这两个能量间，依此类推。

【例 13.1】 例如取 $V_0 = -20.0$，$W = 1.0$，$E_{\min} = -20.0$，$E_{\max} = 0.0$，M 取 51。利用计算节点法编程计算出基态和第一激发态能级。

计算程序：

```
write( * , * )'input V0,W,Emin,Emax,M'
read( * , * )V0,W,Emin,Emax,M
N=0
de=(Emax−Emin)/(M−1)
E=Emin−de
do 100 I=1,M
E=E+de
r1=sqrt(abs(E−V0))
r2=sqrt(abs(E))
phi=(r2/r1) * sin(W * r1)+cos(W * r1)        !对应式(13.12(a))
phi1=r2 * cos(W * r1)−r1 * sin(W * r1)        !对应式(13.12(c))
C1=0.5 * exp(−W * r2) * (phi+phi1/r2)
D1=0.5 * exp(W * r2) * (phi−phi1/r2)
```

```
          N＝int(W * r1/3.141 592 6)
          if(N－int(N/2) * 2. ne. 0. and. phi. gt. 0) N＝N＋1        ! N 为奇数
          if(N－int(N/2) * 2. eq. 0. and. phi. lt. 0) N＝N＋1        ! N 为偶数
          if(C1 * D1. lt. 0. ) goto 10
    5     write( * , * ) N，E
          goto 100
    10    if(alog(－D1/C1)/(2 * r2). gt. W) N＝N＋1
          goto 5
    100   continue
          end
```

根据以上计算程序可得表 13.1，该表给出了节点数随能量的变化情况。从表中可知
$E_0 = \dfrac{(-15.6) + (-15.2)}{2} = -15.4$，为基态能级，可以再取 $E_{max} = -15.2$，$E_{min} = -15.6$，
$M = 51$，可得到更为精确的结果 $E_0 = -15.412，\cdots$。同理可得第一激发态能级为 $E_1 = \dfrac{(-4.0) + (-3.6)}{2} = -3.8$。

表 13.1　变量 E 与 N 的对应值

E	−20.0	−19.6	⋯	−15.6	−15.2	−14.8	⋯	−4.0	−3.6	⋯	−0.4
N	0	0	⋯	0	1	1	⋯	1	2	⋯	2

一旦能级 E 确定下来，各能级下的波函数即可通过(13.11)式确定下来。

13.3　薛定谔方程的矩阵解法

【例 13.2】　考虑一维无限深势阱，如图 13.2 所示，势函数为

$$u(x) = \begin{cases} 0 & (|x| \leqslant a) \\ \infty & (|x| \geqslant a) \end{cases}$$

由量子力学基础知识可知，在阱外，当 u 为 ∞ 时，$\psi = 0$。
而在阱内，波函数满足微分方程

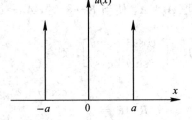

图 13.2　一维无限深势阱

$$-\frac{\hbar^2}{2m}\frac{d^2\psi}{dx^2} = E\psi \qquad (13.15)$$

用有限差分法中的中心差分替代式(13.15)中的微分后可得

$$-\frac{\hbar^2}{2m}\frac{d^2\psi}{dx^2}\Big|_i = -\frac{\hbar^2}{2m}\frac{\psi_{i-1} - 2\psi_i + \psi_{i+1}}{(\Delta x)^2} = E\psi_i \qquad (13.16)$$

假设将 x 轴上 $[-a, a]$ 区间四等分，等分点为 $i = 0, 1, 2, 3, 4$。根据波函数连续条件可知 $\psi_0 = \psi_4 = 0$。以下仅就 $i = 1, 2, 3$ 进行讨论。将 $i = 1, 2, 3$ 分别代入上式，则有

$$-\frac{\hbar^2}{2m(\Delta x)^2}(-2\psi_1 + \psi_2) = E\psi_1 \qquad (13.17(a))$$

$$-\frac{\hbar^2}{2m(\Delta x)^2}(\psi_1 - 2\psi_2 + \psi_3) = E\psi_2 \qquad (13.17(b))$$

$$-\frac{\hbar^2}{2m(\Delta x)^2}(\psi_2 - 2\psi_3) = E\psi_3 \qquad (13.17(c))$$

令 $K = \dfrac{\hbar^2}{2m(\Delta x)^2}$，式(13.17(a))～(13.17(c))可以表示为以下矩阵方程

$$K\begin{bmatrix} 2 & -1 & 0 \\ -1 & 2 & -1 \\ 0 & -1 & 2 \end{bmatrix}\begin{bmatrix} \psi_1 \\ \psi_2 \\ \psi_3 \end{bmatrix} = \begin{bmatrix} E & 0 & 0 \\ 0 & E & 0 \\ 0 & 0 & E \end{bmatrix}\begin{bmatrix} \psi_1 \\ \psi_2 \\ \psi_3 \end{bmatrix}$$

即

$$\begin{bmatrix} 2 & -1 & 0 \\ -1 & 2 & -1 \\ 0 & -1 & 2 \end{bmatrix}\begin{bmatrix} \psi_1 \\ \psi_2 \\ \psi_3 \end{bmatrix} = K^{-1}\begin{bmatrix} E & 0 & 0 \\ 0 & E & 0 \\ 0 & 0 & E \end{bmatrix}\begin{bmatrix} \psi_1 \\ \psi_2 \\ \psi_3 \end{bmatrix}$$

这是一个典型的本征方程 $\boldsymbol{A\psi} = E\boldsymbol{\psi}$ 形式。利用线性代数中的有关知识，通过求解 $|\lambda\boldsymbol{I} - \boldsymbol{A}| = 0$ 可以求得本征值 λ_i。但一般来讲，该方法主要用于低阶阵，当 $\boldsymbol{A}$ 的阶数较高时，本征方程是一个关于 λ 的高次方程，可采用数值求解的方法求解本征值。方法主要有幂法、反幂法和雅可比法。其中雅可比法主要针对的是 $\boldsymbol{A}$ 为实对称阵的本征方程(量子力学中 $\boldsymbol{A}$ 多为实对称矩阵)。

定理 13.1 若 $\boldsymbol{A}$ 为实对称阵(方阵)，则存在正交矩阵 $\boldsymbol{R}$，使得

$$\boldsymbol{R}^{\mathrm{T}}\boldsymbol{A}\boldsymbol{R} = \begin{bmatrix} \lambda_1 & & 0 \\ & \ddots & \\ 0 & & \lambda_n \end{bmatrix} = \mathrm{diag}(\lambda_1, \lambda_2, \cdots, \lambda_n) \qquad (13.18)$$

雅可比法的思想是基于定理 13.1，设法用一系列简单的正交矩阵 $\boldsymbol{R}_K$，逐步将 $\boldsymbol{A}$ 对角化，即选择 $\boldsymbol{R}_K$，令

$$\boldsymbol{A}_K = \boldsymbol{R}_K^{\mathrm{T}}\boldsymbol{A}_{K-1}\boldsymbol{R}_K \qquad (K = 1, 2, 3, \cdots) \qquad (13.19)$$

取 $\boldsymbol{A}_0 = \boldsymbol{A}$，使当 $K \to \infty$ 时，$\boldsymbol{A}_K \to \mathrm{diag}(\lambda_1, \lambda_2, \cdots, \lambda_n)$。设 $\boldsymbol{A} = \begin{bmatrix} a_{11} & a_{12} \\ a_{21} & a_{22} \end{bmatrix}$，取平面旋转矩阵

$\boldsymbol{R} = \begin{bmatrix} \cos\theta & \sin\theta \\ -\sin\theta & \cos\theta \end{bmatrix}$，则有

$$\boldsymbol{R}^{\mathrm{T}}\boldsymbol{A}\boldsymbol{R} = \begin{bmatrix} a_{11}\cos^2\theta + a_{22}\sin^2\theta + a_{12}\sin2\theta & \frac{1}{2}(a_{22} - a_{11})\sin2\theta + a_{12}\cos2\theta \\ \frac{1}{2}(a_{22} - a_{11})\sin2\theta + a_{12}\cos2\theta & a_{11}\sin^2\theta + a_{22}\sin^2\theta - a_{12}\sin2\theta \end{bmatrix}$$

为了使非对角元素为 0，即

$$\frac{1}{2}(a_{22} - a_{11})\sin2\theta + a_{12}\cos2\theta = 0$$

只要选择角 θ，满足 $\tan2\theta = \dfrac{2a_{12}}{a_{11} - a_{22}}$ 即可。因此可以选取 $a_{11} = a_{22}$，即 $\theta = \dfrac{\pi}{4}$。

在此将二阶平面旋转矩阵进行推广。在 $\boldsymbol{A}_{K-1}$ 中选取非对角元素模为最大的元素 $a_{pq}^{(K-1)}$（设 $p < q$），旋转矩阵可以表示为

$$R_K = \begin{bmatrix} 1 & & & & & & \\ & \ddots & & & & & \\ & & \cos\theta & \sin\theta & & & \\ & & \cdots & \cdots & & & \\ & & -\sin\theta & \cos\theta & & & \\ & & & & & \ddots & \\ & & & & & & 1 \end{bmatrix} \begin{matrix} \\ \\ \rightarrow p\ 行 \\ \\ \rightarrow q\ 行 \\ \\ \end{matrix}$$

经过旋转变换，很容易将建立起 A_K 中的元素 $a_{ij}^{(K)}$ 与 A_{K-1} 中的元素 $a_{ij}^{(K-1)}$ 的对应关系，即

$$\begin{cases} a_{pp}^{(K)} = a_{pp}^{(K-1)} \cos^2\theta + a_{pq}^{(K-1)} \sin2\theta + a_{qq}^{(K-1)} \sin^2\theta \\ a_{qq}^{(K)} = a_{pp}^{(K-1)} \sin^2\theta - a_{pq}^{(K-1)} \sin2\theta + a_{qq}^{(K-1)} \cos^2\theta \\ a_{pq}^{(K)} = (a_{qq}^{(K-1)} - a_{pp}^{(K-1)})\sin\theta\cos\theta + a_{pq}^{(K-1)}(\cos^2\theta - \sin^2\theta) = a_{qp}^{(K)} \rightarrow 0 \\ a_{ij}^{(K)} = a_{ij}^{(K-1)} \qquad (i, j \neq p, q) \\ a_{ip}^{(K)} = a_{ip}^{(K-1)} \cos\theta + a_{iq}^{(K-1)} \sin\theta = a_{pi}^{(K)} \\ a_{iq}^{(K)} = -a_{ip}^{(K-1)} \cos\theta + a_{iq}^{(K-1)} \sin\theta = a_{qi}^{(K)} \end{cases} \quad (i \neq p, q)$$

$$\tan2\theta = \frac{2a_{pq}^{(K-1)}}{a_{pp}^{(K-1)} - a_{qq}^{(K-1)}} \qquad \left(-\frac{\pi}{4} \leqslant \theta \leqslant \frac{\pi}{4} \right)$$

(1) 当 $a_{pp}^{(K-1)} = a_{qq}^{(K-1)}$，$\theta = \mathrm{sgn}(a_{pq}^{(K-1)}) \cdot \dfrac{\pi}{4}$

(2) 当 $a_{pp}^{(K-1)} \neq a_{qq}^{(K-1)}$，$\tan2\theta = \dfrac{2\tan\theta}{1-\tan^2\theta} = \dfrac{2a_{pq}^{(K-1)}}{a_{pp}^{(K-1)} - a_{qq}^{(K-1)}} \overset{\text{def}}{=} \dfrac{1}{C}$，因此有

$$\tan\theta = \frac{\mathrm{sgn}(C)}{|C| + \sqrt{C^2 + 1}}$$

归纳结果如下：

$$\begin{cases} C = \dfrac{a_{pp}^{(K-1)} - a_{qq}^{(K-1)}}{2a_{pq}^{(K-1)}} \\[3mm] \tan\theta = \dfrac{\mathrm{sgn}(C)}{|C| + \sqrt{C^2 + 1}} = t \\[3mm] \cos\theta = \dfrac{1}{\sqrt{1+t^2}}, \quad \sin\theta = t \cdot \cos\theta \end{cases}$$

若 $|a_{pq}^{(K-1)}| \ll |a_{pp}^{(K-1)} - a_{qq}^{(K-1)}|$，可取 $t = \dfrac{1}{2C} = \dfrac{a_{pq}^{(K-1)}}{a_{pp}^{(K-1)} - a_{qq}^{(K-1)}}$。

设逐次所用的平面旋转矩阵为 $R_1, R_2, \cdots, R_k$，则有

$$A_k = R_k \cdots R_2 R_1 A R_1^{\mathrm{T}} R_2^{\mathrm{T}} \cdots R_k^{\mathrm{T}} \tag{13.22}$$

令

$$V_k^{\mathrm{T}} = R_k \cdots R_2 R_1 \tag{13.23}$$

则

$$V_k^T A V_k = A_k \tag{13.24}$$

A_k 可以看做是一个对角阵(非主对角元素接近于零),根据式(13.24)可得

$$A V_k = V_k A_k \tag{13.25}$$

从而 V_k 的第 j 列向量就是矩阵 A 的本征值 $a_{jj}^{(k)}$ 所对应的本征向量,并且得到的本征向量系是标准正交系。记

$$V_0 = I \tag{13.26}$$

根据式(13.23)得到

$$V_k = R_1^T R_2^T \cdots R_{k-1}^T R_k^T = V_{k-1} R_k^T \tag{13.27}$$

记 $V_k = [v_{ij}^{(k)}]$,则

$$\begin{cases} v_{ip}^{(k)} = \cos\theta v_{ip}^{(k-1)} + \sin\theta v_{iq}^{(k-1)} \\ v_{iq}^{(k)} = -\sin\theta v_{ip}^{(k-1)} + \cos\theta v_{iq}^{(k-1)} \quad (i = 1, 2, \cdots, n) \\ v_{i,j}^{(k)} = v_{i,j}^{(k-1)} \quad (j \neq p, q) \end{cases} \tag{13.28}$$

按照式(13.28)的迭代公式,在获得本征值的同时,便可得到本征向量 V_k。

需要说明的是,A_K 是中经变换化为零的元素,在 A_{K+1} 时又成非零元素,不能指望通过有限次旋转变换就把 A 对角化,但利用范数理论可证:当 $K \to \infty$ 时,$A_K \to \mathrm{diag}(\lambda_1, \lambda_2, \cdots, \lambda_n)$,实际计算时,可取非对角元素近似为零时,$K$ 迭代即可结束。显然在迭代过程中也无需知道旋转矩阵 R_K 的具体形式。

【例 13.3】 计算对称矩阵

$$A = \begin{bmatrix} 2 & -1 & 0 \\ -1 & 2 & -1 \\ 0 & -1 & 2 \end{bmatrix}$$

的本征值及本征向量。

解 ① $A_0 = A$,选 $a_{pq} = a_{12} = -1(p=1, q=2)$。由于 $a_{11} = a_{22}$,因此有 $\theta = -\dfrac{\pi}{4}$,从而 $\cos\theta = \dfrac{\sqrt{2}}{2}$,$\sin\theta = -\dfrac{\sqrt{2}}{2}$。经第一次变换,有

$$A_1 = R_1^T A_0 R_1 = \begin{bmatrix} 3 & 0 & 0.707\,107 \\ 0 & 1 & -0.707\,107 \\ 0.707\,107 & -0.707\,107 & 2 \end{bmatrix}$$

② 选主元素 $a_{13}^{(1)} = 0.707\,107(p=1, q=3)$,经式(13.21)计算后有

$$C = 0.707\,107, \quad \tan\theta = 0.517\,638$$
$$\cos\theta = 0.888\,074, \quad \sin\theta = 0.459\,701$$

$$A_2 = R_1^T A_1 R_1 = \begin{bmatrix} 3.660\,27 & -0.325\,058 & 0 \\ -0.325\,058 & 1 & -0.627\,963 \\ 0 & -0.627\,963 & 1.633\,975 \end{bmatrix}$$

③ 选主元素 $a_{23}^{(2)} = -0.627\,963(p=2, q=3)$,同样可以计算

$$A_3 = R_3^T A_2 R_3 = \begin{bmatrix} \cdots \\ \cdots \\ \cdots \end{bmatrix}$$

$\vdots$

④ $\boldsymbol{A}_5 = \boldsymbol{R}_5^{\mathrm{T}} \boldsymbol{A}_4 \boldsymbol{R}_5 = \begin{bmatrix} 3.414\ 209 & 0.002\ 038 & 0 \\ 0.002\ 038 & 0.585\ 986 & 0.016\ 757 \\ 0 & 0.016\ 757 & 1.999\ 800 \end{bmatrix}$

可见矩阵 $\boldsymbol{A}$ 的近似本征值为

$$\lambda_1 \approx 3.414\ 209, \quad \lambda_2 \approx 0.585\ 986, \quad \lambda_3 \approx 1.999\ 800$$

而 $\boldsymbol{A}$ 的准确本征值为

$$\lambda_1 = 2\left(1 + \frac{\sqrt{2}}{2}\right) = 2 + \sqrt{2} \approx 3.414\ 214, \quad \lambda_2 = 2\left(1 - \frac{\sqrt{2}}{2}\right) = 2 - \sqrt{2} \approx 0.585\ 786, \quad \lambda_3 = 2$$

对应的本征向量为

$$\boldsymbol{V}_1 = \begin{bmatrix} 1/2 \\ -\sqrt{2}/2 \\ 1/2 \end{bmatrix}, \quad \boldsymbol{V}_2 = \begin{bmatrix} 1/2 \\ \sqrt{2}/2 \\ 1/2 \end{bmatrix}, \quad \boldsymbol{V}_3 = \begin{bmatrix} -\sqrt{2}/2 \\ 0 \\ \sqrt{2}/2 \end{bmatrix}$$

参考计算程序：

```
program main
implicit double precision（T）
double precision：：pai＝3.141 592 653 589 879 5d0
double precision A(3,3),V(3,3)
integer i,j,p,q
data A/2.0,-1.0,0.0,-1.0,2.0,-1.0,0.0,-1.0,2.0/
!迭代误差
t_eps＝1d-10
!迭代次数
It＝1
!初始化本征向量组
do i=1,3
    V(i,i)=1.0
    do j=1,3
        if(i.ne.j)then
            V(i,j)=0.0
        endif
    enddo
enddo
!找出矩阵中非对角线模值最大的元素,以及其所处的行数和列数
10   t_max1=0.0
    do i=1,3
    do j=1,3
    if(i.ne.j)then
        if(dabs(A(i,j)).gt.t_max1)then
            t_max1=dabs(A(i,j))
            p=i
```

```
                q=j
            endif
        endif
    enddo
    enddo
!Step_1：求迭代系数
!A(p,p)与 A(q,q)相等
if(A(p,p). eq. A(q,q))then
    if(A(p,q). ge. 0. 0)then
        theta=pai * 0. 25
    else
        theta=－pai * 0. 25
    endif
    t_cos=dcos(theta)
    t_sin=dsin(theta)
!A(p,p)和 A(q,q)不相等
    else
    t_C=(A(p,p)－A(q,q))/(2. 0 * A(p,q))
    if(t_C. ge. 0. 0)then
        t=1. 0/(dabs(t_C)+dsqrt(t_C * * 2+1. 0))
    else
        t=－1. 0/(dabs(t_C)+dsqrt(t_C * * 2+1. 0))
    endif
    t_cos=1. 0/dsqrt(1. 0+t * * 2)
    t_sin=t * t_cos
endif
!Step_2：特殊位置元素的迭代
t_pp=A(p,p)
t_qq=A(q,q)
t_pq=A(p,q)
A(p,p)=t_pp * t_cos * * 2+t_pq * 2. 0 * t_sin * t_cos+t_qq * t_sin * * 2
A(q,q)=t_pp * t_sin * * 2－t_pq * 2. 0 * t_sin * t_cos+t_qq * t_cos * * 2
A(p,q)=(t_qq－t_pp) * t_sin * t_cos+t_pq * (t_cos * * 2－t_sin * * 2)
A(q,p)=A(p,q)
!Step_3：一般位置元素的迭代
do i=1,3
    if((i. ne. p). and. (i. ne. q))then
        t_ip=A(i,p)
        t_iq=A(i,q)
        A(i,p)=t_ip * t_cos+t_iq * t_sin
        A(p,i)=A(i,p)
        A(i,q)=－t_ip * t_sin+t_iq * t_cos
        A(q,i)=A(i,q)
```

```
        do j=1,3
           if((j.ne.p).and.(j.ne.q))then
                A(i,j)=A(i,j)
             endif
           enddo
        endif
enddo
!求本征向量
do i=1,3
    t_fm=V(i,p)
    V(i,p)=t_fm*t_cos+V(i,q)*t_sin
    V(i,q)=-t_fm*t_sin+V(i,q)*t_cos
enddo
!Step_4：求误差
t_max2=0.0
do i=1,3
do j=1,3
   if(i.ne.j)then
       if(dabs(A(i,j)).gt.t_max2)then
            t_max2=dabs(A(i,j))
       endif
   endif
enddo
enddo
!对是否进行迭代进行判断
if(t_max2.gt.t_eps)then
   It=It+1
   goto 10
endif
!保存数据
open(1,file='对角化后的矩阵.dat')
write(*,*)'迭代次数为：',It
write(*,*)'对角化后的矩阵：'
do i=1,3
do j=1,3
   write(1,*)i,j,A(i,j)
   write(*,*)i,j,A(i,j)
enddo
enddo
close(1)
write(*,*)'本征向量：'
do j=1,3
    write(*,*)j
```

```
    do i=1,3
        write( * , * ) i,V(i,j)
    enddo
    enddo
end program
```
计算结果为 9(次)
本征值
.341 421e＋01　　　　.585 786 e＋00　　　　.200 000 e＋01
相应的本征向量
.500 000 e＋00　　　　.499 999 e＋00　　　　－.707 106 e＋00
－.707 016 e＋00　　　　.707 106 e＋00　　　　.451 302 e－16
.500 000 e＋00　　　　.499 999 e＋00　　　　.707 106 e＋00

习 题 十 三

　　13.1　编程计算例 13.1 中基态和第一激发态下的能级(精确至 0.01)，并画出对应的波函数。

　　13.2　用雅可比法编程计算矩阵

$$A = \begin{bmatrix} 1.0 & 1.0 & 0.5 \\ 1.0 & 1.0 & 0.25 \\ 0.5 & 0.25 & 2.0 \end{bmatrix}$$

的全部本征值及本征向量。

参 考 文 献

[1]　施吉林，等. 计算机数值方法. 北京：高等教育出版社，2001.

[2]　王世儒，等. 计算方法. 西安：西安电子科技大学出版社，1996.

[3]　电子科技大学应用数学系. 实用数值计算方法. 北京：高等教育出版社，2001.

[4]　J Stoer，R Bulirsch. Introduction to Numerical Analysis. New York：Springer-Verlag，1980.

[5]　K Andi，G Alexander. Introductory Computational Physics. Cambridge University Press，2005.

[6]　P. Tao. An Introduction to Computational Physics. Cambridge University Press，2005.

[7]　李有法. 数值计算方法. 北京：高等教育出版社，1996.

[8]　林成森. 数值计算方法. 北京：科学出版社，1998.

[9]　齐治昌. 数值分析及其应用. 长沙：国防科技大学出版社，1996.

[10]　何明. 计算方法. 合肥：安徽大学出版社，1995.

[11]　崔国华，等. 计算方法. 北京：电子工业出版社，2002.

[12]　同济大学计算数学教研室. 数值计算解题方法与同步训练. 上海：同济大学出版社，2001.

[13]　金一庆，等. 数值方法. 北京：机械工业出版社，2000.

[14]　谭浩强，田淑清. FORTRAN 语言. 北京：清华大学出版社，1990.

[15]　徐士良. FORTRAN 常用算法程序集. 北京：科学出版社，1995.

[16]　王一平，等. 数学物理方法. 北京：电子工业出版社，2006.

[17]　吕英华. 计算电磁学的数值方法. 北京：清华大学出版社，2006.

[18]　徐士良. 数值方法与计算机实现. 北京：清华大学出版社，2006.

[19]　L. Lapidus，G. F. Pinder. Numerical Solution of Partial Differential Equations in Science and Engineering. New York，John Wiley，1982.

[20]　李荣华. 偏微分方程数值解法. 北京：高等教育出版社，2005.

[21]　陆金甫. 偏微分方程数值解法. 北京：清华大学出版社，2004.

[22]　包荫鸾，等. 微机在大学物理中的应用. 西安：西北工业大学出版社，1990.

[23]　刘云鹏. 计算物理. 西安：西安电子科技大学教材科，1986.

[24]　吴百诗. 大学物理. 北京：科学出版社，2001.

[25]　M. N. O. Sadiku. Numerical Techniques in Electromagnetic. CRC Press，2001.

[26]　马文淦. 计算物理学. 北京：科学出版社，2005.

[27]　陈锺贤. 计算物理学. 哈尔滨：哈尔滨工业大学出版社，2003.

[28] 倪光正，等. 电磁场数值计算. 北京：高等教育出版社，1996.

[29] 曾余庚，等. 有限元法与边界元法. 西安：西安电子科技大学出版社，1991.

[30] 方再根. 计算机模拟和蒙特卡洛方法. 北京：北京工业学院出版社，1988.